阿里云智能 产学合作系列教材

云原生数据仓库

原理与实践

李飞飞 周烜 胡卉芪 杨程程 林亮 王远 —— 著

电子工业出版社·
Publishing House of Electronics Industry
北京·BEIJING

内 容 简 介

本书深入地探讨云原生数据仓库的理论知识与技术实践，涵盖数据仓库的发展历程、大数据处理技术、云原生数据仓库的概念与特点，以及云计算时代的数据仓库技术。书中详细介绍云原生数据仓库的架构设计，计算引擎、优化器、存储的关键技术，以及资源管理与调度等知识。同时，本书结合Redshift、Snowflake、BigQuery等典型的云原生数据仓库，以及AnalyticDB等具有代表性的国产数据仓库，介绍大量的实践案例。此外，书中针对云原生数据仓库的资源调度、查询优化、运维管理等方面进行深入的剖析，提供大量的最佳实践和应用场景。

本书适合对云计算、数据仓库及大数据处理技术感兴趣的读者，尤其是希望了解云原生数据仓库架构设计与实践经验的技术人员和决策者阅读。

图书在版编目（CIP）数据

云原生数据仓库：原理与实践 / 李飞飞等著.

北京：电子工业出版社，2024. 12. -- （阿里云智能产学合作系列教材）. -- ISBN 978-7-121-49453-6

Ⅰ. TP311.13

中国国家版本馆CIP数据核字第2025CV9956号

责任编辑：宋亚东

印　　刷：中国电影出版社印刷厂

装　　订：中国电影出版社印刷厂

出版发行：电子工业出版社

　　　　　北京市海淀区万寿路173信箱　　邮编：100036

开　　本：720×1000　1/16　印张：19.25　字数：432千字

版　　次：2024年12月第1版

印　　次：2024年12月第1次印刷

定　　价：118.00元

凡所购买电子工业出版社图书有缺损问题，请向购买书店调换。若书店售缺，请与本社发行部联系，联系及邮购电话：（010）88254888，88258888。

质量投诉请发邮件至zlts@phei.com.cn，盗版侵权举报请发邮件至 dbqq@phei.com.cn。

本书咨询联系方式：syd@phei.com.cn。

推荐序

在当今数据爆炸的时代，对数据的洞察力已成为企业核心竞争力的关键组成部分。随着云计算技术的飞速发展，传统数据仓库正在逐步向云原生架构转型，以满足日益增长的灵活性、扩展性和成本效率的需求。本书正是在这样的背景下应运而生的，旨在为读者提供一个系统、全面的视角，深入探索云原生数据仓库的奥秘。

随着大数据技术的普及和云计算基础设施的成熟，如何高效地管理和分析海量数据成为业界面临的重大挑战。传统数据仓库解决方案在面对大规模数据处理、实时分析及弹性扩展能力方面逐渐力不从心。本书的编写正是为了回应这一挑战，旨在搭建一座桥梁，连接理论与实践，为技术人员和决策者提供一套系统性的知识体系，帮助他们理解并掌握云原生数据仓库的核心概念、关键技术及实战应用，从而更好地指导企业的数字化转型与升级。

本书以数据仓库的发展历程为开篇，逐步深入大数据处理技术的基础，随后详尽阐述云原生数据仓库的概念框架与特性，特别是如何在云计算环境下实现资源的高效利用和动态扩展。核心章节聚焦于云原生数据仓库的架构设计、计算引擎、存储技术、资源管理与调度、查询优化等关键技术领域，并结合 Redshift、Snowflake、BigQuery，以及国产代表 AnalyticDB 等实例进行深度剖析，确保理论与实践紧密结合。此外，书中包含了大量行业最佳实践和应用场景，为读者提供宝贵的实操指南。

本书的一大特色在于其理论与实践的深度融合，不仅有深入浅出的理论讲解，更有丰富的案例分析，确保读者能够直观理解并吸收知识。通过对比分析国内外典型云原生数据仓库的异同，本书提供了多角度的视野，有助于读者在全球化背景下把握技术趋势。此外，本书特别注重实用性，为读者提供了从设计到运维的全方位指导，强调可操作性和落地实施策略。

本书的出版，对于促进云计算与大数据领域的技术创新与应用推广具有重要意义。它不仅为技术人员提供了宝贵的参考资料，助力他们在云原生数据仓库的设计与实施中少走弯路，同时为决策者提供了清晰的决策支持依据，帮助企业在数字化转型的浪潮中抢占先机。本书的面世将进一步推动数据处理与分析技术的进步，加速各行各业智能化、数据驱动转型的进程。

在数据成为新石油的时代，理解和掌握云原生数据仓库的精髓，是每位致力于技术革新和业务增长的同仁不可忽视的课题。本书不仅是技术手册，更是通往未来智能世界的钥匙。愿每位读者都能通过这本书开启数据驱动的智慧之旅，共同探索和塑造数据时代的无限可能。让我们携手前行，在数据的海洋中破浪前行，引领行业的下一个辉煌。

郑玮民

中国工程院院士，清华大学教授

前　　言

写作背景

随着数字化时代的到来，数据已经成为企业和组织最重要的资产之一。为了有效管理、分析和利用数据，数据仓库技术应运而生。随着大数据、云计算和人工智能等新兴技术的迅速崛起，数据仓库的构建正面临前所未有的挑战和机遇。传统数据仓库往往依赖固定的本地硬件资源，难以适应不断变化的业务需求和数据规模激增的状况，包括处理大规模数据的能力、支持快速变化业务需求的灵活性及资源配置的优化等。云计算的崛起为解决这些问题提供了新的契机。

云计算以其弹性、可扩展性和按需付费的特点，重塑了数据存储和处理的方式。与此同时，云原生技术的兴起强调了微服务、容器化和自动化管理，使数据仓库能够更好地适应不断变化的商业环境。云原生数据仓库正是这样一种符合新时代需求的产品，它不仅是传统数据库在云计算平台上的一次重新部署，更是一次从整体架构上的彻底革新。在云计算的基础设施中，数据仓库的计算资源和存储资源被高度解耦，构建了一种灵活、可伸缩的服务模式，并转向无状态（Serverless）的计算模型，实现按需分配和实时扩展，从而智能地应对瞬息万变的业务负载。云原生数据仓库的出现使企业能够在复杂的应用环境中快速调整其数据架构，从而在激烈的市场环境中保持竞争力。

随着技术的进步，云原生数据仓库在架构设计、计算引擎、存储及资源管理等方面也出现了众多的关键技术。这些技术不仅突破了原有的系统瓶颈，还通过实施细致入微的优化策略，使数据查询和分析能够以更高的性能和更低的资源成本完成。亚马逊的 Redshift、谷歌的 BigQuery 及阿里巴巴的 AnalyticDB 等云原生数据仓库，都是这一技术演进的生动写照，充分体现了云原生架构在实际应用中的广泛适用性和巨大优势。

近年来，越来越多的企业选择将数据仓库迁移至云平台，借助云计算的弹性与高可用性，寻求更高效的决策支持和商业智能。本书全面探讨云原生数据仓库的理论与实践，涵盖其架构设计、技术实现及最佳实践等内容，以帮助读者深入理解这一快速演化领域的关键技术与应用场景。无论是技术专家、企业决策者，还是希望借助云技术提升数据处理能力的从业者，都能从本书中受益。

主要内容

本书共分为 8 章，内容逐步深入，旨在帮助读者全面理解云原生数据仓库的概念、技术和应用。

第 1 章回顾了数据仓库与大数据处理技术的发展历程，包括云原生、分布式架构和 Serverless 等关键概念，以及它们在数据处理中的重要性与未来趋势。

第 2 章探讨了数据仓库与云计算的关系，重点阐述云原生数据仓库面临的机遇与挑战及特点，强调了在云计算背景下，数据仓库从物理资源到服务的转变。

第 3 章详细介绍了云原生数据仓库架构的设计理念，重点比较了不同云原生产品（如 Redshift、Snowflake、BigQuery、Datebricks 及 AnalyticDB）的技术特性，并通过案例分析揭示成功实现云原生数据仓库的关键因素。

第 4 章和第 5 章深入讨论了计算引擎关键技术和优化器关键技术。这部分内容将阐述执行模型、分布式执行框架、优化技术分类及实践经验，旨在帮助读者理解其在云原生数据仓库中的重要作用。

第 6 章介绍数据仓库存储关键技术，探讨存储架构、压缩技术及数据分区等，说明如何提高数据读写效率并优化存储成本。

第 7 章讨论了资源管理与调度的挑战与技术框架，介绍了在实践中如何高效配置和管理资源，以应对不断变化的业务需求。

第 8 章以 AnalyticDB 云上应用实践为重点，提供了实例创建、数据接入、查询优化及运维管理等方面的最佳实践和典型应用场景，帮助读者将理论与实践相结合，更好地应对数据处理与分析的挑战。

致谢

本书由阿里云数据库产品事业部负责人李飞飞博士和华东师范大学周烜教授领衔撰写。参与内容撰写的还有周烜团队的胡卉芪副教授和杨程程研究员，以及李飞飞团队的林亮研究员和资深技术专家王远。阿里云数据库团队的王振华、尹烨、涂继业、蔡利军、李伟等多位技术专家，以及华东师范大学的蔡万里、刘晟驰、曹汇杰、张轶楠、陈睿皓、杨光舜、杨杰、陈煜等多位同学，也提供了重要的支持和帮助，在此一并表示感谢。

特别感谢中国工程院院士郑玮民为本书作序。

特别感谢周傲英校长、杜小勇教授、袁野教授、屠要峰总经理、刘松巍首席技术官、蒋维总经理为本书做推荐。

感谢阿里云数据库产品事业部高校合作经理肖司淼所做的组织策划工作。

感谢电子工业出版社博文视点的宋亚东编辑所做的组织策划和出版工作。

正是所有人的努力才促成了本书的面世。

由于时间有限，书中难免存在不足之处，恳请广大读者批评指正！

作　者

读者服务

微信扫码回复：49453

- 加入本书读者交流群，与更多读者互动。
- 获取本书配套资源。
- 获取【百场业界大咖直播合集】（持续更新），仅需 1 元。

目　　录

第1章　数据仓库与大数据处理技术概述 ··1

  1.1　数据仓库发展概述 ·· 2

    1.1.1　萌芽：OLTP 数据库与数据仓库概念的提出 ··················· 2

    1.1.2　发展：联机分析处理与信息仓库集成理论 ····················· 6

    1.1.3　成熟：商用数据仓库与数据仓库建模理论 ··················· 13

  1.2　大数据处理技术与数据仓库 ··20

    1.2.1　大数据处理技术的起源 ··· 21

    1.2.2　分布式技术 ·· 22

    1.2.3　经典大数据处理架构 ··· 28

    1.2.4　湖仓一体 ··· 29

  1.3　数据仓库发展趋势 ·· 31

    1.3.1　云原生与分布式 ·· 31

    1.3.2　大数据与数据库一体化 ·· 33

    1.3.3　弹性与 Serverless 扩容计费 ···································· 34

    1.3.4　智能化 ··· 36

    1.3.5　数据共享与安全可信 ··· 37

第2章　数据仓库与云计算 ···39

  2.1　云计算时代数据仓库的发展 ·· 40

2.1.1　基础设施服务化 40

2.1.2　数据仓库服务化 43

2.2　云计算时代数据仓库技术的机遇与挑战 45

2.2.1　高弹性和平台成本之间的权衡 45

2.2.2　稳定性挑战 46

2.2.3　计算存储带宽瓶颈 47

2.2.4　安全的挑战 47

2.3　云原生数据仓库的技术特点 48

2.3.1　存算分离与资源池化 48

2.3.2　超融合基础架构 49

2.3.3　高可用 49

2.3.4　自服务 49

2.3.5　分层架构与弹性扩展 50

2.3.6　数据实时性与多级一致性 50

2.3.7　数据开放性与共享 51

2.3.8　计算多样性 51

第3章　云原生数据仓库架构 53

3.1　设计理念 54

3.1.1　充分利用云资源 54

3.1.2　纵向解耦与横向弹性 54

3.1.3　一体化数据处理 55

3.2　参考架构 56

3.3　典型云原生数据仓库 58

3.3.1　Redshift 58

3.3.2　Snowflake 63

3.3.3　BigQuery 69

3.3.4　Databricks 72

    3.3.5　AnalyticDB ·· 74

3.4　云原生数据仓库比较 ·· 77

    3.4.1　存算分离 ·· 77

    3.4.2　弹性能力与可扩展性 ·· 77

    3.4.3　Serverless 支持 ·· 78

    3.4.4　计算模型 ·· 78

    3.4.5　ACID 语义 ·· 78

    3.4.6　生态兼容 ·· 79

第4章　计算引擎关键技术 ···80

4.1　执行模型 ··· 81

    4.1.1　迭代模型 ·· 81

    4.1.2　物化模型 ·· 82

    4.1.3　批处理模型 ·· 83

4.2　单机执行模型 ··· 84

    4.2.1　执行模型 ·· 84

    4.2.2　典型执行算子 ··· 85

    4.2.3　执行算子优化 ··· 87

4.3　分布式执行框架 ·· 91

    4.3.1　MPP 架构 ··· 91

    4.3.2　BSP ·· 94

4.4　典型交互模式 ··· 98

    4.4.1　批处理 ··· 99

    4.4.2　交互式 ·· 101

    4.4.3　实时检索 ··· 102

    4.4.4　机器学习 ··· 103

4.5　AnalyticDB计算引擎实践 ··· 104

    4.5.1　AnalyticDB 的执行模型 ·· 105

4.5.2　AnalyticDB 的计算资源调度 111

4.5.3　AnalyticDB 混合负载管理 117

第5章　优化器关键技术 123

5.1　优化技术分类 124

5.2　成熟优化器模型 125

5.2.1　分层搜索 125

5.2.2　统一搜索 126

5.3　深入CBO 133

5.3.1　代价模型与参数估计 133

5.3.2　动态抽样 140

5.3.3　查询重优化 143

5.4　AnalyticDB优化器实践 150

5.4.1　主体框架 150

5.4.2　统计信息管理 152

5.4.3　湖仓一体优化器 157

第6章　数据仓库存储关键技术 158

6.1　湖仓架构 159

6.1.1　Azure、AWS 和 Open Data Lakehouse 160

6.1.2　Hudi、IceBerg 和 Delta Lake 165

6.2　数据仓库存储架构 172

6.2.1　单机存储架构 172

6.2.2　分布式共享存储 173

6.3　典型存储格式 175

6.3.1　行存储 176

6.3.2　列存储 177

6.3.3　行列混合存储 178

6.4　关键数据结构、索引与压缩技术 180

　6.4.1　数据结构 180

　6.4.2　索引实现 186

　6.4.3　典型压缩算法 197

6.5　数据分区技术 204

　6.5.1　哈希分区 205

　6.5.2　Range 分区 206

　6.5.3　其他数据分布模式 207

　6.5.4　数据冷热分层及生命周期管理 208

6.6　数据一致性和可用性 209

　6.6.1　数据一致性概念与分级 210

　6.6.2　二阶段提交 212

　6.6.3　多版本并发控制 213

　6.6.4　分布式一致性协议 215

　6.6.5　数据可用性 219

　6.6.6　数据实时性 220

　6.6.7　备份恢复 221

第7章　资源管理与调度 223

7.1　云上资源调度的挑战与机遇 224

　7.1.1　Serverless 的服务级别协议 224

　7.1.2　多租户系统 224

　7.1.3　预测模型 225

7.2　典型资源调度框架 225

　7.2.1　Yarn/Yarn2 225

　7.2.2　Mesos 229

　7.2.3　Kubernetes 232

7.3　AnalyticDB资源调度实践 238

7.3.1 云库存调度 238

7.3.2 资源利用率 240

7.3.3 按需弹性 245

第8章 AnalyticDB云上应用实践 247

8.1 实例创建 248

8.2 数据接入 250

8.2.1 Serverless 的服务级别协议 250

8.2.2 数据导入方式介绍 250

8.2.3 数据导入性能优化 254

8.3 数据类型和基本操作 257

8.3.1 数据类型 257

8.3.2 系统函数 257

8.3.3 物化视图 258

8.3.4 全文检索 259

8.3.5 DDL 262

8.3.6 DML 263

8.3.7 DQL 263

8.3.8 DCL 264

8.3.9 元数据库数据字典 264

8.4 查询优化 264

8.4.1 智能诊断与调优 264

8.4.2 调优查询 270

8.5 运维管理 276

8.5.1 工作负载管理 276

8.5.2 监控与报警 277

8.5.3 安全管理 277

8.5.4 备份与恢复 279

8.5.5 变配与扩容 279

8.5.6 维护时间与运维事件 281

8.5.7 数据资产管理 282

8.5.8 标签管理 283

8.6 最佳实践 283

8.6.1 数据资产管理 283

8.6.2 数据变更最佳实践 286

8.6.3 数据查询最佳实践 287

8.6.4 负载管理最佳实践 287

8.7 典型应用场景 290

8.7.1 实时数据仓库 290

8.7.2 精准营销 290

8.7.3 商业智能报表 290

8.7.4 多源联合分析 291

8.7.5 交互式查询 291

参考文献 292

数据仓库与
大数据处理技术概述

1.1　数据仓库发展概述

1.1.1　萌芽：OLTP 数据库与数据仓库概念的提出

在数字化世界，数据仓库一直是热门的话题。数据仓库的概念最早由美国著名的信息工程专家 William H. Inmon 博士于 1991 年提出，他的数据仓库经典作品《数据仓库》[1] 标志着数据仓库概念的确立。数据仓库的发展历史反映了计算机技术的发展和信息管理需求的不断增长的趋势。

早在 20 世纪 60 年代初期，数据存储在廉价的磁带上，只能按顺序访问。如果访问数据，则必须读取所有记录，即便所需要的数据可能只有 5% 或更少。因此，使用磁带存取数据的效率很低。为了解决磁带的存取效率问题，20 世纪 70 年代中期出现了一种可以直接存取数据的设备，即当知道某条记录的地址时，可以直接获取该记录。直接存取设备的出现，间接促进了一种称为数据库管理系统（Database Management System，DBMS）的新型系统软件的出现。DBMS 的目的是让用户能够快速、方便地存储和访问数据。与此同时，联机事务处理（Online Transaction Processing，OLTP）的概念也被提出，旨在对数据进行即时更新或其他操作，并且系统内的数据总是保持在最新状态。用户可以将一组保持数据一致性的操作序列指定为一个事务元，通过终端、个人计算机或其他设备输入事务元，并经系统处理后返回结果。OLTP 常被广泛应用于飞机订票、银行出纳、股票交易、超市销售等场景。OLTP 使访问数据可以更快速地进行，为商业智能、数据分析及数据处理开辟了一条全新的道路。为了满足 OLTP 的业务需求，数据库技术不断改进，20 世纪 80 年代出现了各种关系数据库管理系统（Relational Database Management System，RDBMS），如 Oracle、IBM Db2 和 Microsoft SQL Server 等，它们提供了更高性能的数据存取。这些数据库管理系统早期专门为交易处理而设计，强调数据处理、访问的实时性。关系数据库具备的优越性能，使它们被各行各业广泛应用，用来存储和管理交易数据、订单数据、业务数据等各种类型的数据。

随着数据库技术的广泛应用，企业信息系统产生了大量的业务数据，如何从这些海量的业务数据中提取对企业决策分析有用的信息，成为企业决策者面临的重要难题。同时，企业内部数据管理还存在以下问题：

- 数据孤岛：企业通常存在多个部门，因此往往会有多个数据源，每个部门的数据互相孤立，要从全局层面分析数据需要集成这些数据源，而数据集成往往耗时耗力。
- 复杂分析需求：企业需要能够进行复杂的数据分析，包括趋势分析、预测和决策支持等。传统的 OLTP 数据库系统无法满足这些需求。

因此，人们逐渐尝试对 OLTP 数据库中的数据进行再加工，以形成一个综合的、面向服务对象的，且在访问方式、事务管理乃至物理存储等方面都有不同的特点和要求的决策支持系统。直接在 OLTP 数据库上建立决策支持系统不太合适。在这样的背景下，数据仓库技术迅速发展起来。数据仓库（Data Warehouse，DW）是一个用于查询和分析的大型集成数据系统，专门用于支持管理决策，为企业提供所有类型数据支持的战略集合，集中、统一管理数据。数据仓库可用于提供分析性报告和决策支持，为需要业务智能的企业提供一致、可靠的数据视图，帮助企业指导业务流程改进，识别业务流程中的瓶颈和改进机会，以及监控关键绩效指标，如时间、成本和质量。随着市场竞争的日趋激烈，企业更加强调决策的及时性和准确性，这使得以支持决策管理分析为主要目的的应用迅速崛起，这类应用称为联机分析处理（Online Analytical Processing，OLAP），它所存储的数据称为信息数据。联机分析处理的概念最早由关系数据库之父 E. F. Codd 于 1993 年提出 [2]。Codd 认为，联机事务处理已不能满足终端用户对数据库查询分析的需求，SQL 对大容量数据库的简单查询也不再满足用户分析的需求。用户的决策分析需要对关系数据库进行大量的计算才能得到结果，而查询的结果并不能满足决策者的需求。因此，Codd 提出了多维数据库和多维分析的概念，即 OLAP。

数据仓库与 OLAP 的关系是互补的。现代的 OLAP 系统通常以数据仓库作为基础，从数据仓库中提取详细数据，并经过必要的处理再存储到 OLAP 存储器中，以供前端分析工具读取。数据仓库中的数据通常是历史数据，数据一旦被加载，通常无法更新，接下来就会被用于访问查询以及各种分析。因此，需要借助 OLAP 技术来优化数据结构，提升查询性能，使企业能够灵活地查询和访问数据。

在企业中，数据仓库通常充当着一个或多个数据源的信息中心存储库。数据从 OLTP 数据库和其他关系数据库流向数据仓库，分为结构化数据、半结构化数据和非结构化数据。这些数据会定期被加载、处理和使用。数据科学家、商业分析师和决策者等用户使用商业智能工具、SQL 客户端和电子表格来访问已经处理的数据。

图 1-1 所示为一个数据仓库的整体架构，可以看到数据仓库环境中的一些重要元素，如 ETL 工具、元数据、数据集市和 OLAP 工具等。OLTP 数据库通常被认为不适合用于数据仓库，因为它们在设计时考虑的是一套不同的需求（如最大化事务处理能力，通常会有数百张表以避免用户被锁定等）。数据仓库更关注查询处理，而不是事务处理。

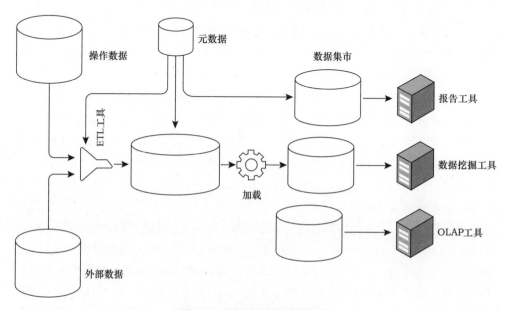

图 1-1　数据仓库的整体架构

表 1-1 所示为 OLTP 数据库与数据仓库之间的比较分析。

数据仓库是一个复杂但极其有用的企业信息管理工具，主要用于集成并管理来自不同业务数据库的信息。数据仓库被定义为"一个主题导向的、集成的、非易失的、随时间变化的数据集合，用于管理层的决策支持"。数据仓库不仅是一个数据存储库，更是一个具有多个独特特性的系统。首先，数据仓库是面向主题的，这意味着数据是根据不同的业务视角或主题进行组织的，而不是简单地按照源数据的格式存储的。其次，数据仓库具有集成性，能够汇聚来自多种异构数据源的信息，为企业提供一个全局视角。再次，数据仓库具有非易失性，即一旦数据被加入，就会永久保存，从而构建了一个长期和完整的数据历史。最后，数据仓库具有时间变化性，能够记录和追踪数据或业务活动在时间轴上的历史状态。

表 1-1　OLTP 数据库与数据仓库之间的比较分析

比较项目	OLTP	数据仓库
用途	运行日常操作	信息检索和分析
结构	RDBMS	RDBMS
数据模型	规范化	多维
访问方式	SQL	SQL 和数据分析
数据类型	运行业务的数据	分析业务的数据
数据状态	变化的、不完整的	历史的、描述性的

数据仓库在现代企业环境中扮演着至关重要的角色，具有广泛且多样的应用场景。首先，数据仓库能够跟踪、管理和提升企业绩效。通过集中存储和分析与业务相关的各种数据，企业能更准确地评估自己在各个方面的表现，并据此制定更有针对性的改进措施。其次，数据仓库是监控和调整营销活动的有力工具。营销团队可以通过分析销售数据、客户反馈及市场趋势，优化广告活动和提高市场推广的效率。这不仅能减少无效投资，还能提高客户满意度和品牌认知度。在审查和优化物流与运营方面，数据仓库同样具有重要价值。物流和运营团队可以通过分析仓库中的历史数据，以及实时监测的物流信息，预测需求、优化库存管理，甚至自动调整供应链，从而降低成本和提高服务质量。此外，数据仓库在提高产品管理与开发的效率和效果方面也有很大的帮助。开发团队可以借助数据仓库中存储的用户行为数据和反馈信息，更准确地了解用户需求，从而更有针对性地进行产品迭代和优化。对于数据的集成和访问，数据仓库能够对来自多个源的不同信息进行查询、联接和访问。这为企业提供了一个全面、一致的数据视图，极大地简化了数据分析和决策过程。客户关系管理也是数据仓库的一个重要应用场景。通过对客户数据的分析和挖掘，企业能更有效地管理和加强与客户的互动关系，进一步提升客户满意度和忠诚度。最后，数据仓库能用于预测未来的增长、需求和交付。通过对历史数据和市场趋势的深入分析，企业可以更精准地预测未来的商业环境，从而做出更加明智的战略决策。

部署和使用数据仓库有许多好处。从生产的角度来看，将数据仓库中的分析过程与生产应用和事务中的操作过程分离，可以提升二者的性能。从商业角度来看，数据仓库平台提供了一种实用的方法，以回顾过去的数据而不影响企业的日常运营。通过查询和分析数据仓库中的数据，组织可以改进运营，实现更高效的业务流程，从而提高收入和利润。

数据仓库还具有一系列优点。首先是数据集成功能，数据仓库能将来自多个来源的数据统一集成在一个平台上。这不仅简化了数据访问和管理流程，还为执行新类型的分析提供了更加全面和一致的数据基础。其次，数据仓库能够显著降低获取历史数据的成本。旧的数据可以被经济、有效地存储和检索，为进行长期的趋势分析和历史比较提供了便利。此外，数据仓库能在整个组织内标准化数据，实现数据的单一视图，这有助于提高分析和报告的准确性。从操作效率方面来看，数据仓库能缩短分析和报告的反应时间。它们通常配备强大的查询和分析工具，支持即席报告和查询，使用户能更快地获取所需信息。数据仓库也减轻了开发信息系统和信息技术的负担，因为后者通常是设计用来处理大规模数据集和复杂查询的。最后，数据仓库鼓励数据的共享，并允许组织内其他人轻松访问数据。这有助于促进跨部门的沟通和协作，同时通过面向事务的数据库减轻了信息处理的负担。

数据仓库的采用也带来了一些不利因素和挑战。首先，准备和实施过程常常是时间密集和复杂的，尤其是当需要集成来自多个不同技术和平台的数据时。集成兼容性问题可能会成为一个难以克服的障碍。其次，数据仓库通常需要较高的维护成本。这不仅包括硬件和软件的成本，还涉及数据提取、转换和加载（Extract，Transform，Load，ETL）的复杂过程。这些过程往往被低估，导致时间和成本超支。从数据管理的角度来看，数据仓库也面临一系列风险，包括数据所有权和数据安全问题。数据仓库经常储存敏感或机密信息，这限制了其使用范围，并增加了额外的安全和合规要求。最后，随着企业业务和用户需求的不断变化和增加，数据仓库必须具备足够的灵活性和扩展性，以适应这些变化。这可能会进一步增加实施和维护的复杂性，需要持续的投资和人力资源。

总体而言，数据仓库的发展伴随着时代特点。随着互联网时代的兴起，如今的数据仓库也早与大数据、云计算和云服务相结合，不仅大幅度提升了数据分析能力，也使其构建变得更加简洁和方便，易于部署和使用。

1.1.2 发展：联机分析处理与信息仓库集成理论

联机分析处理（OLAP）是一种为用户提供多维数据分析的强大工具，它使业务分析师、管理人员和高层管理者能够快速、一致且交互式地分析和可视化业务数据。OLAP 的功能特点是动态、多维度地分析，有组织地整合数据，这样用户不仅可以分析，还可以进行数据导航。OLAP 工具通常被设计用于处理非规范化（denormalized）数据库。这些工具能够从数据仓库中导航数据，因为数据仓库拥有适合进行信息研究和呈现的结构。

近年来，"商业智能"术语在市场上被广泛使用，通常与分析系统、OLAP 和数据立方体等词汇同义。尽管这些名称可能相互关联，但在概念上是不同的。商业智能可以通过任何工具来实现，无论是技术性的还是非技术性的，只要它能从业务分析中提取知识。如果数据以一致且最好是整合的方式提供，那么这些分析的有效性将更高。计算机化的商业智能解决方案通常涵盖了多种分析系统，这些系统的选择取决于分析的目标和用户的特定需求。

在 OLAP 中可以观察到以下六个基本特性。第一，OLAP 是一种面向查询的技术。在查询环境中，主要操作是数据查询而不是数据修改或插入。这一特性使得 OLAP 特别适用于对大量数据进行复杂查询和报告的应用场景。第二，在 OLAP 环境中数据基本上不会发生变化。数据通过 ETL 过程从源系统添加到数据仓库中。一旦数据被加载，新数据通常不会替换旧数据，而是新增到数据仓库中。同时，为了管理存储和性能，旧数据可以被迁移到备份服务器或归档存储。第三，数据和查询得到了精心的管理和优化。确保数据仓库中存储的数据具有良好的查询性能非常重要，这通常涉及数据库索引、分区及各种查询优化策略，以减少查询响应时间并提升用户体验。第四，OLAP 提供了多维数据视图。这意味着数据是按照多个分析维度（如时间、地理位置、产品类别等）进行组织的，这种多维结构使用户可以更容易地进行切片和切块操作，从不同的角度分析数据。第五，OLAP 支持复杂的计算。除了基础的统计和聚合功能，OLAP 也允许用户应用复杂的数学和统计函数进行数据计算，这在金融分析、科学研究等领域是非常有用的。第六，OLAP 具有时间序列特性。在 OLAP 系统中，数据通常与时间概念紧密相关，支持时间维度的查询非常普遍，这使用户可以方便地进行时间趋势分析和季节性分析等操作。

OLTP（在线事务处理）系统和 OLAP 系统存在显著的差异。OLTP 系统主要为业务开发人员设计，而 OLAP 系统主要为决策者设计。除此之外，还有一些不同之处，见表 1-2。

表 1-2　OLTP 系统和 OLAP 系统的区别

比较项目	OLTP	OLAP
组织结构	按照工作流程	按照维度和每个应用的业务主题
数据保留	短期（2～6月）	长期（2～5年）
数据集成	较低或没有	集成度高，作为 ETL 过程的一部分
数据存储	GB 级	TB 级
使用	实时写入和更新	批量载入和更新

OLAP 的基础术语由几个元素组成。

数据立方体（Cube）：一种数据结构，通过每个维度的不同层级和层次来聚合度量数据。数据立方体将多个维度（如时间、地理位置和产品线）与摘要数据（如销售额或记录数）相结合。

维度（Dimensions）：可以通过其进行数据查询的业务元素。可以将维度看作报告中"按……分类"的部分，例如，"按区域、按产品、按时间查看销售额"。在这种情况下，区域、产品和时间就是数据立方体中的三个维度，销售额则是一个度量。根据立方体的环境，用户可以轻松地在维度结构中导航和选择元素或元素的组合。

度量（Measures）：数值分析的单位，是被报告的值，典型的例子包括单位销售、销售价值和成本。

层级（Hierarchies）：维度可以包含一个或多个层级。层级实际上是通过维度的可导航或可钻取路径，它们像家族树一样有结构，并使用一些相同的命名约定（子节点、父节点、后代）。层级赋予了 OLAP 很大的力量，因为它们允许用户轻松地选择不同粒度（日/月/年）的数据，并通过数据钻取到更多的细节层次。

成员（Member）：层级中的任何单一元素都是一个成员。例如，在标准的时间层级中，2008 年 1 月 1 日和 2008 年 2 月 20 日都是成员。然而，2008 年 1 月或 2008 年本身也可以是成员。后两者是属于它们的各个日子的聚合。成员可以是物理的或计算出来的。计算成员意味着常见的业务计算和指标可以封装到数据立方体中，并且用户可以轻松地选择它们，如在最简单的情况下，利润 = 销售-成本。

聚合（Aggregation）：基于数据立方体报告速度的关键部分。一个数据立方体能在选择整年的数据时非常快，因为它已经提前计算出了答案。与此相反，典型的关系数据库可能需要即时对数百万日级别的记录求和得出年度总数。分析服务的数据立方体在构建过程中会计算这些聚合，因此一个设计良好的数据立方体可以快速地返回答案。求和是最常见的聚合方法，但也可以使用平均值、最大值等其他方法。例如，如果以度量的形式存储日期，则它们的求和就没有意义。

在 OLAP 中，最常见的架构有 MOLAP（多维 OLAP）、ROLAP（关系 OLAP）和 HOLAP（混合 OLAP）。这些架构之间的比较分析如表 1-3 所示。

表 1-3　MOLAP、ROLAP 和 HOLAP 架构的比较分析

架构	性能	可扩展性	成本
MOLAP	高	低	高
ROLAP	低	高	低
HOLAP	高	高	高

1. MOLAP 架构

在 MOLAP 架构中,数据存储在一个多维立方体中,以多维数据组织方式为核心。也就是说,MOLAP 使用多维数组存储数据,并形成"立方体"(Cube)结构,而 MOLAP 的核心技术就是对"立方体"进行旋转、切片、上卷、下钻的操作,以产生多维数据报表。MOLAP 的优点在于,Cube 是预计算的,因此可以进行复杂计算且十分高效。预计算在提升性能的同时,也不可避免地引入了一些局限性:数据可能是稀疏的(并非所有维度的交叉点都包含数据),从而导致所谓的"数据存储爆炸",即一个庞大的多维数据库实际上存储的有效数据非常少。图 1-2 所示为 MOLAP 架构。首先,数据被加载到 MOLAP 引擎中,经过一系列预计算,被转换为一个个立方体。然后,将立方体物化到多维数据库(MDDBS)中,类似于数据库中的物化视图。当需要对数据进行检索和分析时,可以直接加载对应的立方体,无须重复计算。因此,MOLAP 主要用于需要计算大量数据的应用场景,其最突出的优点便是高性能。MOLAP 使用稀疏矩阵技术以多维数据立方体的形式从多维数组中获取数据,这些立方体经过优化可以在多维数据空间中轻易地找到需要的信息。然而,MOLAP 最明显的限制是其低可扩展性。由于所有的计算都是在立方体创建阶段预先完成的,所以 MOLAP 在处理大规模数据集方面表现相对较弱。虽然这一点可以通过仅在构建立方体时包含计算摘要来部分规避,但仍然是一个不可忽视的问题。除此之外,MOLAP 作为一种专有技术,通常需要大量的额外投资,包括但不限于硬件设备、专用软件和高级技术支持,这些都可能增加企业的运营成本。

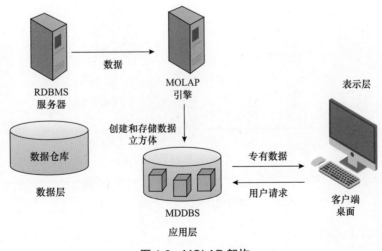

图 1-2 MOLAP 架构

2. ROLAP 架构

ROLAP 是一种基于关系数据库的 OLAP 系统，数据存储在关系数据库中，分析时直接从数据库中读取数据。与 MOLAP 不同，该架构不会使用预计算的立方体。当用户在图形界面中组装查询时，该架构会访问它拥有的元数据或其他资源，以生成一个 SQL 查询。其主要特点是可以执行任何查询，从而更好地服务于那些没有明确分析范围的用户。ROLAP 架构具有使用成熟技术、开放架构和标准化的优点，从多样性平台、可扩展性和硬件并行性中受益。其劣势是维度分析功能较弱，以及 SQL 语言在执行大型查询时性能较差。图 1-3 所示为 ROLAP 架构。SQL 可以直接在 ROLAP 引擎中处理数据。相对于 MOLAP，ROLAP 具有一些显著的优势，其中最引人注目的一点是其高可扩展性。ROLAP 架构没有固定的数据量限制，它的能力主要取决于底层关系数据库的性能和规模。这意味着对于具有巨大数据集的组织来说，ROLAP 可以提供更好的灵活性。此外，ROLAP 能够充分地利用关系数据库的固有功能。现代关系数据库通常包含一系列强大的数据处理和查询优化功能，ROLAP 架构可以直接应用这些功能，提高整体的数据分析能力。然而，ROLAP 也有一些不可忽视的缺点。一是性能较低，特别是在处理大量数据时，每个 ROLAP 报告基本上都是通过一个或多个 SQL 查询从关系数据库中生成的。当数据量巨大时，这些查询可能会非常耗时，从而影响报告的生成速度和用户体验。二是 ROLAP 受到 SQL 功能的限制。虽然 SQL 是一种强大的查询语言，但在执行某些类型的复杂计算时，可能会遇到困难。这限制了 ROLAP 在处理高度复杂分析任务时的能力。

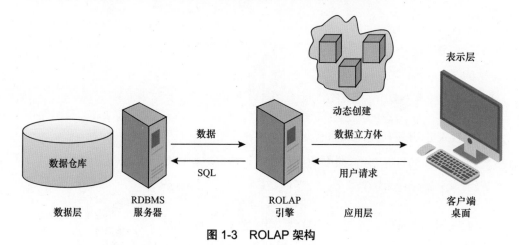

图 1-3　ROLAP 架构

3. HOLAP 架构

HOLAP 架构因为能够将 ROLAP 工具的功能和可扩展性与多维数据库的性能结

合起来，在当今的产品中越来越受欢迎。例如，假设有一个包含 50000 个客户、300 个区域、20 个市、5 个省和 1 个总计的数据库，多维存储可以解决城市级别的销售总额查询，然而，如果需要查询某个客户的销售总额，关系数据库将更快地响应该请求。这是 HOLAP 架构的典型应用场景。图 1-4 所示为 HOLAP 架构。在这种情况下，MOLAP 服务和关系数据服务可以并存，MOLAP 和关系数据库中的结果集都被处理到前端工具。

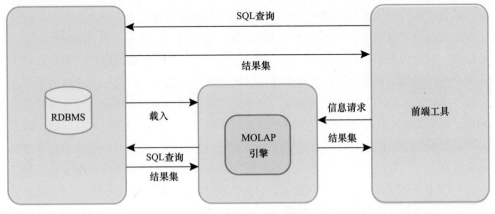

图 1-4　HOLAP 架构

　　HOLAP（混合联机分析处理）试图结合 MOLAP 和 ROLAP 的优点，提供一种更加全面和灵活的数据分析解决方案。HOLAP 的一个显著优点是性能高。在这种架构中，维度立方体通常仅存储关于信息的概要或汇总数据，这大大提高了数据检索的速度。此外，HOLAP 也具有高可扩展性，因为它允许信息的详细内容存储在关系数据库中。这样，用户可以根据需求进行深入的数据分析，而不受预先计算和存储的限制。HOLAP 最大的挑战在于其架构的复杂性。HOLAP 模型不仅需要维护一个高度优化的数据立方体，还需要管理一个关系数据库。这种双重架构导致了相对较高的采购和维护成本，企业需要投入更多的资源来管理和优化这种复杂的系统，包括硬件、软件和专业知识。

　　数据仓库的目标之一就是提供一个统一的全局数据视图，而数据往往分散在多个数据源中，因此，数据集成是构建数据仓库过程中十分重要的环节。这一环节的目的在于整合多个系统的数据，以便更精准地描述和赋能业务。为了达到这个目标，常面临多个决策系统同时从一个业务数据库拉取数据，引发如过大的压力、数据库一致性和资源消耗等问题。同时，由于企业内多个系统可能由不同的开发团队开发，或者在不同时间段开发而成，这些系统通常运行在各种软硬件环境中，数据源之间存在高度的异构性和难以交流的问题。这就造成了所谓的"信息孤岛"现象。正因如此，数据集成策略越来越受到人们的重视。这一领域已经有了一些成熟的框架和方法，通常涉及集中式、联邦式和数据仓库等多种方式，各有其优点和应用场景。这些技术主要解决数据的分布性和异构性问题，前提是所有被集成的应用需要公开它们的数据结构。当深入探讨数据集成的各种模式时，联邦数据库系统（FDBS）是一种常用的方法。这种系统由多个半自治的数据库系统组成，它们之间可以共享数据。这种模式还可以细分为紧耦合和松耦合两种情况，前者提供统一的访问模式，但在增加新数据源时较为困难；后者则相对灵活，但需要解决语义方面的问题。另外，中间件模式也是一种流行的数据集成方法，它通过一个统一的全局数据模型来连接多个异构数据源，这样上游应用程序可以通过一个通用接口访问数据。在这种模式下，一个关键问题是如何构建统一的逻辑视图。数据仓库模式从另一个角度解决数据共享问题，它主要针对企业某个应用领域，如数据挖掘或决策支持，提出数据集成方案。这一模式强调根据业务特性进行数据处理和整合，而不仅是简单地将数据同步到一个地方。这里需要强调的是，数据集成不仅是数据同步或数据堆集，还需要综合多方面的因素。例如，除了需要有数据同步的能力，还需要按照业务特点进行数据清洗和加工，这样才能真正实现业务意义上的数据集成。因此，虽然像联邦数据库系统和中间件模式这样的工具在一定程度上提供了数据集成解决方案，但它们还没有完全实现业务意义上的数据集成。真正的数据集成需要更全面的考虑，从解决"信息孤岛"的问题，到满足业务不断变化和发展的需求。

在数据管理领域，构建数据仓库是一项复杂但至关重要的任务。根据组织的特定需求和资源，通常有三种主流的架构选择。第一种是集中式架构。这种架构以一个集成的数据仓库为核心，旨在最大化利用可用的处理能力。在这种模式下，所有的数据汇集于一个中心点，一般在同一个物理服务器上。这样的布局可以优化查询性能，因为所有的数据都存储在一个位置，从而减少了数据传输和查询编排的复杂性。然而，这也可能导致该中心点成为性能瓶颈或者造成单点故障。第二种是联邦式架构。它采用分布式的方式来存储和管理数据。在这种模式下，数据会按照组织区域或业务单位进行分发和存储。这样做的优点是可以更灵活地适应不同部门或业务线的特定需求，同时降低中心节点的压力。不过，这种分布式的方法可能会增加数据整合和管理的复杂性。第三种是分层架构。这种架构在不同的服务器层级上存储不同粒度的数据。具体来说，第一层服务器存储高度汇总的数据，这些数据通常是针对大量用户负载和低数据量进行优化的；第二层服务器存储中等级别的汇总数据；第三层服务器存储更为详细的数据。这种多层次的架构允许组织根据不同的业务需求进行灵活的数据查询和分析，但同时也需要更复杂的数据同步和管理机制。

数据仓库涉及的另外一个重要步骤便是ETL，它负责从多个数据源中提取数据，这些数据被处理、修改，然后加载到另一个数据库中。在一个数据仓库项目中，ETL和数据清洗工具会占用预算的三分之一，并且在数据仓库项目的开发时间方面，可能会占用该值的80%。数据仓库项目整合不同来源的数据，这些来源大多是关系数据库或不同文件，但也可能有其他类型的来源。ETL系统需要能够与数据库通信，并读取整个组织中使用的各种文件格式。图1-5所示为ETL过程。在左侧可以观察到来自大多数情况下的数据库或具有异构格式文件的"原始"数据，如文本。从这些源获取的数据通过提取获得与原始数据源相等或修改的信息。随后，这些数据被传播到数据暂存区（Data Staging Area，DSA）中，在那里它们被转换和清洗。DW位于图的右侧，旨在存储数据。

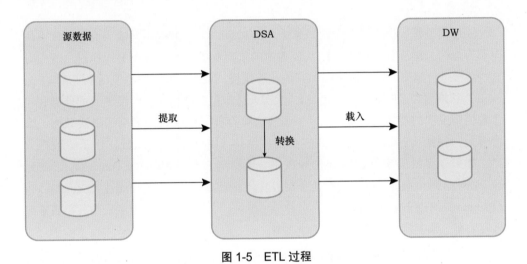

图1-5　ETL 过程

1.1.3　成熟：商用数据仓库与数据仓库建模理论

1. 数据仓库建模理论

在设计数据仓库的过程中，建模环节十分重要，它涉及数据仓库的结构与功能。本节将介绍四种主要的数据仓库建模方法：范式建模、维度模型、Data Vault 模型和 Anchor 模型。

1）范式建模

范式建模是一种企业数据架构的建模方法，起源于 William H. Inmon 的实体–关系（E-R）模型思想。在这种模型中，通过实体类型、属性类型和关系类型三个要素来描述和理解企业的业务。实体类型表示现实世界中可识别和区分的对象，属性用于描述实体的特征，关系类型揭示实体间的联系。在绘制 E-R 模型图时，通常使用矩形代表实体，椭圆表示属性，菱形表示关系。E-R 模型有三种基本的关系类型：一对一（1∶1）、一对多（1∶n）和多对多（n∶m）。在一对一关系中，实体集 A 中的每个实体最多与实体集 B 中的一个实体关联；在一对多关系中，一个实体在集合 A 中可以与集合 B 中的多个实体有关系，但反过来不成立；在多对多关系中，实体集 A 与实体集 B 中的实体可以自由关联。建模过程通常包括以下几个步骤：首先确定并抽象相关的实体，其次确定这些实体之间的关系，再次识别各实体的属性，最后绘制出 E-R 关系图。这种范式建模的主要目的是数据整合，通过规范化减少数据冗余并确保数据一致性。但需要注意的是，虽然这种模型适用于整合和规范处理企业数据，但通常不适用于深度数据分析和统计。

2）维度模型

维度模型是一种数据仓库设计方法，由 Ralph Kimball 提出并成为商业维度生命周期方法的关键部分。这种方法从业务中的重要业务流程自下而上地建模，首先对这些流程进行建模，然后逐步添加其他业务流程。维度模型的核心包括事实表（Fact Table）和维度表（Dimension Table）。事实表通常包含两列：指向维度表的外键和包含数值型事实的度量列（Measure）。事实表可存储详细或聚合级别的事实数据。维度表是一种结构，通常由一个或多个层次结构（Hierarchies）组成，用于将数据分类。如果一个维度没有层次结构和级别，则称为扁平维度（Flat Dimension）或列表（List）。每个维度表的主键都是事实表复合主键的一部分。维度属性（Dimensional Attributes）有助于描述维度值，通常是描述性的、文本型的值。维度表的大小通常比事实表小。维度模型通常有以下几种类型。

（1）星形模型（Star Schema）。星形模型是一种最简单的数据仓库模式。之所以称为星形模型，是因为该图像类似于一个星形，各点从中心辐射出去。星形的中心是事实表，星形的各点是维度表。在星形模型中，事实表通常符合第三范式（3NF），而维度表是非规范化的。图 1-6 所示为简单的星形模型，事实表只有一个，每个维度表都直接与事实表相连。

（2）雪花模型（Snowflake Schema）。图 1-7 所示为简单的雪花模型，其存储的数据与星形模型完全一样。事实表具有与星形模型示例中相同的维度。最重要的区别是，雪花模型中的维度表是规范化的。规范化维度表的过程被称为"雪花化"。两种模式之间的主要差异体现在规范化和查询复杂性方面。雪花模型使用更少的空间来存储维度表。这是因为规范化的数据库通常会产生更少的冗余记录；非规范化的数据模型则会增加数据完整性问题的风险。这些问题将使未来的更改和维护变得更加复杂。在查询复杂性方面，雪花模型的查询更为复杂。由于维度表是规范化的，需要进行更深入的查询来获取信息。实际上，对于维度中的每个新层级，都需要添加一个额外的 JOIN 操作。而在星形模型中，只需将事实表与需要的维度表连接，每个维度表最多只需要一个 JOIN 操作。

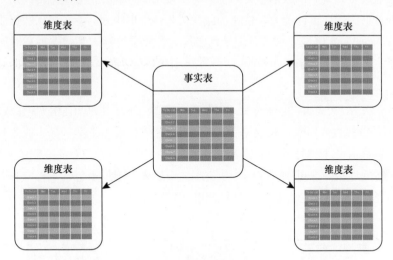

图 1-6　简单的星形模型

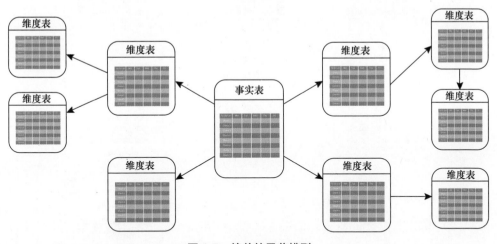

图 1-7　简单的雪花模型

（3）事实星座模型。对于每个星形模型，都可以构建事实星座模型（Fact Constellation Schema）。例如，通过将原始的星形模型分解为多个星形模型，每个模型描述不同层级的维度层次结构的事实。事实星座模型包含多个共享许多维度表的事实表。事实星座模型的主要缺点是设计更复杂，因为必须考虑和选择针对特定类型的聚合的多种变体。此外，维度表仍然较大。

3）Data Vault 模型

Data Vault 模型源自实体–关系（Entity-Relationship，E-R）模型，但其核心目的是解决企业级多系统间的数据整合问题。与直接用于数据分析和决策不同，该模型注重数据的可追溯性、审计能力、快速加载和持久性变更管理。为了确保数据质量和可追溯性，Data Vault 模型要求每条记录都必须包含源系统标志和数据加载时间。该模型采用了主题化的方式来组织数据，并遵循一定的范式原则，以提高模型的灵活性和适应性。

图 1-8 所示为简单的 Data Vault 模型，主要由三个基础构件组成：中心表（Hub）、链接表（Link）和卫星表（Satellite）。中心表用于唯一标志业务对象，每个中心表都具有一个独特的业务键。链接表负责描述不同业务对象之间的关联关系，支持多对多的连接，并可以关联两个或更多的中心表。卫星表包含了与中心表或链接表相关的变化性描述信息，如客户地址或电话号码等。

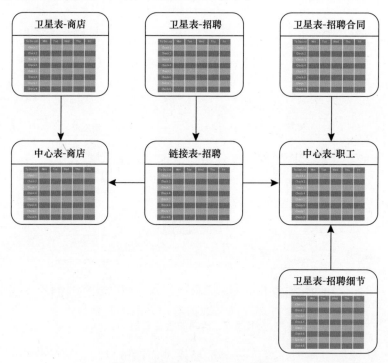

图 1-8　简单的 Data Vault 模型

Data Vault 模型有它的优势和劣势。在优势方面，该模型非常注重数据历史和追溯性，通过保留数据来源和加载时间的元数据信息，实现了对源系统的完整可追溯。模型的设计理念也巧妙地融合了第三范式和维度模型的优点，因此在灵活性、可扩展性和数据一致性方面，能更好地满足企业数据仓库的复杂需求。

在劣势方面，首先，由于其设计复杂性，对数据开发者的专业技能有较高的要求。团队成员需要对模型的各个构件和设计哲学有深刻的理解，并遵循一致的设计方法论。其次，模型的高度解耦可能会导致查询性能下降和业务分析成本上升，这需要企业内部人员对 Data Vault 模型有更深刻的理解。

总体来说，Data Vault 模型虽然在数据历史记录、灵活性和可扩展性方面表现优异，但也因其复杂性和相对较高的查询成本而需谨慎评估适用场景。理论上，该模型适用于构建企业级的数据仓库或数据中台，尤其当对数据源的追溯性和审计性有严格要求时。与传统的 E-R 模型相比，Data Vault 模型在设计和实施过程中更为灵活，更易于适应不断变化的业务需求。

4）Anchor 模型

Anchor 模型是 Data Vault 模型的高度规范化的演进版本，其核心设计原则是"所有扩展都应该是添加，而非修改"，从而达到了第六范式（6NF）的高度规范化。这一模型基本上采用了键值对（K-V）的结构，进一步减少了数据冗余，特别是在历史数据管理和原系统变更的适应性方面表现出了优越性。

该模型主要由四个组件构成：锚点（Anchors）、属性（Attributes）、联系（Ties）和节点（Knots）。锚点相当于 Data Vault 中的中心表，用于表示业务实体，但只包含主键。属性则更像是高度规范化的卫星表，以键值对的方式组织，并且每个属性类型都独立为一个表。联系描述了锚点之间的关联关系，相当于 Data Vault 模型中的链接表，但通过独立的表来提升关系的可扩展性。节点则是用于表示在多个锚点中共享的属性，如性别或状态等。

然而，Anchor 模型也不是没有局限性。由于其高度规范化的设计，实际执行复杂查询时可能需要多表连接，这可能对计算性能构成挑战。同时，模型本身的复杂性意味着元数据管理和后续的数据治理也会更为复杂，挑战更大。

总体来看，Anchor 模型在数据规范化、扩展性和历史数据管理方面进行了进一步优化，但这也增加了查询性能和数据治理方面的复杂性。因此，在选择使用 Anchor 模型时，需要综合考虑业务需求、查询性能和数据治理等多个方面的因素。

2. 商用数据仓库

随着大数据、云计算等技术的出现，数据仓库也迅速发展并演进出新的形态，包括并行处理数据库、云原生数据仓库等。这些技术使数据仓库能够处理更大规模的数据、更复杂的分析和更快的查询速度。为了满足各行各业对数据仓库的使用需求，互联网厂商也陆续推出集合最新技术的数据仓库服务。以下将介绍几种主流的数据仓库服务。

1）Teradata

Teradata 数据仓库可以在多个操作系统上运行并且支持大型数据仓库应用。Teradata 的主要优势在于能够处理大量的数据，并且与各种商业智能工具集成。此外，Teradata 提供了许多部署选项，使用户能够获取相同的数据，同时支持联机分析处理，使用户能够进行复杂的分析。Teradata 数据仓库的特性包括结构化查询语言的扩展、线性可扩展性、无限并行、自动分布、高级优化器、低总拥有成本、强大的实用程序，以及与其他系统良好的连接性。Teradata 架构基于大规模并行处理，包括存储架构和检索架构。整个架构由四部分组成：解析引擎、AMP、BYNET 和磁盘。这四个组件共同工作，使 Teradata 能够根据客户端的查询类型进行操作。Teradata 数据仓库在金融、制造业、医疗保健、零售和运输等多个行业中均有应用。通过数据驱动的决策和个性化服务，Teradata 能够帮助这些行业提升客户体验，优化需求预测，提高供应效率，优化流程，以及提供高质量的财务报告。

2）Google BigQuery

Google BigQuery 是 Google 提供的一项全托管、Serverless 数据仓库服务，专为处理 PB 级的可扩展数据分析而设计。作为一种平台即服务（PaaS），Google BigQuery 支持 SQL 查询，并内置了机器学习功能。BigQuery 于 2010 年首次公布，2011 年正式推出，它让用户能够利用 Google 的 Dremel 技术进行数据分析。Dremel 是一个可扩展的、适用于嵌套数据交互式即席查询的系统。BigQuery 的主要功能包括数据管理（如创建和删除表、视图和用户自定义函数）、数据导入（支持从 Google Storage 导入多种格式的数据，如 CSV、Parquet、Avro 或 JSON）、查询处理（使用 SQL 进行查询，结果以无大小限制的 JSON 形式返回）、服务集成（可以与 Google Apps Script 或使用其 RESTful API 或客户端库的任何语言进行集成）、访问控制（支持与任意个人、组织或全球共享数据集）及机器学习（支持使用 SQL 查询创建和执行机器学习模型）。此外，BigQuery 支持跨云分析（在 Google Cloud、Amazon Web Services 和 Microsoft Azure 之间进行数据分析）、数据分享（支持跨组织数据和分析资产交换）、内置分析服务（BigQuery 内置的 BI Engine 支持亚秒级查询响应时间和高并发交互式分析）及商业智能（可以通过导入 Data Studio 将 BigQuery 的数据进行可视化）。这些功能使 BigQuery 成为一种强大的数据分析和管理工具。

3）Amazon Redshift

Redshift 作为 Amazon Web Services 的一部分，是云原生数据仓库的先驱。Redshift 基于大规模并行处理数据仓库公司 ParAccel 的技术，专门处理大规模数据集和数据库迁移。与 Amazon 的另一托管数据库服务 Amazon RDS 不同，Redshift 能够处理基于列式 DBMS 原理存储的大数据数据集的分析负载，它在一个集群上支持高达 16PB 的数据存储，而 Amazon RDS Aurora 的最大容量仅为 128TB。Redshift 于 2012 年 11 月筹备，2013 年 2 月 15 日正式发布，它是对 PostgreSQL 8.0.2 旧版本的修改产品，能够处理大多数使用 ODBC 和 JDBC 连接的应用程序的连接请求。在 Forrester 2018 年第四季度发布的云原生数据仓库报告中，Redshift 被列为部署数量最多的云原生数据仓库，超过 6500 个。利用并行处理和压缩技术，Redshift 能缩短命令执行时间，一次操作能处理数十亿行命令。因此，它特别适合存储和分析日志数据或通过 Amazon Kinesis Data Firehose 等来源收集的实时数据流。

4）Snowflake

Snowflake 是由三位数据仓库领域的专家于 2012 年创建的一种基于云的数据仓库。Snowflake 的核心特性是全面的云基础架构，这使它成了数据处理领域的领先者。起初，Snowflake 作为一种软件即服务（SaaS）平台在亚马逊网络服务上提供服务，专门为大规模数据加载、分析和报告而设计。与传统的需要部署和可能耗资百万元的硬件的现场解决方案相比，Snowflake 能在云中几分钟内进行部署，并且以秒为单位计费，实行按需付费的模式。Snowflake 的一大突出特点是高效的运行方式，能启动无数的虚拟仓库，每个仓库实际上是一个独立的大规模并行处理集群。这意味着用户可以在同一份数据上运行无限数量的独立工作负载，而不会产生任何资源竞争。Snowflake 主要由三个层次组成。云服务层作为操作的核心，提供数据库连接，并处理基础设施、事务管理、SQL 性能优化、安全和元数据等任务。计算服务层可以容纳无限数量的虚拟仓库，每个仓库都由一组数据库服务器组成，用于执行 SQL 语句。虚拟仓库包含了 CPU、内存和 SSD 存储，但它只是一个临时的存储层。云存储层提供了无限持久性的数据存储池。所有的数据都会存储在云存储中，并自动复制到三个独立的数据中心，从而提供了内置的灾难恢复功能。Snowflake 的主要优点包括弹性好、灵活性好、安全性高、支持多类型云环境及高效能查询等。

5）Azure Synapse Analytics

Azure Synapse Analytics 的前身为 Microsoft Azure SQL Data Warehouse，是 Microsoft 针对数据仓库解决方案推出的版本。Azure Synapse Analytics 提供一个灵活的平台，用于构建和管理数据仓库，其目标是将企业数据仓库与大数据分析结合起来。无论用户选择使用 Serverless 的按需资源，还是对预先配置的资源进行大规模查询，都能便捷处理。Azure Synapse 的核心特性主要在于数据管理、查询和集成。首先，它提供了一个全新的、无限制的分析服务平台，进一步优化了数据管理流程。其次，它允许用户以无形式限制的方式查询数据，无论用户选择使用 Serverless 的按需资源还是预先配置的资源，都能支持大规模查询。最后，它通过将企业数据仓库与大数据分析紧密结合，提供了一个统一的窗口，使用户能更好地获取、准备和管理数据，并为即时的商业智能和机器学习需求提供数据。

6）ClickHouse

ClickHouse 由 Yandex 最初构建并开源，以联机分析处理查询的列式结构特点而引人注目。这种系统被专门设计用于存储和分析大数据。ClickHouse 的性能表现优异，以其快速的分析查询、高插入速度以及与 SQL 密切相似的方言备受赞誉。其性能超越了所有其他列式数据库管理系统，能够轻松地处理每秒每台服务器数十亿行和数十 TB 的数据。因此，对于需要处理大量结构化数据的应用，如数据分析、详细的数据报告和数据科学计算，ClickHouse 是理想的选择。ClickHouse 的主要特性包括：

（1）列式 DBMS。作为一个真正的列式数据库，ClickHouse 物理存储给定列的每个值，而不附加任何额外的信息。然而，当少量的额外数据（如字符串的长度）与列中的数亿个元素连接时，可能会显著降低压缩、解压缩和读取的速度。

（2）极快的速度。在开源和商业市场中，ClickHouse 通常是最快的解决方案。如果需要查询和聚合大量的结构化数据，ClickHouse 将最大限度地利用所有可用的硬件，尽可能快地处理每个查询。

（3）易于部署。ClickHouse 的使用和操作相对简单，系统集成更直接。它提供了一个可以立即部署的单一二进制文件，可以轻松配置，并在任何地方运行。

（4）SQL 原生。ClickHouse 完全基于 ANSI SQL，使得通过 API 和报告工具与其交互更加熟悉和容易。

（5）有效的压缩技术。ClickHouse 使用数据压缩来实现所需的性能，这包括通用压缩和存储在不同列中的各种数据类型的几个专用编解码器。

然而，ClickHouse 也存在一些不足。例如，ClickHouse 对更新和删除数据的支持非常有限。此外，ClickHouse 可能不适合非常小的数据集或需要严格一致性的应用。总的来说，ClickHouse 的出色性能、成本效益及与商业智能工具的集成使其成为流行解决方案的有力竞争者。无论是针对流数据的实时分析，还是基于以前的数据集构建预测模型，ClickHouse 都能提供必要的分析，以做出更好的决策，推动业务发展。

1.2　大数据处理技术与数据仓库

数据仓库将来自不同数据源的各类型的原始数据进行整合和存储，提供了面向业务场景的集成数据存储服务。然而，要从存储的原始数据中挖掘出有效的信息，用于支持企业决策制定等具体业务场景，需要对数据进行进一步处理。另外，数据仓库中存储数据的规模之大、多样性之丰富使传统的数据处理方式不再适用，因此大数据处理技术应运而生。数据仓库和大数据处理技术相结合，构成了完整的数据管理和分析体系，提供了更强大的数据能力，使企业和个人从中获益。

1.2.1　大数据处理技术的起源

20 世纪 90 年代至 21 世纪初，互联网和计算机技术的高速发展促使了数据量呈指数级增长，"大数据"概念也在同一时期被提出。2001 年，美国分析师 Doug Laney 在 "3D Data Management: Controlling Data Volume, Velocity, and Variety"[3] 中首次提出了大数据的 "3V" 特性——Volume（体量）、Velocity（速度）和 Variety（多样性）。随着时间的推移，人们对大数据的定义和理解不断演变，其概念逐渐扩展为如图 1-9 所示的 "5V" 特征——Volume、Velocity、Variety、Value（价值）和 Veracity（真实性）。传统的数据处理方法，如关系数据库系统、SQL 查询等，已无法有效地处理如此庞大和复杂的数据集。大数据处理技术就在这种历史背景下登上了舞台，以便能够高效存储、处理和分析大规模数据集，并最终提取有价值的信息。

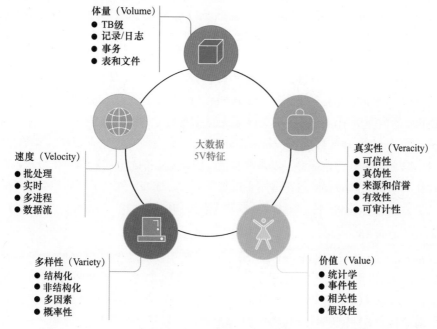

图 1-9　大数据 "5V" 特征

Google 在 2004 年前后发表了三篇论文，分别讨论分布式文件系统 GFS[4]、分布式计算框架 MapReduce[5] 和 NoSQL 数据库系统 BigTable[6]，俗称"三驾马车"，标志着大数据处理技术发展进入了快车道。Doug Cutting 和 Mike Cafarella 借鉴上述论文思想，先后实现了 Nutch Distributed File System（NDFS，HDFS[7] 的前身）和 MapReduce，二者于 2006 年从 Nutch 独立出来，合称 Hadoop，并于 2008 年正式成为 Apache 顶级项目。Hadoop 的出现不仅带来了一场技术革命，同时将开源精神发扬光大。此后几年，大量的高校、企业活跃在 Hadoop 社区，开发出了批处理系统 Spark[8]、流计算系统 Storm[9]、Spark Streaming、批流融合系统 Flink[10]、图处理系统 Giraph[11] 等大数据处理系统。与此同时，Hadoop 周边产品也开始出现，如资源调度系统 Yarn[12]、Meta（原名 Facebook）发布的使用 SQL 语法进行大数据计算的 Hive[13] 等，使 Hadoop 生态进一步完善，预示着大数据处理技术发展逐步迈向高峰。

1.2.2 分布式技术

分布式技术可分为四类：分布式存储、大数据处理系统、分布式资源管理和协调，以及大数据分析与挖掘。接下来，将为读者介绍这四类中的代表性系统。

1. 分布式存储

1）Hadoop 分布式文件系统

Hadoop 分布式文件系统（Hadoop Distributed File System，HDFS）是可靠且可扩展的分布式文件系统，可用于存储大规模数据集，并能在廉价的硬件上运行。如图 1-10 所示，在 HDFS 中共运行三种进程——NameNode、Secondary NameNode、DataNode。NameNode 进程运行于主节点，负责维护各种元数据，如文件目录结构和从节点状态。Secondary NameNode 进程合并 NameNode 的编辑日志以创建检查点，并减轻 NameNode 的内存负担，从而提高文件系统的性能和可靠性。HDFS 中的文件默认被分割成大小为 128MB 的数据块，每个 DataNode（数据节点）负责存储这些数据块，并为每个数据块提供三个备份，以实现容错。HDFS 支持随机读取和顺序写入，并在顺序操作时支持更高的吞吐量，适用于批处理场景。HDFS 提供了可靠的数据存储基础，几乎所有的 Hadoop 生态系统计算框架均在上面运行。

2）Amazon S3

Amazon S3（Simple Storage Service）是一种可靠且高度可扩展的对象存储服务，专为存储和检索大规模数据集而设计。如图 1-11 所示，S3 的架构由存储桶（Bucket）、对象（Object）和区域（Region）组成。其中，存储桶是数据的基本存放单元，对象代表 S3 中实际数据存储的实体形式，区域则指的是 S3 存储桶所在的物理地理位置。S3 服务端负责处理请求、维护数据的持久性和可用性，以及执行与存储桶相关的管理任务。数据被分割成对象并存储在存储桶中。S3 支持多种数据分区和备份策略，并提供灵活的访问控制机制。此外，S3 支持随机读取和顺序写入，并在处理大规模数据集时表现出良好的性能。作为云原生存储解决方案，S3 广泛应用于数据湖、备份与归档、网站托管等场景，并可与云计算相关服务集成，为用户提供完整的云端数据管理解决方案。

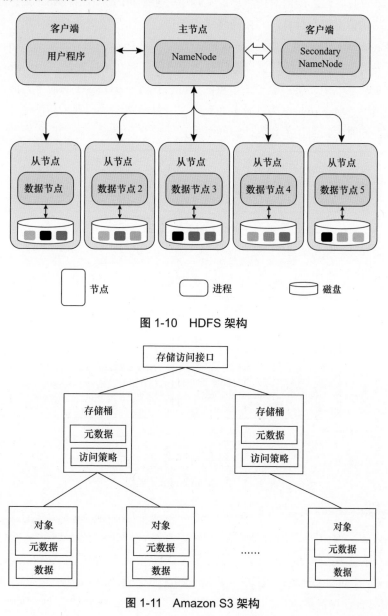

图 1-10　HDFS 架构

图 1-11　Amazon S3 架构

2. 大数据处理系统

1）MapReduce

MapReduce 是用于大规模数据处理的编程模型和计算框架，最早由 Google 于 2004 年提出。MapReduce 将数据抽象为一系列键值对，计算分为 Map 和 Reduce 两个过程。Map 过程将输入键值对按用户定义转换为若干新的键值对；Reduce 过程对具有相同键值的键值对进行计算，并按需将结果再进行一次键值对转换后输出。如图 1-12 所示，MapReduce 共运行三个进程：JobTracker、TaskTracker 和 Child。JobTracker 运行于主节点中，负责整个系统的资源管理和作业管理，存在单点瓶颈。TaskTracker 进程运行于每个从节点中，负责管理该节点的资源，执行 JobTracker 的命令并向其汇报资源和作业情况。MapReduce 将计算分布到多个计算节点上，实现了高性能并行计算和数据处理，同时大幅简化了并行计算的编程。

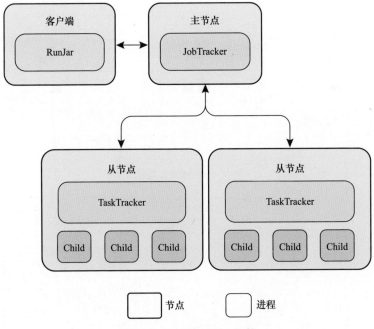

图 1-12　MapReduce 架构

2）Spark

Spark 是一种内外存同时使用的批处理系统，用于构建大型的、低延迟的数据分析应用程序，于 2009 年由加利福尼亚大学伯克利分校的 AMP 实验室开发。Resilient Distributed Dataset（RDD）是 Spark 最核心的数据抽象，它是容错、分布式的数据集合，保证数据库的高可用性和可扩展性。Spark 提供两种类型的 RDD 操作算子：Transformation（转化）和 Action（行动）。RDD 一经创建不可修改，每次转化操作得到新的 RDD。Spark 将具体任务抽象成计算模型（Operator DAG 或 RDD Lineage）以执行具体计算，两种不同的计算模型分别从算子操作和 RDD 变换角度描述计算过程。与 MapReduce 不同，Spark 实现了资源管理和作业管理的解耦，由 Cluster Manager 负责集群资源管理，由 Driver 负责作业管理。如图 1-13 所示，Cluster Manager 由 Master 进程和 Worker 进程构成，分别运行于主节点和从节点上。Driver 在 Standalone Client 模式下由客户端上运行的 SparkSubmit 进程充当，在 Standalone Cluster 模式下由从节点上运行的 DriverWrapper 进程充当。Spark 中的作业由从节点上的 CoarseGrainedExecutorBackend 进程执行，该进程包括多个线程，分别用于执行不同的任务。Spark 相较于 MapReduce 提供了更强的编程框架，如 join 算子等；同时，其内存计算特性避免 shuffle 数据和迭代计算导致大量的磁盘 I/O，大幅降低应用延迟。此外，Spark 支持多种编程语言，并可与其他 Hadoop 生态系统集成，这种灵活性、出色的性能和丰富的功能使其成为大数据处理领域的重要工具。

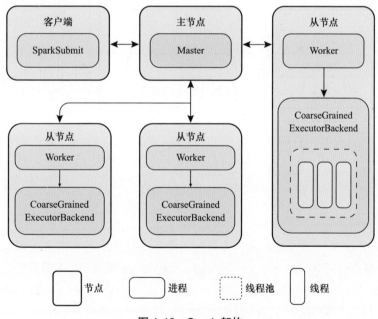

图 1-13　Spark 架构

3）Flink

Flink 是批流一体化的执行引擎，最早可追溯至 2008 年德国科学基金会资助的 Stratosphere 项目，该项目于 2014 年成为 Apache 软件基金会项目并改名为 Flink。

与 Storm 不同，Flink 将一段连续元组抽象为 DataStream。与 Spark 中的 RDD 类似，DataStream 不可变，每次变换后得到新的 DataStream。Flink 共支持三类 DataStream 操作算子——输入（DataSource）、转换（Transformation）和输出（DataSink），分别描述 DataStream 的数据源、转换逻辑和数据输出。Flink 将计算任务抽象成 Operator DAG，同时提供迭代模型，将迭代部分整体视为一个算子以确保计算图无环。如图 1-14 所示，Flink 中的客户端运行 CliFrontend 进程用于生成 Operator DAG 并提交至主节点；主节点运行 StandaloneSessionClusterEntrypoint 进程，负责集群的作业管理和资源管理；从节点 TaskManagerRunner 负责从节点的资源管理，并利用线程执行具体作业。Flink 同时提供批处理和流处理接口，可以处理包括图、机器学习、实时分析处理等在内的各种负载，Flink 的灵活性和通用性使其成为许多企业处理大规模实时数据的首选工具。

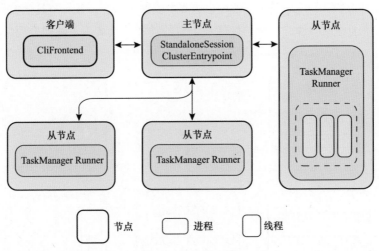

图 1-14　Flink 架构

3. 分布式资源管理和协调

ZooKeeper 是一种轻量级的分布式协调服务，仅存储元数据或配置信息等，用于解决分布式应用中的协调和高可用问题。ZooKeeper 采用树作为数据模型，每个节点称为 Znode。Znode 可指定两种特性——持久性、顺序性。持久性指示 Znode 是否需要显式删除；顺序性指示 Znode 创建时名字后是否追加自增的数字。如图 1-15 所示，ZooKeeper 服务器由一个领导者、多个追随者和观察者组成，自身支持高可用。领导者可直接响应客户端的读写请求，而追随者只能响应读服务。观察者与追随者类似，但不参与领导者选举。多个客户端可以通过对某个节点设置观察者来跟踪其上的变化，从而实现同步服务。此外，ZooKeeper 提供了简单的编程接口，适用于各种应用场景，包括分布式锁、分布式消息队列等，使其在大规模 Hadoop 生态中发挥重要作用。

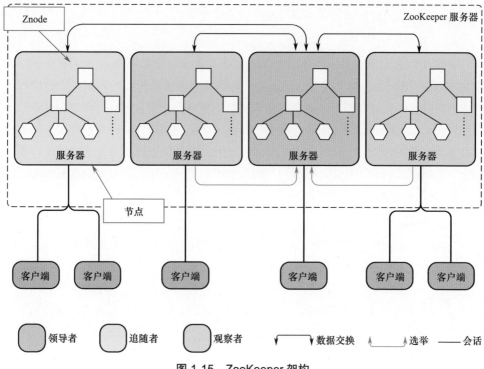

图 1-15　ZooKeeper 架构

4. 大数据分析与挖掘

机器学习与深度学习是当下最热门的研究领域，Hadoop 生态通过开源库的方式支持相关计算与分析。Mahout 于 2009 年加入 Apache 软件基金会，用于提供可扩展的机器学习算法，它可以在 Hadoop 生态的分布式计算框架中运行。Mahout 主要聚焦聚类、分类、推荐等经典领域，实现了部分经典算法，如协同过滤、K-means 等。MLlib 是基于 Spark 的机器学习库，于 2014 年成为 Spark 的一部分。相较于 Mahout，MLlib 除了实现了经典算法，还提供了更丰富的工具，可进行特征工程并支持包括 Java、Scala 在内的多种编程语言。SystemML 提供声明式的机器学习语言和执行引擎，由 IBM 于 2015 年贡献给 Hadoop 社区。SystemML 为多种数据分析和处理范式提供统一的编程模型，并可自动优化和并行调度，以提高整体任务的性能。

1.2.3　经典大数据处理架构

分布式技术在架构方面存在一定的相似性，本节对其进行简单的归纳。大数据处理架构主要围绕更好的性能及丰富灵活的功能进行发展。

1. 传统架构

传统大数据处理架构通常有批处理和流计算两种方式。批处理系统适合离线处理数据量大的场景（"5V"中的 Volume），数据被分成多个批次并发送至不同的计算节点并行执行；同时，批处理通常需要存储数据并进行全量数据处理和复杂计算，实时性较差。MapReduce 和 Spark 为典型的批处理架构的实现。流计算系统用于处理数据产生速度快的场景（"5V"中的 Velocity），因为数据以连续的方式到达，流计算系统可对其进行即时分析处理，适合对实时性要求较高的场景，但对系统容错性要求较高。Flink 为典型的流计算架构的实现。

2. Lambda 架构

批处理和流计算分别解决了"5V"中的数据量大和数据产生速度快的问题。然而，现实中某些场景同时面临这两个问题。例如，推荐系统不仅需要根据用户的历史数据离线训练模型以表征用户历史偏好，同时需要根据用户当前的浏览情况预测当前用户偏好的变化趋势。为了解决上述问题，Lambda 架构于 2011 年由 Nathan Marz 提出。如图 1-16 所示，Lambda 架构共分为三个部分，批处理层（Batch Layer）用于离

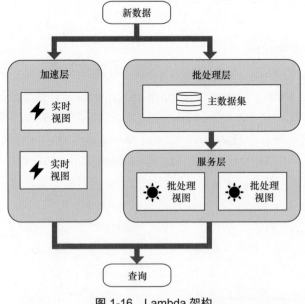

图 1-16　Lambda 架构

线批量处理数据，通过全量计算生成批处理视图，可通过批处理系统实现；加速层（Speed Layer）实时处理新的数据，增量补偿批处理视图以降低查询延迟，可通过流计算系统实现；服务层（Serving Layer）通过合并批处理视图和实时视图得出结果，并响应用户的查询请求，可通过交互式查询引擎实现。一方面，架构将批处理和流计算相结合，有效解决了批处理高延迟及需求低延迟之间的矛盾；另一方面，Lambda架构需要维护并实现两套计算引擎和数据合并的逻辑。

3. Kappa 架构

针对 Lambda 架构难维护、编程复杂的问题，Jay Kreps 于 2014 年提出了 Kappa 架构。如图 1-17 所示，Kappa 架构简化了 Lambda 架构，使用流计算系统处理离线数据和实时数据。Kappa 架构将流计算引擎得到的结果持久化在 Kafka 或数据湖中，以便进行离线分析。同时，Kappa 架构鼓励将原始数据直接写入数据湖，而无须预定义数据结构和模式，以加快持久化速度并增加整体的灵活性。Kappa 架构大幅简化了架构设计和维护流程，但存在大量历史数据时，会面临性能瓶颈。此时，Lambda 架构可能是更优的选择。此外，数据湖中的数据可能存在冗余和一致性问题，加之数据无明确结构和模式，呈现混乱与歧义，这将增加数据访问和查询的复杂性。

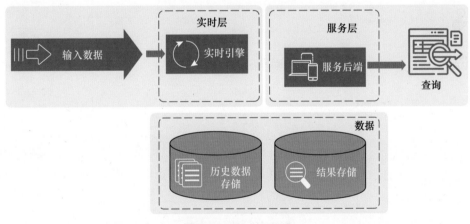

图 1-17　Kappa 架构

1.2.4　湖仓一体

1. 数据湖

数据湖（Data Lake）是一种存储和管理大规模数据的架构，它可以容纳结构化和非结构化的数据，而且以原始的形式存储。数据湖的目标是存储所有类型的数据，并且提供统一的访问接口，使数据可以被不同的数据处理和分析工具使用。数据湖的核心思想是将数据以原始格式存储，并且在需要时进行分析处理，如图 1-18 所示。数据湖由 James Dixon 于 2010 年提出，其主要动机是更好地满足大数据的"5V"特征。大数据同时包括结构化、半结构化和非结构化数据（Variety），相比传统数据仓库需预定义数据模型和结构，数据湖能轻松适应多样化和复杂的数据类型。此外，灵活的存储和管理方式也给予数据分析更大的空间去鉴别数据的真实性（Veracity）并发现数据中隐藏的价值（Value）。同时，数据湖避免对数据进行预处理和结构化，使其可以用更经济的方式容纳大规模原始数据（Volume）并支持低延迟的实时分析处理（Velocity）。但是，数据湖也存在数据质量管理、数据安全及隐私保护等方面的问题。

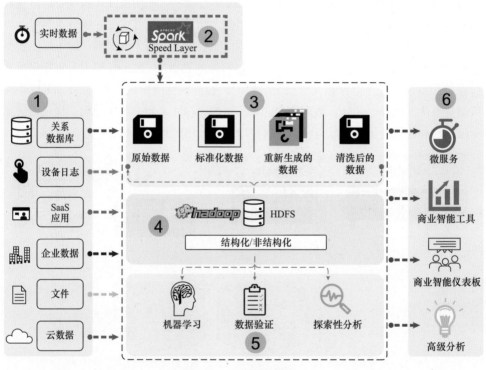

图 1-18　数据湖架构

2. 湖仓一体

湖仓一体 Lakehouse 作为数据湖架构的延伸，旨在整合数据湖的灵活性与数据仓库的结构化管理，以应对面临的数据挑战并提升数据使用的效率和质量。湖仓一体的核心理念是将数据湖与数据仓库无缝结合，充分发挥二者的优势，创造出一种更为灵活、可控的数据解决方案。在湖仓一体的框架下，可以同时享受数据湖的原始数据存储和多样化的数据支持，以及数据仓库的结构化管理和数据质量保障。这种整合使用户能够更加灵活地管理和利用数据，更高效地进行数据分析、业务洞察和决策支持。

湖仓一体实践涉及多方面的技术和工具。首先，数据集成和 ETL 工具（如 Apache NiFi、Talend、Informatica）用于从不同源头提取、清洗、转换和加载数据，以满足数据湖和数据仓库的存储需求。其次，选择合适的数据存储和处理技术，如分布式文件系统（如 HDFS）、NoSQL 数据库（如 Apache Cassandra、MongoDB）、大数据处理框架（如 Spark、Flink），支持大规模数据的存储和分析。数据安全和隐私保护技术是关键，需采用数据加密、访问控制、身份认证和数据脱敏等手段，并建立安全策略和监控机制以应对安全威胁。元数据管理工具记录数据属性、来源和质量等信息，便于管理与利用数据。数据质量管理工具用于监控、评估和改进数据质量，发现异常性与不一致性。机器学习和人工智能技术已经广泛应用于自动化数据分析、模式识别和预测分析等领域。湖仓一体综合运用这些技术与工具，实现数据湖与数据仓库的无缝集成，建立全面的数据管理机制。

1.3　数据仓库发展趋势

1.3.1　云原生与分布式

随着 5G、物联网、大数据和人工智能的蓬勃发展，互联网上每天产生的数据量不断增加。IDC 的一篇报道指出：从 2018 年到 2025 年，全球数据量将从 33ZB 急速增长到 175ZB。要从这些数据中发掘有价值的信息，如实时推荐、广告投放效果、实时物流、风险控制、精准营销、商业智能报告、多源联合性分析和实时交互式查询，就必须具备强大的计算能力和存储能力，以实现数据的存储、迁移、清洗、查询和分析，甚至提供离线–在线分析一体化的技术。显然，单机数据库或数据仓库无法实现这样的目标，必须挖掘分布式系统的横向扩展能力来支撑上述复杂任务。

现代数据仓库大多结合云原生和分布式技术，以提供弹性伸缩、高资源利用率、高性能和高可用性的能力[14]。云原生技术使组织能够在现代动态环境（如公有云、私有云和混合云）中构建和运行可扩展的应用程序。容器、服务网格、微服务、不可变基础设施和声明性 API 都是这种方法的例子。此外，云原生技术能使松耦合的系统具有弹性、可管理性和可观测性。这种自动化特性使工程师只需要投入较少的精力，即可对系统进行重大影响的变更。分布式系统可以将多个计算节点连接起来，以提供更高的数据存储能力、更高的并行处理能力，以及可扩展性和高可用性。

云原生技术结合分布式系统不仅可以提供快速的编排能力（如自动提供容器实例），完成容器的亲和与分离，以实现高可用性和高性能，还可以自动检测容器错误、自动将宕机实例迁移到健康机器、自动根据需求增加或删除实例、提供服务发现、增量升级及零宕机时间部署。

数据仓库架构一般分为接入层、计算层和存储层，每层都采用分布式架构来进行部署，其架构如图 1-19 所示，每层都利用云原生和分布式架构的一些特点来提供强大的能力。

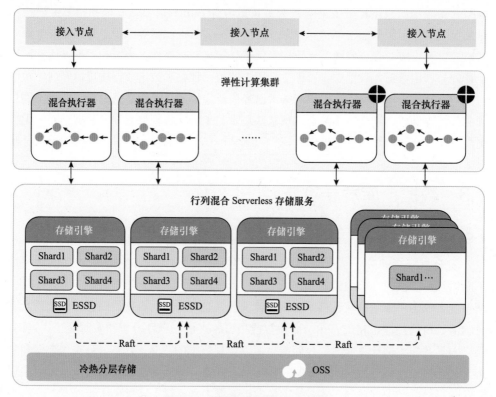

图 1-19　数据仓库的分布式架构

云原生和分布式系统可以为数据仓库提供以下功能。

1. 快速扩展

对于无状态的服务，如访问层和计算层，可以利用云原生技术的容器编排功能快速对资源进行扩缩容，以减少访问量激增导致的服务不可用时间。

2. 高性能

分布式系统的 Share-nothing 架构具有较好的可扩展性和并发性，可以为数据仓库的计算引擎提供扩展性和高性能服务。例如，计算引擎中的分布式 MPP 架构可以提供高性能服务。分布式系统还可以进行资源隔离，不同类型的负载会分配相应的

CPU、内存和磁盘等网络资源。因此，资源隔离可以确保占用资源过多的分析型请求不会阻塞服务型请求，从而提高数据仓库整体的性能和稳定性。

3. 可用性

分布式系统可以利用复制功能提供高可用服务。数据可以在分布式系统的备节点中复制。当某个节点宕机后，数据仍然会保存在备节点中。为了保证数据在主备节点中的一致性，分布式系统提供了分布式共识协议。基于 Raft 的分布式共识协议可以实现分布式、实时、强一致性的高可用机制，从而为数据仓库中有状态的存储引擎提供高可用服务。

4. 并行性

分布式系统的数据分片和 Multi-Raft 机制可以提供很好的并行性，从而提供高性能服务。数据分片被用于大型的数据仓库，当数据仓库存储的数据量非常大时，通常会按照某种规则进行分片，每个分片保存在不同的节点上。通过这种分片方式，既可以为数据仓库提供海量存储的服务，又可以将请求分发给不同的节点以提供高并行能力。

1.3.2　大数据与数据库一体化

随着互联网、5G、IoT 等领域的迅猛发展，企业的数据存储、数据处理和数据增长速度都发生了巨大的变化，给传统数据分析系统带来了巨大的挑战。这些挑战主要体现在成本、规模和数据多样性等方面。云计算的发展正在改变这一现状，它推动数据分析系统进入大数据与数据库一体化的新时代。大数据与数据库一体化更好地适应了企业对于海量数据、实时处理、智能化分析的需求，有助于企业更快地迈入数字原生时代，加速业务数字化和智能化进程。

传统数据分析系统面临着许多技术挑战。随着数据需求的变化，企业需要应对海量数据、多种数据类型、实时数据处理和智能化数据分析等新要求。这需要数据分析系统具备资源弹性扩展、海量数据存储与计算、一份存储多种计算及低成本等功能。然而，传统商业化数据仓库和大数据技术很难满足这些复杂的需求。例如，许多企业需要同时进行离线 ETL 计算、机器学习和多维度查询分析等多种计算，使用传统技术需要组合多种数据库产品，通过复杂的数据集成和冗余来满足计算需求，这导致整个技术架构非常复杂且成本高昂。

云原生技术正在重新塑造数据处理架构，使之加速向数据库与大数据一体化方向演进。针对企业面临的困境，以云原生为基础，通过离线–在线一体化的技术融合，实现大数据与数据库一体化的数据分析系统成为下一代数据处理架构的发展方向。这种一体化的数据分析系统的特点是云原生、一份存储多种计算、海量存储和全面兼容数据库生态。

1. 云原生

大数据与数据库一体化的数据分析系统需要对资源进行动态管理和高效利用，它意味着数据库系统能够根据业务需求的变化，动态地扩增或缩减计算资源，这种能力使企业在面对数据量激增或波动的场景时，能够更加从容地处理，同时大大降低了运营成本。

2. 一份存储多种计算

在大数据时代，数据不仅是结构化的，更多的是半结构化和非结构化的，不同的数据类型的处理和分析的要求各不相同，导致单一的数据处理方式已无法满足企业的需求。一份存储多种计算的特点，使得在同一种数据存储中可以同时进行多种计算操作，包括实时增删改查、多维度交互式分析、离线 ETL 和机器学习。这不仅简化了数据处理流程，还大大提高了数据处理效率。

3. 海量存储

随着数据规模的增长和数据类型的丰富，传统的数据库存储方式已无法满足企业的需求。海量存储能力成了数据分析系统的核心要求之一。这种能力使企业能够支持存储和管理大量的数据，包括结构化数据、半结构化数据和非结构化数据。同时，海量存储能降低企业的数据存储计算成本，帮助企业挖掘数据价值。

4. 全面兼容数据库生态

这种能力使数据分析系统能够兼容主流数据库的接口协议，如 MySQL、PostgreSQL 和 Oracle，降低数据分析的门槛。

1.3.3　弹性与 Serverless 扩容计费

传统的联机分析处理软件是企业自己部署运行的，企业需要维护自己的物理硬件，并在上面安装软件，为了应对突发的高峰时刻，通常要准备较大规模的集群来提供高可用机制。因此，这种企业自己部署数据仓库的方式维护成本高、资源利用率低，难以做到弹性伸缩。弹性与 Serverless 是云服务厂商为了解决企业的上述痛点而推出的一种按需付费的云服务，现在大多数的数据仓库通过部署在云上以提供弹性与 Serverless 功能。单机而整体的数据仓库无法满足灵活扩展的需求，因为计算引擎和存储引擎都在一个节点上。当需要分别对数据仓库的接入层、计算层或存储层的能力进行扩展时，就必须增加更多的节点。因此，会增加更多冗余的资源，导致资源利用率较低，而且计算引擎和存储引擎在同一个节点上会使故障恢复域非常大，不利于系统提供高可用机制。

　　数据在企业中的使用，具有明显的周期性和不确定性。一方面，业务发展变化很快，其数据规模体量也变化很大；另一方面，有些业务具备很强的时间周期特点，平时空闲，高峰明显。这些特点对底层基础设施提出了极高的资源弹性要求。这里所说的弹性，既包括存储能力的弹性，也包括计算能力的弹性。如图 1-20 所示，用户可以根据自身的需求，灵活选择资源配置方式，并根据发展需要，随时变更资源配置，使投入资源收益最大化。因此，云环境为了提供弹性与 Serverless 能力，必须将存储与计算分离，这是 Serverless 的基本特征。存储与计算分离一般是指将数据仓库的计算引擎部署在计算层的节点上，将存储引擎部署在存储层的节点上，这样计算层和存储层可以分别独立灵活地扩缩容，互不影响。同时，可以根据业务需要来灵活地扩展和伸缩节点数量，以应对同时部署大量机器所造成的浪费和资源利用率不高的问题。但是，弹性伸缩针对数据仓库的计算层和存储层采用完全不同的扩缩容策略。

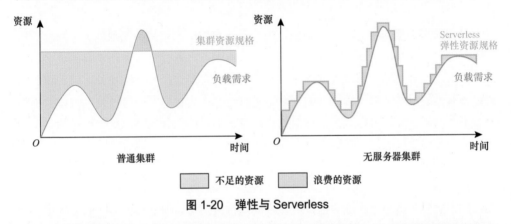

图 1-20　弹性与 Serverless

　　对于计算层来说，由于计算引擎是一个完全无状态的服务，因此不需要在扩缩容时进行数据迁移，也具有更加优秀的扩缩容体验。计算层的弹性分为分时弹性和按需弹性。分时弹性是指数据仓库能够掌握上层应用的分时负载信息，即在不同时间段具有不同的负载水平，上层应用也有明显的波峰、波谷时间段。因此，计算层的弹性策略可以在不同的时间段决定对计算引擎扩缩容多少资源，以及在波峰即将来临之前，提前将扩展的计算引擎节点预热，以快速适应负载的增加。按需弹性指的是针对用户上传的计算任务临时分配计算资源来进行计算，用户也可以自己指定完成计算任务所需的资源总量。

　　对于存储层来说，有限的存储引擎资源可能会出现 I/O 或 CPU 瓶颈，需要通过扩展新的存储引擎资源来提高 I/O 吞吐量。由于存储引擎是一个有状态的服务，因此针对存储引擎进行扩缩容时需要考虑数据迁移问题。数据迁移非常重要的特点是迁移时不能影响真实业务，以及需要根据负载均衡算法尽可能减少迁移数据。

Serverless 通过将物理资源进行归一化后暴露给客户，进而向客户隐藏物理资源。例如，阿里云 AnalyticDB 将计算资源引擎抽象为 ACU，客户只需要根据使用的 ACU 数量和时长来付费。

1.3.4　智能化

云原生数据仓库利用启发式规则或者机器学习技术来诊断数据仓库在数据建模、数据准备、库表结构设计和数据查询分析等各个环节中存在的可优化点并给出优化建议，并通过自动化处理、分析和可视化展示，提供更自动化和更智能的数据管理和分析解决方案。除了智能化优化数据仓库性能，还会考虑用户的财务成本及不同资源每时每刻的不同价格，因此可以智能化地选择资源以降低用户成本，并加强数据安全和隐私保护。

面对海量数据的存储和查询问题，数据仓库将数据按照某种规则分为不同的数据分区，每个分区数据分布在不同的节点上，这样既可以通过资源伸缩来存储更多的数据，又可以提升存储引擎的查询性能。数据分区通常会选择分布键和分区键。将数据按照分布键的哈希结果以分区键的分区结果进行分区，数据仓库通过分区键将数据划分为多个分区，分区可以减少数据的扫描范围，如日期是分区键，则数据按照日期分区。分布键用于决定如何将数据分布在多个节点上，以提高计算引擎的并行度。数据建模的诊断可分为分布键智能诊断、分区键智能诊断和复制表智能诊断。由于用户不知道数据的具体分布具有什么规律，或者数据的分布随着业务的发展也会发生巨大的变化，因此分布键和分区键的选择会导致难以将数据均匀地分布在不同的分区中。云原生数据仓库可以自动诊断出不合理的分布键或分区键，然后给出优化建议，同时会自动计算收益预估。总之，优化建议的目标是要保证数据在集群中均匀分布。

传统的数据仓库需要进行数据清洗、转换和集成等准备工作。数据仓库智能化利用机器学习和自动化算法，能够自动识别和处理数据质量问题，如缺失值、重复值和异常值等。它可以帮助数据仓库管理员和数据分析师更好地管理和维护数据质量。

由于数据查询分析的规模越来越大、复杂度越来越高，库表结构设计的优化对降低数据仓库的存储成本和查询性能有巨大影响。云原生数据仓库可以利用人工智能技术自动分析数据库表的使用情况，对长期未使用的表进行存储成本方面的优化，将其迁移至冷数据层中进行存储以降低成本。它还可以自动分析出创建的索引是否合理，并智能地建议用户删除查询效率不高的索引或者不经常使用的索引。

如图 1-21 所示，云原生数据仓库为了诊断用户的 SQL 查询分析代码的性能问题，会记录用户执行的每个查询语句的具体情况，如每个查询语句的执行时间、各个阶段和各个算子所消耗的内存、网络和磁盘资源，以及耗时程度和并发度等。用户可以查看过去一段时间内慢查询的查询语句及其具体情况，从而进行针对性的优化；系统会自动识别资源消耗量非常大的查询语句或对应的算子，并提供相应的查询优化建议。数据仓库还可以利用人工智能技术发现数据中隐藏的模式和关联规则，帮助用户更好地理解数据中的规律，并自动调整资源分配和查询优化策略，以满足不同工作负载的需求。

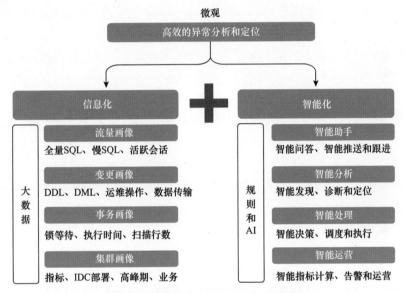

图 1-21 数据仓库的信息化与智能化

1.3.5 数据共享与安全可信

云环境中有两种部署方式：共享模式和独享模式。共享模式通常以多租户的方式实现，多个租户共享一套基础设施，包括计算、存储和数据应用。为了满足多租户的隔离性和共享性需求，如某些租户可能需要共享同一份数据表，需要采用不同的数据隔离方案来实现不同程度的隔离和共享。第一种方案是多租户使用不同的数据库实例，这种方案的隔离性和安全性最高，能够满足不同租户的独特需求，在出现故障时也比较容易恢复。第二种方案是多租户共享数据库实例，但每个租户在自己独立的 Schema 下运行，它提供了一定程度的逻辑数据隔离，同时一个数据库可以支持多个租户，但在系统出现故障时恢复较为复杂。第三种方案是多租户共享数据库实例和

Schema，这种方案的隔离性最低，安全性保障也较为复杂。在共享模式下，不同租户的数据存储在同一个基础设施上，因此需要采取适当的措施来防止租户之间的数据泄露、访问冲突或未经授权的访问。

为了保证云环境下数据仓库的安全可信性，需要采取一系列的措施，包括软件层面和硬件层面的保护。在软件方面，可以采用安全容器、安全的网络架构、数据链路加密和重要数据的加密存储等措施来实现。此外，可以结合数据访问控制和权限管理来进一步提升安全性。在硬件方面，可以使用特殊的硬件级别安全技术来保证数据的机密性。

安全容器是一种能够在云原生环境中提供隔离性和安全性的解决方案。Kata Containers 使用虚拟化技术，将每个容器封装在独立的轻量级虚拟机中，实现了容器之间的隔离。这种隔离可以防止容器之间的资源冲突和信息泄露，提供了更强的安全性和可信度。云原生数据仓库采用安全的网络架构来确保数据传输的安全，主要采用网络隔离、网络加密、防火墙和入侵检测系统等基础设施。数据链路加密是指在物理或逻辑数据链路层对数据进行加密保护。使用数据链路加密技术，可以保护数据在传输过程中的机密性，防止数据被窃听或篡改。数据链路加密可以在网络传输层上提供额外的保护，增强数据仓库的安全可信性。云原生数据仓库可以使用用户自带的密钥对敏感数据进行加密存储，任何人在没有密钥的情况下都无法访问加密存储的数据。云原生数据仓库可以采用更细粒度的权限管理方法，对多租户的用户访问进行隔离，实现行级别或列级别的访问控制。某些硬件级别的安全基础设施，如 Intel Software Guard Extensions（SGX），可以将敏感数据和代码封装在被称为"Enclaves"的隔离执行环境中，保护数据免受物理攻击和软件攻击。在云原生数据仓库中，SGX 可以用于保护敏感数据的存储和计算过程，确保数据在使用过程中的机密性和完整性。

第2章

02...。

数据仓库与云计算

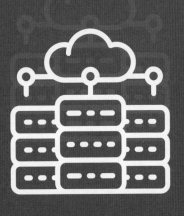

2.1　云计算时代数据仓库的发展

云计算（Cloud Computing）是一种基于网络的计算方式。通过这种方式，共享的软硬件资源和信息可以通过网络提供给各种终端和设备。在云计算时代，数据仓库的发展经历了基础设施服务化（Infrastructure-as-a-Service，IaaS，也称基础设施即服务）和数据仓库服务化（Data-Warehouse-as-a-Service，DWaaS）的转变。这两个概念都是云计算发展过程中的里程碑，对数据仓库的管理和运维方式产生了深远的影响。

2.1.1　基础设施服务化

基础设施服务化是指将传统的物理硬件基础设施转化为虚拟资源，并通过云服务提供商提供的基础设施即服务模型来构建和管理基础设施。

在云计算兴起之前，大多数企业主流的 IT 基础设施的构建方式是自行采购硬件和租用互联网数据中心（Internet Data Center）机房。除了服务器，企业还需要处理机柜、带宽、交换机、网络配置、软件安装和虚拟化等底层事务。这些任务需要由专业人员负责，且调整周期较长，需要经过采购、供应链、上架、部署和服务等一系列流程。企业必须提前预测自身业务的发展需求，并做好预算规划。为了确保系统容量能够跟上业务的发展速度，通常需要预留一定的余量。然而，企业对业务发展的预测常常与实际情况存在偏差，尤其在进入互联网时代后更为明显。要么业务超出预期，导致系统过载；要么业务不及预期，造成大量资源闲置。

云计算的出现为上述问题提供了解决方案，它将信息技术基础设施作为一种服务提供给用户，这就是基础设施即服务的概念。类似于生活中的水、电，企业或家庭用户无须自己建设基础设施，只需接入生活服务网络，根据需要随时使用。同样地，企业用户在需要计算资源时，无须购买硬件或搭建自己的数据中心，而是根据需求向云服务提供商购买所需资源。总的来看，基础设施服务化提供的特点和优势包括虚拟化、弹性扩展、按需付费、管理简化、高可用性和容错性等。

2006 年，亚马逊公司率先推出了弹性计算云（Elastic Compute Cloud，EC2）服务。随后，越来越多的企业开始逐步接受云计算概念，并将应用逐步迁移到云端，享受这一新型计算方式带来的技术红利。截止到 2023 年，已经出现了许多有影响力的云服务提供商。海外知名的云服务提供商包括亚马逊云（Amazon Web Services）、微软云（Microsoft Azure）和谷歌云（Google Cloud Platform）等，国内云服务提供商包括阿里云、腾讯云和华为云等。这些云服务提供商提供的服务包括计算、存储、数据库、人工智能和大数据等，广泛应用于电子商务、金融和物流等领域。

基础设施服务化是云计算最基础的形态，而虚拟化技术是其基础。如图2-1所示，虚拟化技术将物理资源（如处理器、内存、存储和网络）抽象为虚拟资源，以创建虚拟机（VM）。虚拟化技术使得多台虚拟机可以在一台物理计算机上运行并相互隔离，使资源的分配和管理更加灵活和高效。目前，常见的虚拟化技术包括传统的Hypervisor-Based虚拟化和容器虚拟化技术。Hypervisor-Based虚拟化技术通过在硬件和操作系统之间添加一个虚拟化层来实现多个操作系统共享一套硬件资源，代表产品有VMware Workstation、Oracle VirtualBox和Microsoft Hyper-V Server等。

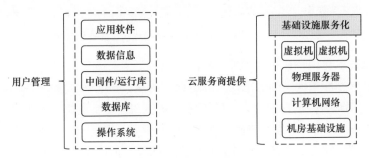

图 2-1　基础设施服务化的基本架构

容器虚拟化技术是以Docker为代表的虚拟化技术，它将应用程序及其所有依赖项封装在一个独立的运行时环境中，称为容器。容器运行在操作系统之上并共享操作系统内核及系统的资源，因此，相比Hypervisor-Based虚拟化，它更加轻巧和高效。但是，容器不具备Hypervisor-Based虚拟化那样完整的操作系统环境，在某些需要完整功能虚拟机的场景中会受到限制。在实际场景中，这两种技术可能会同时使用，如在Hypervisor-Based虚拟机节点上部署Docker，如图2-2所示。

有了虚拟化技术的引入，云计算资源池化和弹性扩展等关键特性便得以实现。虚拟化技术赋予了物理资源抽象属性，使各类资源能够被抽象化并集中管理于一个统一的资源池中。这些抽象资源在基础设施服务化平台下，经由资源管理器的智能调度，能够根据虚拟机的需求与优先级，以动态的方式被分配至各虚拟机实例，从而提升资源利用率。

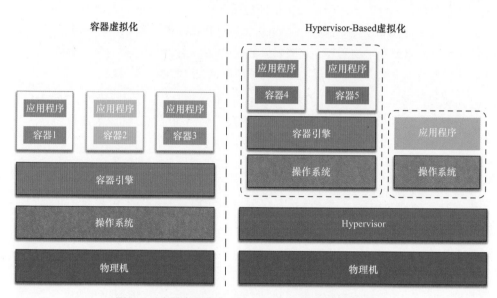

图 2-2　容器虚拟化与 Hypervisor-Based 虚拟化技术

　　虚拟化技术允许快速创建和部署新的虚拟机。当业务负载突然增加时，基础设施服务化平台能够根据实际需求，实时启动新的虚拟机实例。这些实例从资源池中获取所需的计算资源和存储资源，以保障新增虚拟机的正常运行。此外，基础设施服务化平台通常搭载自动扩缩容特性，该特性能够根据预先设定的规则和性能指标（如 CPU 利用率、内存占用率等），自动地增减虚拟机实例的数量和配置。这使基础设施服务化平台能够根据实际工作负载的需求，动态调整资源规模。

　　在基础设施服务化模式下，企业可以在云服务提供商的基础设施服务化平台上搭建自己的数据仓库（因为企业无须自己购买和维护硬件设备，所以降低了成本）。与此同时，基础设施服务化平台的资源池化能力为数据仓库提供了更好的灵活性和可扩展性，企业只需要对使用的资源付费。以 OLAP 负载为例，该类负载在企业环境中十分常见，它为大规模数据提供交互式多维分析、查询与报表生成服务。通常来说，OLAP 负载会在每日业务活动结束后密集执行，因此对资源的需求呈现明显的波动。在云计算的支持下，企业能够迅速增加计算节点，将查询负载分散至这些临时启动的计算节点上。在 OLAP 负载结束后，云服务提供商将回收这些临时节点，放回资源池中，以备下次分配之用。上述扩缩容的过程全部由云计算平台自动完成，底层的实现细节对用户不可见。所以，通过基础设施服务化，企业只需为实际使用的资源付费，无须关心底层硬件，大大降低了成本。同时，得益于云计算的弹性特性，数据仓库不再受制于有限的硬件资源，企业得以更从容的应对更多的业务场景。

2.1.2　数据仓库服务化

基础设施服务化将计算和存储资源池化，用户从资源池中获取计算和存储资源。虽然用户不再需要关心底层的硬件设施，但仍然需要一定的运维能力来管理分配到的资源，维护自己在云平台上部署的数据仓库。云服务提供商为了进一步减轻用户的负担，提出了数据仓库服务化的概念，成了数据仓库的发展趋势。数据仓库服务化是指将数据仓库的各个组成部分，如数据存储、数据处理和数据分析等，转化为云服务的形式，通过云服务提供商提供的数据仓库即服务来实现。用户通过云服务提供商提供的 API 便可以直接使用云原生数据仓库，避免了部署和维护数据仓库的开销。目前，数据仓库服务化存在几种模式：半托管模式、云服务模式（全托管模式）和云原生模式。

1. 半托管模式

在半托管模式下，云服务提供商负责提供基础架构和部分管理服务，例如硬件、网络、存储和数据备份等。用户仍然需要拥有自己的运维团队，负责数据仓库系统的一些管理任务，例如数据的导入和导出、数据模型的设计和维护、查询优化和访问控制等。用户可以使用云服务提供商提供的管理工具或 API 来完成这些任务，并根据自身的需求进行配置和调整。半托管模式提供了一种折中的选择，用户可以享受云计算的弹性扩展、高可用性和自动化管理等便利，同时保留一定程度的硬件控制权和灵活性。从付费方式来看，半托管模式通常按照计算资源（如虚拟机实例、容器实例）的数量、类型和使用时长收取费用。这种模式比较适用于长期稳定的项目或需要更大的控制权的场景。

2. 云服务模式

云服务模式比半托管模式更进一步，用户可以直接使用云服务提供商提供的数据仓库服务，而不用关心数据仓库具体的部署方式。云服务提供商负责提供完整的数据仓库解决方案，包括基础架构的配置、硬件和网络资源的分配、数据存储和备份、SQL 审计等能力，以及安全性和可用性的管理等。

云服务模式相比半托管模式的优点在于，用户无须拥有自己的数据仓库管理人员或团队，通常由云服务提供商提供数据仓库的运维服务。比较优质的云服务供应商甚至会提供包括数据模型设计、SQL 语句优化和性能压测等在内的专家服务。用户无须关心底层基础设施的细节和维护，只需要使用管理工具或 API 来管理和分析数据。从付费方式来看，云服务模式通常采用按需付费的方式，用户根据实际使用情况支付费用。这种模式适用于短期项目或需要快速扩展的场景。

3. 云原生模式

云服务模式通过规模化的数据仓库运维服务和供应链管理能力，降低了单个客户对数据仓库系统的总体拥有成本。然而，传统数据仓库系统的架构通常是基于物理硬件的，而云计算是基于虚拟化资源的。这意味着传统数据仓库系统的配置通常是静态的，取决于当前拥有的物理节点数量，这导致传统数据仓库系统的架构往往不能适应快速变化的业务需求，而云计算可以根据需要自动扩展或缩小资源。可见，传统的数据仓库架构无法充分发挥云计算的优势，云计算带来的按需资源使用、快速弹性扩展、高性能和高可用性等特点在传统数据仓库系统架构下无法充分实现。于是，云原生模式应运而生。

微软对云原生的定义为：云原生体系结构和技术是一种方法，用于设计、构造和操作在云中构建并充分利用云计算模型的工作负载。2015 年，云原生计算基金会（CNCF）成立，CNCF 将云原生定义为：云原生技术使组织能够在新式动态环境（如公有云、私有云和混合云）中构建和运行可扩展的应用程序。不同的人和组织对云原生有不同的定义。直到 2023 年，云原生依然没有一个被业界广泛接受的定义。总之，云原生是一种基于云的软件架构思想，以及基于云进行软件开发实践的一组方法论。云原生技术使企业能够在云环境中构建和运行可伸缩的应用程序。工程团队可以通过高效的云计算平台运维来提供应用服务，并根据线上反馈对服务进行持续的改进。

与数据仓库相比，云原生数据仓库是一种强调资源池化、计算与存储分离、极致弹性和按需付费等关键技术特点的数据仓库解决方案。其最重要的特点是资源池化，通过虚拟化技术将物理的 CPU 和内存抽象为虚拟资源，这些资源汇聚到一个资源池中进行统一管理。这种资源池化的设计使数据仓库能够根据业务需求灵活地分配和管理资源，从而提高资源的利用效率和共享程度。

云原生数据仓库的另一个关键特点是计算与存储分离。云原生数据仓库采用分布式存储系统，将数据存储在共享的存储层，而计算资源独立于存储资源以便进行弹性扩展。这种架构使计算层能够根据实际的查询负载动态调整，不会受到存储层的物理限制。因此，数据仓库可以更加灵活地应对复杂的数据分析和查询需求。有了计算和存储分离作为基础，云原生数据仓库的极致弹性便得以实现。面对突发性的负载增加，云原生数据仓库能够快速、自动地扩展计算资源，以满足高负载查询的需求。这种极致弹性使数据仓库能够灵活应对不断变化的工作负载，确保查询请求得到及时响应和高性能处理。云原生数据仓库采用按需付费的模式，用户只需根据实际使用的计算和存储资源量付费。这种计费模式使用户能够根据实际需求调整资源，降低了不必要的成本，为用户提供了更加便捷和经济的数据仓库服务。

综上所述，基础设施服务化和数据仓库服务化对云计算时代数据仓库的发展产生了积极的影响。它们提供了更灵活、可扩展和易用的数据仓库解决方案，帮助企业更好地利用数据实现商业价值，并推动了数据驱动的决策和创新。

2.2　云计算时代数据仓库技术的机遇与挑战

在云计算时代，随着数据加速迁移到云端，其规模呈指数级增长。在这种背景下，用户对智能化和实时化的需求也随之增加，数据仓库技术迎来了前所未有的市场机遇和发展浪潮。然而，为了给用户提供大规模数据的智能化一致性服务，数据仓库仍然面临许多挑战。例如，在提供可伸缩、高弹性服务资源时如何控制成本，如何应对分层架构且多租户使用的稳定性挑战，如何解决网络传输带宽瓶颈，如何保证传输过程中的数据安全等，这些都是不容忽视的问题。

2.2.1　高弹性和平台成本之间的权衡

高弹性是云服务所需的关键特性之一，尤其是在数据仓库领域。根据 SUSE 的《调研云原生 2022》报告，企业在数字化转型过程中，有 31.2% 的公司希望通过云原生实现资源更灵活的使用和资源分配的优化。不同行业在使用云原生数据仓库方面存在明显的差异。一方面，互联网产业，如视频、音频、电商和游戏等，以及信息服务企业，将业务迁移到云上；另一方面，医疗卫生、交通、金融、制造业和能源等领域，通过私有云和混合云方式实现数据和业务的云化。这使云上的业务类型多种多样。

此外，同一租户在不同时间段的负载也可能存在巨大的差异。例如，在电商行业中，购物节促销活动期间的工作负载急剧上升；政务系统在工作时间和非工作时间也会面临不同的压力；在社交平台上，当热点事件发生时，相关搜索频次会急剧增加。在云原生场景下，数据仓库需要具备强大的弹性伸缩能力，以应对负载高峰时的压力，并在负载低谷时以较低的成本提供正常服务。

然而，要在负载峰值时轻松应对压力，必须预留远超最高负载的资源。为满足用户的业务需求，同时减轻对云平台的影响，云服务提供商需要准备充足的资源。然而，这将带来硬件成本、软件成本和运营成本等方面的挑战。硬件成本是主要成本之一，包括数据中心的建设与维护、计算设备、存储设备和网络设备的成本。软件成本涵盖操作系统、数据库和中间件等软件设施的购买和维护费用。此外，还需要考虑平台运营和人力等方面的投入。

在计算资源池化的背景下，日常工作负载会导致许多资源处于闲置状态，从而导致资源浪费。中国移动云能力中心的首席科学家指出："云计算投资的主要挑战在于综合考虑业务需求、网络带宽、社会需求和节能减排等因素，确保建设规划与市场需求相匹配，努力提高资源利用率，避免资源浪费。"因此，在存算分离的云原生架构和计算资源池化的背景下，满足弹性需求、优化资源利用及管理平台成本等需要进行细致的权衡和调整。

2.2.2　稳定性挑战

在云原生环境下，数据仓库需要在存算分离的架构中确保资源池化和多租户环境下的性能稳定性，这是一个重要的挑战。

传统数据库依赖其成熟的软件架构和可靠的物理硬件，以提供高稳定性的服务。然而，在云原生环境下，由于数据仓库涉及更多的物理节点，需要重新设计高性能、高可用和高可靠性的解决方案，以确保性能的稳定性。资源池化和多租户环境可能会对性能稳定性带来挑战，甚至导致性能出现抖动或下降。当多个用户同时使用云资源时，尽管数据仓库可以在租户之间提供隔离，但随着用户数量的增加，资源池可能无法完全无干扰地提供服务，这可能导致租户之间的性能互相影响，从而导致性能波动和系统稳定性下降。因此，如何实现不同租户之间的性能完全无干扰，是一个重大挑战。

在计算层中，事务读、写分离提供只读实例。读节点的数据新鲜度在很大程度上影响性能的稳定性，所以需要考虑读、写节点间的数据同步问题。现有的数据库系统，如 MySQL、IBM-Db2、GaussDB 等通过日志实现读、写节点的同步。写节点将写入日志发送给读节点，读节点在收到日志后回放到本地。随着技术的发展，顺序回放日志成为性能瓶颈，在很大程度上影响读请求的性能。所以，如何高效地保证池化的计算节点之间的一致性，提供数据的一致快照，保证数据新鲜度，是确保性能稳定性的重要环节。

在存储层中，还需要考虑维护高可用性，尽可能使得上层应用对故障无感知，使得数据仓库节点切换以及故障恢复过程中对业务的连续性没有损害。当发生节点故障时，基于存算分离的架构，要以较低的延迟对同一集群中的主备设备进行切换。根据云基础设施本身的特性，实现跨可用区、跨地域部署的容灾能力。同时，需要通过备份，实现节点的快速恢复。

另外，在第二代云原生中引入了计算–内存–存储的架构，将计算层解耦，将内存资源进一步池化。在这种设计下，内存池和本地内存之间也存在吞吐和延迟方面的性能差异，并且数据可靠性与隔离性也需要通过额外的机制进行维护。所以，要求数据仓库进一步做适配性设计，以应对稳定性挑战。

2.2.3　计算存储带宽瓶颈

在云原生数据仓库中，在存算分离架构下，通过日志即数据、算子下推及并行计算技术，充分利用存储层的资源，尽可能减少计算层和存储层之间传输的数据量。但是，对于承载着大量 HTAP 任务的数据仓库来说，需要进行大量的分析和查询，尤其是在多租户对大型表进行扫描的情况下，计算、存储之间的传输带宽仍然是性能瓶颈。

在云原生时代，引入了日志即数据的概念，将日志下沉，在存储层进行后台异步回放，取代从数据缓冲区将脏数据下刷。传统的写入方式会产生重做日志记录，事务的提交要求必须先写入日志，再将数据页下刷到磁盘中。而将日志处理下沉到存储，只需要通过网络传输重做日志，不用传输脏数据，存储层会按照日志生成数据页。这种方法既用日志代替了数据页传输的网络通信负载，又缓解了大量随机写导致的 I/O 瓶颈。

除了将日志下沉，还要将算子下推，在存储层处理数据。在传统方法中，存储层可能需要将整个表传输到数据库服务器即计算节点进行处理，网络压力较大，其中可能存在大量的数据并不满足查询条件，导致网络资源的浪费。将计算从计算层卸载到存储层，可以避免在分布式系统中频繁地移动大量数据，并提升存储节点的 CPU 利用率。

此外，在存储层提供并行查询，可以更好地利用 CPU 多核性能，提高查询速度。例如，亚马逊 Aurora 并行查询充分利用 Aurora 的架构，将计算推送至存储层的数千个 CPU 中，共同进行查询处理，减少了查询工作负载与事务工作负载对网络、CPU 及缓冲池的争用。这种方法将查询速度提高了两个数量级，同时没有对事务工作负载的吞吐造成影响。

尽管现有的这些方法在一定程度上减少了计算层和存储层之间数据传输的数量，但是数据仓库的工作负载往往在于多个租户进行大表查询或长时间查询。在这种基数下，计算、存储之间需要传输的数据量仍然很大，仍然存在带宽瓶颈问题。

2.2.4　安全的挑战

在云原生数据仓库中，既需要考虑与云原生数据库中同样存在的数据传输和数据存储过程中的安全问题，也需要考虑接入层的安全及多租户之间的权限管理与安全隔离。

在存算分离架构下，计算层和存储层之间，以及分析查询过程和向客户端返回结果的数据传输过程中，都可能存在安全隐患。需要保证消息安全传递，并且需要查询过程采用全链路加密技术、可验证日志与计算以及防篡改技术，以便抵御可能的风险。例如，阿里云提供统一身份认证服务，为用户账号提供不同的权限；使用数据加密服务，提供专属加密及密钥管理；提供主机和容器的安全服务，检查漏洞并保护网页等不被篡改和破坏；提供云上 Web 应用防火墙服务，对常见的网络攻击实时进行防护。

数据存储层也需要对持久化数据进行安全保护。选择合适的安全方案和技术算法，对需要保护的重要数据进行保护，监控、审查数据访问过程，并提前做好数据泄露的应急预案。云服务提供商需要维护数据的安全，保护存储中的静态数据和传入 / 传出云端的数据（动态数据），防止数据盗窃和损坏。对于突发事件，事前应对可疑的行为进行扫描、检测并向客户提供预警通知，事后应提供相应的处理方案。

另外，云原生数据仓库中接入层的安全维护也同样重要。OLTP 负载通过接入层写入数据仓库，需要在考虑性能的同时，防止写入过程中出现关键数据的丢失和篡改。这需要高效的错误监测机制及安全维护方案。在这个过程中可能需要与其他服务进行交互，如在不影响对方正常服务的情况下，对输入的安全性进行检测和处理。

在云原生数据仓库中，多租户使用十分常见。为了保证多个租户之间的隔离性，用户之间不相互影响，需要进行账号权限管理以及计算层和存储层的进程和数据的完全隔离。例如，SaaS 平台常见的多租户数据隔离架构被设计为一个用户独立占用一个数据库实例、独立的表空间和按照租户 ID 字段筛选。这三种方法各有利弊，在安全隔离级别、数据库管理难度及成本因素上各有侧重。

2.3 云原生数据仓库的技术特点

2.3.1 存算分离与资源池化

云服务提供商通过存算分离和资源池化，将计算资源和存储资源整合到一个统一的资源池中进行管理，并根据需求分配给应用程序或服务。云原生环境能够实现资源的高效利用和灵活分配。应用程序或服务可以根据需要从资源池中动态获取所需资源，并在不再需要时将资源释放回池中。这种动态的资源管理方式可以提高资源利用率、降低成本，并能够快速应对变化。通过资源池化，存储和计算得以分离，计算节点通过高速网络与共享存储相连，计算和存储能够独立扩展，因此二者都具备良好的扩展性。由于计算和存储是独立的，系统的灵活性也得到了提升，可以替换或升级其中的一部分，不会对整个系统产生重大影响。这样就能更容易地引入新的计算或存储技术，或者将应用程序迁移到不同的云环境中。

2.3.2 超融合基础架构

在云原生环境下，计算、存储和网络资源通常会被紧密地集成在一起，通过软件定义的方式提供全面的资源管理、应用部署和运维等功能。这种集成了计算、存储和网络功能的一体化基础架构被称为超融合基础架构（Hyper-Converged Infrastructure，HCI）。超融合基础架构通过将传统的分散式架构中的各个组件集成在一起，实现了对物理设备数量依赖的减少和复杂性的大幅降低，从而简化了部署和维护过程。此外，由于硬件设备的配置和管理都通过统一的软件界面进行，因此降低了硬件设备的配置复杂性和管理复杂性。这种架构的优势在于，它可以提供一种简单、高效且灵活的方式来管理和扩展数据中心资源，从而满足现代企业对于快速部署、简单管理和灵活扩展的需求。同时，超融合基础架构还能够提供一种统一的资源池，使资源的利用率最大化，从而降低总体的拥有成本。因此，超融合基础架构在现代数据中心中得到了广泛的应用。

2.3.3 高可用

云原生数据仓库通过实施复制和冗余机制，实现了高可用性。在这种机制下，数据会在多个节点之间复制。当某个节点或组件发生故障时，数据可以自动迁移到其他健康的节点并恢复，从而保证了应用程序的持续可用性。这种冗余机制不仅提供了数据的备份和恢复功能，增强了数据的保护和安全性，还提供了一种有效的手段来应对硬件故障或网络中断等意外情况。

此外，这种冗余机制还能够提供一种容错能力，使系统在面对单点故障时，仍能保持正常运行。例如，如果一个存储节点发生故障，系统可以自动切换到备份节点，从而避免数据丢失和服务中断。通过定期的数据备份，可以进一步提高数据的安全性，防止数据丢失。总的来说，通过复制和冗余机制，云原生数据仓库实现了高可用性，保证了数据的安全性和应用程序的持续可用性，满足了现代大数据处理的需求。

2.3.4 自服务

在云原生数据仓库的环境中，用户可以通过云服务提供商提供的控制台或 API，自主地获取和管理所需的云资源。工程师可以根据自己的需求和应用程序的特性，进行网络设置、存储调整和安全配置等操作。这种自主性不仅提供了更大的灵活性，也使用户可以更好地优化和定制自己的云环境。此外，用户还可以自主地监控和管理云资源的性能和运行状态，包括查看资源的使用情况，监控系统的运行状况，以及对异常情况进行诊断和处理。这种自主监控和管理的能力，使用户可以更好地理解和控制云环境，从而提高系统的性能和稳定性。

这种自助式的云原生环境还提供了资源计量和付费机制。这意味着用户只需要为实际使用的资源量付费，而无须为预先分配的资源付费。这种按需付费的模式，使得用户可以根据业务需求的变化，灵活地调整资源使用，从而实现成本的优化。这种自助式的模式，不仅提供了更大的灵活性和控制性，也使云计算成了一种更经济、更高效的 IT 解决方案。

2.3.5　分层架构与弹性扩展

云原生数据仓库通常采用分层架构来高效地管理和处理大量数据。分层架构允许数据仓库在不同的层次上处理数据，从而提供更灵活和高效的数据管理。分层架构主要由接入层、计算层和存储层构成。接入层主要负责协议层接入、SQL 解析和优化、数据调度和查询调度。计算层负责处理和转换存储层中的数据，通常包括为查询和数据处理任务提供计算资源的计算组件，这些计算组件可以动态启停以满足业务变化的需求。存储层一般由分布式文件系统，如 HDFS、S3 等构成，用于保存原始数据。

借助云原生基础设施和分层式架构，云原生数据仓库能够自动监控工作负载和性能，根据预定义的规则或策略自动调整资源，因此可以根据业务需求灵活地调整计算和存储资源。在数据量增长或查询负载增加时，迅速扩展资源以进行应对，而在需求降低时可以相应地缩减资源，实现资源的弹性扩展。这意味着企业只需为实际使用的资源付费，而不用为可能在非高峰时段闲置的最大容量付费，从而降低了企业的成本。

2.3.6　数据实时性与多级一致性

传统数据仓库的解决方案大致是离线引擎（如 Spark、ODPS）＋ 在线 OLAP 引擎的多级方案。但该方案存在以下两个问题。

- 一致性问题：离线引擎通常采用批处理模式进行数据加载和处理。批处理意味着在一定时间间隔内对数据进行处理。这种延迟可能会导致两个引擎数据不一致，无法保证在线、离线一致性。也就是对于某个特定的分区，如果离线引擎正在更新，在线引擎读到了同一个分区数据，那么数据可能不准确。

- 实时性问题：在传统解决方案中，离线引擎负责写入数据，在线 OLAP 负责查询数据。然而，离线 ETL 引擎 Spark、ODPS 在写入时，任务调度至少是分钟级别的，这种延迟会导致数据仓库中的数据无法及时反映系统中的最新变动。同时，大规模的数据处理和复杂的计算任务需要较长的时间。

湖仓一体架构的提出解决了这些问题。湖仓一体是一种将数据湖和数据仓库的特点及功能融合在一起的数据架构模式。数据湖作为湖仓一体的核心，可以接收和存储各种类型及格式的原始数据，同时引入了数据仓库的数据处理和查询优化技术，如列式存储、索引优化和数据压缩等，以提高数据访问性能和查询效率。这使湖仓一体化服务可以快速响应复杂的分析查询和数据挖掘任务。

基于湖仓一体方案的云原生数据仓库，可以同时在多套引擎中写入同一份数据，将各种类型和来源的数据以原始格式存储在数据湖中。这种原始数据存储方式避免了传统数据仓库中的多级数据转换和规范化过程，从根本上解决了多级数据一致性问题。湖仓一体方案还引入了实时数据处理和分析的功能。它利用流处理技术，对实时数据进行处理和转换，将结果写回数据湖中。这使用户可以基于最新的数据进行实时的查询、分析和决策，提高了数据仓库数据的实时性。

2.3.7　数据开放性与共享

在数据开放性与共享方面，云原生数据仓库通过开放的数据接入、数据服务和API，以及方便的数据共享和协作，提供了开放、灵活和共享的数据访问与管理能力。

在数据开放性方面，云原生数据仓库支持多种数据接入方式，可以从各种来源获取数据，包括传统关系数据库、非关系数据库、日志文件和流数据等。它提供了开放的接口和协议，使用户可以方便地将不同来源的数据存入数据仓库中。通常来说，云原生数据仓库还会提供一组 API 和工具，使得开发人员可以使用标准的 RESTful API或其他集成方式，通过编程方式访问和操作数据仓库中的数据。这种开放性使数据仓库可以无缝集成到应用程序、业务流程和数据管道中。

在数据共享方面，云原生数据仓库提供了细粒度的权限控制和访问控制机制，使得多个用户和团队可以安全地共享和访问同一份数据。用户既可以通过内置的可视化工具和仪表板，创建图表、报告和仪表板，以直观的方式呈现数据分析结果；也可以根据需要，将特定数据集或数据报告共享给其他团队成员，促进跨部门和跨组织的数据协作。

2.3.8　计算多样性

云原生数据仓库的计算层使用分布式任务调度和执行框架。这种分布式计算能够充分地利用多个计算节点的计算能力，将任务分发到多个计算节点上并行执行。计算资源还可以根据工作负载的变化进行弹性扩展，提高计算任务的完成速度、计算效率和性能。云原生数据仓库在计算层面不仅具备弹性的计算规模，还在计算模式上持续发展，涵盖了 ETL、短查询和 AI 等多个领域。

传统数据仓库的计算场景相对固定，主要以 SQL 查询为主。对于图计算、机器学习等计算任务，还需要将数据仓库中的数据导出到相应的数据库中进行进一步分析。云原生数据仓库的计算模式更加丰富，不受上层计算模型的限制，支持 SQL、ETL、图计算和机器学习等多种模式。用户可以根据需求选择适合的计算模式进行处理。

自 ChatGPT 推出以来，企业对大型语言模型的兴趣急剧增加。AI 技术正在飞速发展，各家公司也在将大型语言模型与数据库或数据仓库相结合。目前，云原生数据仓库更加关注实时计算、AI 计算及多种生态计算引擎和数据湖的整合。例如，支持 Databricks、Cloudera 等多样化的计算分析能力。这一趋势促使数据仓库更加适应不断演进的计算需求，为用户提供更丰富的选择。

云原生数据仓库架构

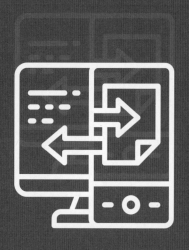

3.1 设计理念

本节将从内部架构到外部用户接口，深入探讨云原生数据仓库的设计理念。这些理念将在整个数据仓库的设计、构建和运维过程中发挥至关重要的作用。这些设计理念构成了云原生数据仓库的理论基石，包括充分利用云资源、纵向解耦与横向弹性、一体化数据处理三个方面。

3.1.1 充分利用云资源

传统的数据仓库基于冯·诺依曼架构开发。在这种架构下，计算和存储为紧耦合。因此，当将传统的数据仓库部署在云主机上时，通常将云主机视为普通服务器。当用户遇到资源瓶颈时，可以通过增加云主机的方式来扩展性能，即水平扩展。然而，由于计算资源和存储资源紧密耦合，用户不得不同时扩展计算资源和存储资源。如果计算资源和存储资源的需求不同步增长，则必然会导致资源浪费。因此，这种架构无法实现按需分配的目标。总而言之，传统的数据仓库无法充分发挥云计算的最大优势，即计算与存储的分离和资源池化。

云计算的本质是利用虚拟化技术将资源解耦，并将其汇集为资源池。客户可以根据自身需求按需购买计算资源和存储资源，从而大幅降低前期的基础设施投入成本。同时，用户借助云计算的虚拟化和资源池化技术，能拥有弹性扩展资源的能力，快速应对业务流量的变化。

因此，云原生数据仓库需要能够充分利用云计算提供的弹性资源和按需分配的能力，动态地调整计算资源和存储资源。为了实现这一目标，云原生数据仓库需要根据云服务的特点重新设计传统架构，将数据仓库的计算和存储模块完全解耦，并将每层服务的资源池化。同时，还需要能够实时调整模块的大小，以适应实时工作负载，提供高性能和可伸缩的数据处理能力，以实现资源利用率的最大化。

3.1.2 纵向解耦与横向弹性

为了充分利用云计算提供的计算与存储分离及资源池化的优点，实现极致的系统弹性，云原生数据仓库需要在系统架构方面重新进行设计。云原生数据仓库应该围绕模块间的解耦和提高模块的弹性来设计。

1. 纵向解耦

纵向解耦是指云原生数据仓库架构中各个组件之间解耦合。传统的数据仓库架构通常采用紧耦合的结构，包括数据抽取、转换、加载过程，以及数据存储、查询处理和报表生成等。这种紧耦合架构限制了系统的灵活性和可扩展性。

在云原生数据仓库中，各个组件应该被解耦，独立进行开发、部署和扩展。典型的云原生数据仓库可以分为接入层、计算层和存储层，并可独立部署。接入层是云原生数据仓库与外部系统和数据源之间的接口，它负责数据的提取、传输和加载，以确保数据可以有效地进入数据仓库。计算层是无状态的，负责执行各种数据处理和分析任务，它利用云计算强大的计算能力，支持复杂的数据查询、分析和挖掘操作。存储层主要负责存储数据，不涉及业务逻辑的处理，主要关注数据的一致性、安全性和多模数据存储等问题。这种解耦合的架构使得数据仓库更加灵活，可以根据需要对不同组件进行独立的优化和升级，提高系统的性能和可维护性。云原生数据仓库的纵向解耦也是提供极致弹性的前提，只有将数据仓库原本紧耦合的模块解耦，各模块才能独立扩展。

2. 横向弹性

横向弹性是指云原生数据仓库在面对不断变化的数据量和查询负载时，能够自动扩展和收缩资源以满足需求。传统的数据仓库往往采用静态的资源配置，无法应对数据量突增或高并发查询等情况，导致出现性能瓶颈和响应延迟的问题。

云原生数据仓库利用云计算提供的资源池化技术，能够根据实际需求自动且快速地扩缩容。具体来说，云原生数据仓库可以将计算层划分为多个无状态的计算节点，当查询负载上升时，系统可以自动增加更多的计算节点来处理请求；当负载下降时，系统可以自动缩减节点以降低成本。存储层则采用云服务提供商的云存储服务或分布式文件系统，在数据量上升时实现无缝的容量扩展。上述过程不需要人为干预，由云原生数据仓库自行决定。这种横向弹性的特性使数据仓库能够应对不断变化的数据需求，保持高性能和可伸缩性。

3.1.3　一体化数据处理

云原生数据仓库在提供用户接口方面应该追求一体化，以支持用户通过统一接口访问数据仓库的多种功能。在传统数据仓库中，针对不同类型的请求，常常需要使用不同的工具，如批处理和交互式查询。然而，这种分散的处理方式会显著增加开发和维护的复杂性，并提高用户的使用门槛。近年来，随着人工智能的飞速发展，用户的需求不断演化，需要在原有基础上增加基于 AI 的接口，进一步使数据仓库的接口复杂化。面对这一现状，云原生数据仓库应该整合多种数据处理方式，包括批处理、交互式查询和人工智能等，从而提供一体化的数据处理能力。开发人员能够在统一的环境中进行数据处理和分析，无须频繁切换工具或学习不同的编程语言。

一体化数据处理不仅能够显著提高开发效率，还能赋予数据处理更大的灵活性。同时，它还能够提供更高水平的数据一致性和集成性。为了实现这一目标，云原生数据仓库需要在技术层面做出相应的调整。例如，可以引入先进的数据处理引擎，允许用户通过相同的查询语言（如 SQL）执行批处理、交互式查询及人工智能任务。这样的引擎可以在内部智能地管理资源分配，确保不同类型的任务得到适当的优化和调度。

利用云计算的弹性能力是云原生数据仓库的重要特点之一。通过在云环境中部署，数据仓库能够充分利用云服务提供的自动化资源调配机制，使系统能够轻松地应对高并发的用户请求。不仅如此，云原生数据仓库还能够避免因资源不足而导致的极端长尾延迟问题，保证了用户体验的稳定性和高效性。在实践中，数据仓库可以利用云平台的自动扩缩容功能，根据实时的工作负载情况动态地调整计算和存储资源，以确保高并发时的性能表现。这种灵活性为用户提供了无缝的数据处理体验，使数据仓库能够在不同负载的情况下保持高效的响应。

3.2 参考架构

云原生数据仓库与数据仓库上云是两个完全不同的概念。数据仓库上云是将现有数据仓库迁移到云环境中；而云原生数据仓库是从根本上为云环境打造的，能更高效、灵活地满足企业在云计算时代的数据分析需求。"原生"表示数据仓库的架构必须构建在云环境的基础上，设计时充分利用和发挥云平台的资源池化和弹性扩展优势。云平台将每个服务层所需的资源进行资源池化，用户可以灵活地单独扩展或缩减计算资源和存储容量，以适应实时变化的工作负载，从而控制总成本，提高资源利用率。通常来说，云原生数据仓库的架构主要分为三层，包括服务接入层、计算层和存储层，各层之间通过网络进行通信，如图 3-1 所示。

服务接入层中的每个节点由解析器、查询分析器、查询优化器、调度器、资源管理器和元数据管理器等构成，负责接收客户端请求、制订分布式执行计划、进行数据调度和查询调度，并将服务的请求接入计算层。

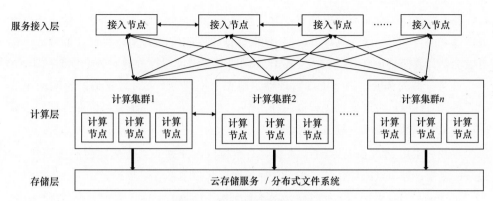

图 3-1　云原生数据仓库架构

计算层由一个或多个计算集群（计算组）构成，每个计算集群有多个计算节点，不同计算集群的资源在物理上相互隔离，这保证了多租户间资源的隔离性，且多租户共享服务接入层和存储层。计算层负责处理和转换存储层中的数据，对查询语句进行解析和优化，为查询和数据处理任务提供可弹性扩展的计算资源。根据业务和负载的不同，可将业务或查询分发到适配的计算集群上，减少负载或业务之间的相互影响，提高服务的稳定性。

在云原生数据仓库中常用的数据存储层技术包括云提供的对象存储服务（如 Amazon S3、Google Cloud Storage）和分布式文件系统（如 Hadoop HDFS），为云原生数据仓库提供高可靠、高可扩展性和低成本的数据存储能力。云原生数据仓库大多按列存储数据，提高了查询速度，方便对数据进行压缩和聚合计算。一些云原生数据仓库的服务商为冷 / 热数据提供了不同的存储介质，将在线分析场景所需的热数据放在高性能存储介质上，将离线场景需要的冷数据放在低成本存储介质上，以降低存储成本。

下面将通过一个例子来展示一条 SQL 语句从客户端发出到达云原生数据仓库后，各个层级之间的交互过程。

首先，客户端给云原生数据仓库提交一个 SQL 请求，服务接入层成功验证该客户端的身份后，接受这个请求，然后对 SQL 进行解析。接下来，利用查询分析器和查询优化器分别进行分析和优化，以生成一个更高效的执行计划。

其次，将通过分析和优化后产生的执行计划交由调度器。调度器通过访问资源管理器获取空闲的计算资源，并决定将查询任务调度到哪些节点去执行。通常有基于缓存的调度策略和基于计算资源的调度策略，也可以混合两种策略，选取最优的调度策略。基于缓存的调度旨在最大化缓存的使用，避免冷启动，这种调度策略会尽可能地将任务调度到已缓存对应数据的节点上，以提升读写性能。计算层通常支持多租户服务，每个用户享有一个计算集群，但会根据用户的使用情况动态地分配计算资源，这可能会使计算集群的拓扑结构发生变化，同时需要考虑缓存失效对查询性能的影响。基于计算资源的调度，通过资源管理器了解整个集群中不同计算集群的资源使用情况，有针对性地进行调度以提高资源利用率。同时，还会控制流量，确保合理使用资源，避免负载倾斜造成的负面影响。

最后，SQL 请求在具体的计算节点上被执行，计算节点会从存储层读取数据。最终，多个计算节点的计算结果被汇总后返回给客户端。

不同的云原生数据仓库的分层逻辑会有不同，大部分云原生数据仓库通常将接受请求、分配任务、查询语句解析、查询优化、事务管理和负载均衡等功能放在一层，称为服务接入层。物理计划的执行、数据处理等都在计算层进行。将需要持久化的数据、日志等放在存储层，以保证数据的可靠性和一致性。这样的三层分离架构是云原生数据仓库常见的架构。

3.3　典型云原生数据仓库

3.3.1　Redshift

1. 产品架构

Redshift 是一个面向列的大规模并行处理数据仓库，专为云计算设计。参考 Amazon Redshift Re-invented[15] 给出的 Redshift 架构，Redshift 采用存算分离架构，通过弹性地扩缩容来适应工作负载的变化，通过多集群自动扩展来增加吞吐量，自动增加和删除计算集群来处理高峰和低谷的负载。Redshift 采用分层架构，分别为计算层、加速层和存储层，如图 3-2 所示。

1）计算层

一个 Redshift 计算集群由一个协调者（领导）节点和多个工作者（计算）节点组成。数据存储在 Redshift 托管存储（RMS）中，底层由 Amazon S3 提供支持，并以压缩的面向列的格式缓存在计算节点的本地连接的 SSD 中。数据表要么在每个计算节点上复制，要么被分割成多个桶，分布在所有的计算节点上。分区则可以由 Redshift 根据工作负载模式和数据特征自动得出，或者用户可以根据表的分布键明确地指定分区方式。

除了使用 JDBC/ODBC 连接访问 Redshift，客户还可以使用数据 API 从任何基于

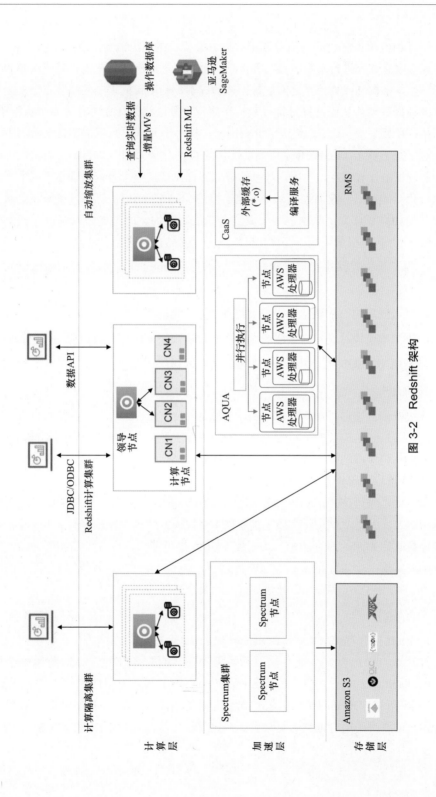

图 3-2　Redshift 架构

Web 服务的应用程序访问，简单调用数据 API 提供的 API 端点来运行 SQL 命令。领导节点接收查询并进行解析、重写和优化。采用基于成本的优化器，其成本模型包括集群的拓扑结构和计算节点之间的数据移动成本，利用查询表的底层分布键来避免不必要的数据移动，从而选择最优计划。在执行阶段，执行计划被分为多个执行单元，多个执行单元组成一个执行管道（Pipeline），每个单元依次执行，消耗上游的中间结果。对于每个单元，Redshift 生成高度优化的 C++ 代码，对其进行编译并将二进制文件传送到每个计算节点，由固定数量的查询进程执行，每个查询进程在不同数据子集上执行相同的代码。查询数据来自本地连接的 SSD 或 RMS。若执行单元需要通过网络与其他计算节点交换数据，则生成多个二进制文件，通过网络以管道方式交换数据。Redshift 执行引擎采用一些优化措施进一步提高查询性能，例如：

- 为了减少数据块扫描量，利用区域映射（zone map）剪枝技术加速谓词过滤数据；
- 将过滤后的扫描数据切成多个共享工作单元以实现并行执行；
- 在扫描阶段，利用向量化和 SIMD 指令实现快速解压并有效应用谓词判断。
- 利用预取减少高速缓存无法命中、缓解内存停顿问题。

2）加速层

高级查询加速器（Advanced Query Accelerator，AQUA）是一项多租户服务，主要用作 Redshift Managed Storage（RMS）的缓存层及复杂扫描和聚合的下推加速执行器。AQUA 将集群的热数据缓存在本地 SSD 上，帮助计算节点缓存分担一部分数据，规避从 S3 读取一部分数据。Redshift 为了避免引入网络瓶颈，不提供只有存储功能的接口，而是将可应用的扫描和聚合操作推给 AQUA 来执行，AQUA 处理缓存数据并返回结果。因此，AQUA 本质上是数据中心规模的计算存储，提供了不受集群扩缩容和停机重启影响的缓存服务。为了使 AQUA 尽可能快，设计了定制服务器，并利用 FPGA 实现一个定制的多核 VLIW 处理器，包含一系列数据库类型和算子的流水线原语。通过 FPGA 实现高吞吐量的过滤和聚合操作。

3）存储层

Redshift 托管存储（Redshift Managed Storage，RMS）采用跨层设计，包含三部分：计算节点的内存、本地存储及云对象存储（Amazon S3）。RMS 跨越多个可用区（Availability Zone，AZ），其持久性为 99.9999999%，可用性为 99.99%。RMS 依赖 S3 几乎可以实现无限扩展；RMS 通过监控数据块温度、使用时间和负载模式等指标，自动管理跨层存储的数据放置、调整集群大小以优化性能。RMS 建立在 AWS

Nitro 系统中，它具有高带宽网络和与裸机无异的性能。计算节点使用大型、高性能的固态硬盘作为本地缓存。Redshift 利用工作负载模式和其他优化技术，如自动细粒度数据淘汰和智能数据预取，从而自动将存储扩展到 Amazon S3，实现媲美本地 SSD 的性能。

RMS 管理用户数据和事务元数据，事务每次被提交都会将所有数据持久化到 S3。S3 上的数据快照支持从任何可用的恢复点恢复整个集群。RMS 通过预取方案，将数据块拉入内存并缓存到本地 SSD 中，从而加速对 S3 的数据访问。RMS 通过跟踪每个数据块的访问情况，调整缓存替换，以确保相关数据块在本地可用。以上信息可帮助 Redshift 决定是否需要调整集群。由于计算节点实际上是无状态的，所以调整集群规模实际只是修改对应的元数据，用户数据总是可以从 S3 中访问得到，因此 RMS 易于扩展。

2. 核心能力

Redshift 是亚马逊提供的一种快速、可扩展的云原生数据仓库服务，其核心能力主要包括以下几个方面。

（1）高性能联合查询。可借助 Redshift 的联合查询功能，跨多个关系数据库以运行实时查询；也可对 Redshift 数据仓库和数据湖中的数据进行整合，从而制定更好的数据驱动型决策。Redshift 优化数据移动策略，支持大规模并行数据处理，实现高性能查询。

（2）流式摄取。Redshift 提供流式摄取功能，直接摄取来自实时流式引擎（如 Kinesis Data Streams）或流式管道（如 Apache Kafka）的数据。Redshift 允许在数据流之上直接创建物化视图，从而简化下游管道的创建和管理，并通过手动刷新物化视图来查询最新的流数据。

（3）数据共享。Redshift 提供数据共享功能，允许账户与跨域 Redshift 集群安全共享实时数据，支持跨多个 Redshift 集群进行快速实时数据访问，无须移动或复制数据。

（4）支持从数据湖导入和导出数据。通过 ANSI SQL 直接在 S3 中查询开放文件格式，如 Parquet、ORC 和 JSON 等。要将数据导出到数据湖，客户只需在 SQL 代码中使用 UNLOAD 命令，并将文件格式指定为 Parquet，Redshift 就会自动处理数据格式并将其移动至 S3。可将结构化、半结构化数据存储在 Redshift 中，其余数据存储在 S3 中，进一步降低成本。

（5）Redshift ML。利用 Redshift ML，可以让数据分析师、数据科学家轻松地使用 SQL 创建、训练和部署 Amazon SageMaker 模型，并将这些模型用于预测。

（6）多服务集成。首先是集成 Apache Spark 服务。可基于 Redshift 数据构建和运行 Spark 应用程序，将数据仓库中的数据用于更广泛的分析和机器学习服务。其次是无 ETL 成本集成 Aurora。Aurora 和 Redshift 之间是无代码集成的，使 Aurora 客户能够使用 Redshift 对 PB 级的事务数据进行近乎实时的分析。通过 Aurora 与 Redshift 的无 ETL 集成，在将事务型数据写入 Aurora 后，可以即时同步到 Redshift，避免构建和维护复杂的数据管道，简化了数据的提取、转换和加载过程。最后是 AWS 服务集成。从建立数据湖、ETL 加载服务，到转换串流数据并加载至 Redshift 等构造完整的湖仓数据链路；通过 Redshift 准备数据，使用 SageMaker 模型运行机器学习负载；使用数据迁移加速服务，提供安全、监控、合规等能力，构建安全、快速、可扩展的分析工作流。

（7）高效存储和高性能查询处理。Redshift 可以针对从 GB 级到 PB 级数据集提供快速查询。列式存储、数据压缩和区域映射降低了执行查询所需的 I/O 数量。针对数字和日期类型，提供专门构建的压缩编码 AZ64，以节省存储空间。Redshift 支持标量数据类型（结构化和半结构化数据），支持高级分析处理功能。例如，用空间数据处理、HyperLogLog Sketch 进行基数估计。同时，支持半结构化数据类型，SUPER 数据类型将 JSON 等其他半结构化数据类型统一化，使用 PartiQL 查询实现高级分析，将结构化 SQL 数据与半结构化 SUPER 数据相结合。

（8）自动物化视图。物化视图可以显著提高迭代或可预测分析负载的查询性能。对于难以预测、不断变化的负载，自定义视图不再适合。Redshift 提供自动物化视图——通过自动刷新、自动查询重写、增量刷新和持续监控 Redshift 集群来提高查询吞吐量、降低查询延迟并缩短执行时间。

（9）结果缓存。在执行查询时，Redshift 会对缓存进行搜索，查看是否有之前运行的查询的缓存结果。如果找到缓存结果且数据没有变化，则 Redshift 会立即返回缓存结果，而不会重新运行查询。

（10）弹性扩展提供高性价比计算服务和无限并发。Redshift 并发扩展功能可以在并发量升高时增加瞬态容量，支持近乎无限的并发用户和并发查询。尽可能在不增加成本的情况下扩展，因为每个集群每天最多可以获得 1 小时的免费并发扩展积分，足以满足 97% 的客户的并发需求。Redshift 提供不同的节点类型。用户可从三种实例类型——RA3 节点、密集计算节点和密集存储节点中选择符合负载特性的节点类型，以便优化 Redshift 来满足自己的数据仓库需求。Redshift 提供弹性定价选项，包括无预付费的定价模式、预留实例定价模式，以及基于 S3 数据湖中扫描数据量的按查询量付费定价模式，定价包含内置安全性、数据压缩、备份存储和数据传输费用。用户可按存储需求和查询负载选择最佳选项。

（11）支持 Serverless 模式。Redshift Serverless 模式能够在数秒内轻松运行分析并进行扩展，而无须设置和管理数据仓库基础设施。

3. 场景定位

Redshift 的主要应用场景如下。

（1）数据分析和商业智能。Redshift 适用于各种数据分析和商业智能场景。Redshift 可以存储和处理大量结构化数据，并提供高性能的查询服务，支持复杂的分析查询、多维聚合和报表生成等操作，帮助用户从数据中获取洞察和业务价值。

（2）湖仓一体生态。Redshift 可以作为数据湖解决方案的一部分，它与其他 AWS 服务（如 AWS Glue、S3 和 Athena）集成，使用户可以构建端到端的大数据处理流程，并利用 Redshift 的高性能查询功能对数据湖中的数据进行深入的分析。

（3）日志分析和事件告警。Redshift 适用于日志分析和事件处理场景。它可以接收和处理大量的日志数据，并支持导入和分析实时数据，以便快速检测异常、监控系统性能、进行实时报警等。

（4）机器学习工作流。Redshift 可以作为机器学习工作流中的重要一部分。除了可以处理大规模原始数据，提取特征并生成数据集，还可以与其他机器学习框架和工具集成，如 Amazon SageMaker。使用 SQL 进行模型训练和评估，可以利用 Redshift 的高性能查询和可伸缩性加速模型训练过程，并进行预测。

3.3.2　Snowflake

Snowflake[16] 是一个面向服务的企业级的高性能云原生数据仓库，由高度容错和独立可扩展的服务组成。

1. 产品架构

传统数据仓库常采用无共享（Shared-nothing）架构，每个节点都分配存储资源和计算资源，节点间不共享数据，节点内只负责本地的数据查询任务，互相之间没有竞争，具备较好的并行执行能力，如典型的 MPP 架构。这种无共享架构难以同时适应不同工作负载——I/O 密集的批量加载、数据导入任务和计算密集的复杂查询任务。

因为无共享架构的存储和计算能力受限于节点数量，不能独立地弹性扩展，硬件利用率往往很低。同时，扩缩容集群时会引发数据的重新分配（ReShuffle），带来显著的网络带宽和 CPU 资源消耗，即使在查询低峰期，数据重新分配也会与查询任务竞争资源，带来显著的性能影响。同时，数据的搬迁可能导致系统可用性下降。

在基于云平台构建的数据仓库中，集群节点故障、扩缩容和软件服务升级将成为一种常态。而计算存储耦合的架构，限制了数据仓库的弹性能力。通过分离计算、存储服务，实现独立弹性扩展，从而可以较快地完成资源的扩缩容，不会造成额外的数据搬迁的代价。

Snowflake 采用存算分离式的多集群、共享数据架构，如图 3-3 所示。存储与计算服务间松耦合，具备独立扩展能力。计算节点由 Snowflake 无共享引擎提供，存储服务通过 S3 提供。计算节点的本地磁盘（SSD）缓存热表和临时查询结果，以提高效率。在提供独立弹性扩展能力的同时，性能接近无共享架构。

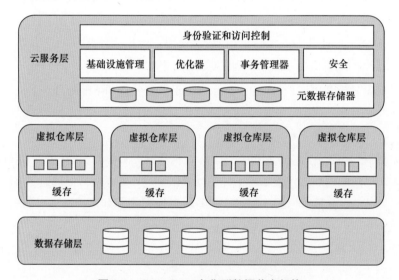

图 3-3　Snowflake 多集群数据共享架构

Snowflake 架构分为三层：数据存储层使用 S3 存储表数据和查询结果；虚拟仓库（Virtual Warehouse，VW）层处理虚拟机弹性集群内的查询执行；云服务层管理虚拟仓库、查询、事务及相关元数据的服务集合，如数据库模式、访问控制信息、加密密钥和使用统计等。层与层之间通过 RESTful 接口通信。

1）数据存储层

Snowflake 表被水平划分为多个只读文件，存储表的每个压缩过的列，S3 中的每个表文件包含列偏移等元数据头和压缩的列数据。当执行查询时，只需通过 S3 的 GET 请求下载文件头和目标列。当本地磁盘空间用完时，如大量连接产生的临时数据和临时查询结果被溢出到 S3 中。对于元数据，如目录对象、表的 S3 对象分布地址、统计信息、锁、事务日志等，被存储在可扩展的事务型的键值存储中。

2）虚拟仓库层

虚拟仓库是一个逻辑概念，由 EC2 实例的集群组成，每个 EC2 实例称为一个工作节点。虚拟仓库的物理节点组成和数量对用户透明，其抽象性设计能够独立于底层云平台来发展服务和定价。

虚拟仓库可以实现弹性和查询隔离性。虚拟仓库作为计算资源集群，其创建、调整大小与销毁都不会影响数据库的状态；每个单查询运行在一个虚拟仓库中，每个工作节点创建工作进程来执行查询任务，执行查询时工作节点间不共享数据。通常来说，每个 Snowflake 用户有不同的虚拟仓库集群，连续运行并发查询或批量加载任务，根据计算资源按需扩缩容。虚拟仓库的弹性优势通常可以在大致相同的价格区间实现，从而提供更好的性能和用户体验。

虚拟仓库的每个工作节点在本地磁盘维护表数据的缓存，持有访问过的 S3 对象的文件头和列文件。本地缓存采用 LRU 缓存策略，通过文件和列的请求流判断缓存是否命中。云服务层中的查询优化器采用一致性哈希将输入文件分配给对应的工作节点，确保对表文件的首次访问和后续查询任务都在同一节点上，避免同一缓存项出现在多个工作节点上，以提高命中率。当虚拟仓库集群节点发生变化时，需要在各节点间重新分配大量的表数据缓存，Snowflake 采用惰式一致性散列，依靠 LRU 替换策略来替换缓存中的内容，从而将重新分配成本分摊到多个查询中，以提高集群数据的可用性。

除了缓存，Snowflake 采用文件转移技术处理查询速度倾斜问题。一些计算节点可能由于虚拟化、网络竞争和负载过高等问题，响应速度远低于其他计算节点，这些计算可能会拖慢需要它们缓存数据的其他查询的性能。当一个工作进程完成输入文件集的扫描，需要从其他计算节点读取数据文件时，它会向目标节点发送文件读取请求。如果目标节点当前的负载很高，则不会直接返回文件数据，而是回复将该文件的使用权转移给请求节点。当发生文件转移时，请求节点在当前查询的生命周期内，可以直接从 S3 中下载数据文件，而不需要再从目标节点处访问数据文件。这样就避免了在慢节点上再增加额外的负载，以减轻系统的倾斜情况。

Snowflake 采用列式存储模型，对于分析型负载来说，采用列式存储可以更有效地利用 CPU 缓存和 SIMD 指令，且列式存储对压缩友好。以流水线方式、数千行记录为一批，分批执行查询计划，这种向量执行方式节省 I/O 并提高了缓存效率。不同于火山模型中等待运算符拉取数据，Snowflake 采用基于推送的执行方式，将上游结果主动推送到下游运算符。结果下推让 Snowflake 能有效处理有向无环图的查询计划，从而对中间数据进行更高效的共享和流水线化。

3）云服务层

云服务层提供访问控制、查询优化器和事务管理器等服务，在多租户间共享，并为每个服务启用副本以实现高可用性和可扩展性。

查询要经过云服务层的解析、对象解析、访问控制和计划优化等处理过程。Snowflake 的查询优化器遵循 Cascades 方法——采用自上而下的基于成本的优化。其用于优化的统计数据都在数据加载和更新时自动维护。Snowflake 将许多决定推迟到执行期来减小计划搜索空间，能够增加优化器的健壮性并维持查询的整体性能稳定。优化器完成后，将执行计划分发到相关工作节点。在执行期间，云服务层持续跟踪查询状态，以收集性能指标并检测节点故障。同时，所有的查询信息和统计数据都被存储起来，以便进行审计和性能分析。

Snowflake 实现快照隔离（Snapshot Isolation，SI）来保证事务的 ACID 性质。事务的所有读取都能看到事务开始时数据库的一致快照。SI 通过多版本并发控制实现，因此会保留每个版本的数据副本。S3 中的表文件只读，对文件的修改（删除）操作实际上是追加写入包含修改内容的新文件（删除旧文件），从而产生一个新的表版本。文件的修改历史被记录在元数据中，并且可以快速计算特定版本所属的文件集。

Snowflake 不使用额外的索引数据结构，这是因为：类似 B+ 树等索引在很大程度上依赖随机访问，这是由存储介质（S3）和数据格式（压缩文件）带来的限制；维护索引增加了数据量和数据加载时间；用户需要明确地创建索引——这与 Snowflake 的纯服务理念大相径庭。Snowflake 采用剪枝技术——最大最小键值。Snowflake 为每个表文件保留与剪枝相关的元数据，如维护分区键的范围（最小值和最大值）信息。在优化过程中，元数据根据查询谓词进行检查，以便减少用于查询执行的输入文件集。剪枝不依赖用户输入，具有良好的扩展性且易于维护。

2. 核心功能

通过网络用户界面，用户可以从任何地点和环境访问 Snowflake，从而载入和查询数据。用户界面不仅允许进行 SQL 操作，而且支持其他扩展功能，允许访问数据库目录、用户和系统管理、监控和使用信息等。最小化用户运维和配置，无须手动调整参数及自动化的物理设计。

1）持续可用性

过去的数据仓库解决方案通常与业务隔离，所以停机对业务的影响较小。一方面，随着数据分析对业务的重要性增加，在线业务对故障的容忍度降低，如何提高故障恢复能力，提升持续可用性成为数据仓库的重要需求；另一方面，现代 SaaS 系统的用户期望系统能够持续在线，没有停机，Snowflake 提出了在线升级技术来满足需求。

2）故障恢复能力

Snowflake 在各个层级都能容忍单个节点故障和相关节点故障，并在整个架构的各个层级上实现了容错机制，以提供稳定可靠的数据分析服务。

Snowflake 的数据存储层使用 S3，并在多个"可用区"进行数据复制，以确保数据的可用性和持久性。云服务层的元数据存储也分布在多个可用区并进行复制。当节点发生故障时，其他节点可以接管其活动，而对终端用户几乎没有影响。云服务层的服务节点由多个无状态节点组成，通过负载均衡器分配用户请求。即使发生单个节点或可用区级别的故障，也不会对系统范围产生影响，只会对部分用户在连接到故障节点时的查询产生一些影响，这些用户将被重定向到其他节点，以进行下一次查询。

由于网络吞吐对分布式查询执行至关重要，出于性能方面的考虑，虚拟仓库分布在同一可用区内。若一个工作节点在查询执行过程中出现故障，则查询会失败并立即尝试重新执行，立即更换节点或暂时减少节点的数量。为了加速节点更换，Snowflake 保持了一个小型的备用节点池。如果整个可用区变得不可用，在该可用区的特定虚拟仓库上运行的所有查询都会失败，针对这种部分系统不可用的情况，用户需要在不同的可用区上主动重新配置虚拟仓库。

3）在线服务升级

Snowflake 不仅在故障发生时提供连续的可用性，而且在软件升级时也提供连续的可用性。Snowflake 采用"在线升级模式"，允许各服务多个版本的并排部署，包括云服务组件和虚拟仓库。

4）半结构化和无模式数据支持

Snowflake 在标准的 SQL 类型系统上进行扩展，支持三种半结构化数据类型：VARIANT、ARRAY 和 OBJECT。VARIANT 是一种通用的半结构化数据类型，可以存储任何原生 SQL 类型值（如 DATE、VARCHAR 等），以及包括 JSON、AVRO、XML 在内的复杂数据结构（文档数据类型）；ARRAY 用于存储具有顺序索引的值的集合，支持如数值、字符串和日期等数据类型；OBJECT 用于存储具有命名字段的数据，类似于关系数据库中的表模式，可以定义列及其对应的数据类型。事实上，VARIANT 也可兼容 ARRAY 和 OBJECT 类型的数据。VARIANT 的内部表示都采用自我描述的、紧凑的二进制序列化格式，支持快速的键值查找，以及类型比较和散列操作。因此，VARIANT 与其他列一样，也可以用作连接、分组和排序键。

VARIANT 以 ELT 方式而不是 ETL 方式使用，即不需要在加载时执行转换，直接将输入数据从 JSON、AVRO 或 XML 格式加载到 VARIANT 列，无须提前指定 Schema，由 Snowflake 处理解析和类型推理。这种"后模式推理"（Schema later）机制避免了在传统 ETL 管道中改变数据模式需要来自多方长时间协调的弊端。VARIANT 的另一个优势是，若在 Snowflake 中进行转换，则可以利用关系数据库内部提供的连接、排序、聚合和复杂谓词等功能；而在 ETL 工具链中缺少这些操作，或者十分低效。

Snowflake 为处理半结构化数据（文档数据）提供了高效的操作和功能，如数据元素的提取、展开和聚合等操作。Snowflake 提供函数式 SQL 表示和类似 JavaScript 的路径语法，通过字段名称或偏移量进行提取操作。Snowflake 的内部编码使得提取操作非常高效，因为子元素只是指向父元素内部的指针，不需要进行数据复制。

对于将嵌套文档展开操作，Snowflake 使用 SQL 的侧视图将文档层次结构递归转换为适合 SQL 处理的关系表。另外，Snowflake 引入 ARRAY_AGG 和 OBJECT_AGG 等函数，实现半结构化数据的聚合。

为了兼顾无模式序列化表示的灵活性和列式关系数据库的性能，Snowflake 对半结构化数据采用混合列式存储的方法，在存储时对表文件内的文档数据集合进行统计分析和自动类型推断，将通用路径（类型）单独存储。

Snowflake 还通过为每个表文件创建元数据实现剪枝，将列投影下推到扫描算子中。对于半结构化数据，创建文档的布隆过滤器判断对应路径的数据是否存在。在扫描过程中，通过布隆过滤器实现路径剪枝来限制要扫描的文件集，不包含特定查询所需路径的表文件被安全跳过。

5）时间旅行和克隆机制

对一个表的写操作（插入、更新、删除和合并）是通过添加和删除整个文件来产生该表的新版本实现的。当文件被新版本删除时，它们会被保留一个可配置的时间（目前最多 90 天），允许 Snowflake 有效读取表的早期版本，也就是说，在数据库上执行时间旅行。用户可以通过 SQL 中的 AT 或 BEFORE 语法方便地使用此功能。

Snowflake 通过 CLONE 关键字克隆一个表，即可快速创建具有相同定义和内容的新表，而不需要创建物理副本，克隆操作只是复制源表的元数据。在克隆之后，两个表都引用了同一组文件，但此后两个表都可以独立修改。Snowflake 也支持对整个数据库进行克隆，即高效生成快照。在大批量更新之前，或者在进行冗长、探索性的数据分析时，快照是很好的做法。

3. 场景定位

Snowflake 作为一种灵活、可扩展的云原生数据仓库解决方案，适用于以下场景。

（1）提供大规模数据实时查询服务的企业级云原生数据仓库。Snowflake 可以用作企业级的数据仓库，集成和存储多个数据源的数据。它以其弹性扩展和分离计算与存储的架构著称，能够根据工作负载的需求自动扩展和收缩计算资源和存储资源，以提供高性能的查询和分析能力。

（2）数据湖扩展。Snowflake 可以作为数据湖的扩展层，将原始、未经处理的大规模数据存储在数据湖中，Snowflake 加载查询数据，提供结构化查询和分析能力。这使用户能够在数据湖中进行更灵活、高效的数据探索和分析，从中获取有价值的洞察。

（3）多云和混合云环境。Snowflake 具备多云部署的能力，可以在不同的云平台之间无缝迁移和跨云数据集成。它还可以与本地数据中心集成，在混合云环境下实现数据集成和分析。这使企业能够根据需求选择最适合自己的云平台，并灵活地管理和利用数据资源。

3.3.3　BigQuery

谷歌的 BigQuery 是一个企业级的云原生数据仓库，可在多种云环境中运行，于 2011 年发布。BigQuery 已经发展为一个更经济和完全托管的数据仓库，利用谷歌基础设施的处理能力，可以在 PB 级的数据集上快速地运行交互查询。采用 Serverless 架构，可根据负载和数据量自动扩缩容，使用内置的机器学习和商业智能功能，实现大规模的数据分析。

1. 产品架构

与传统的无共享节点的数据仓库解决方案或 MPP 系统不同，BigQuery 将存储和计算解耦，允许它们按需独立扩展，提供了很好的灵活性和成本控制。BigQuery 采用 Serverless 架构——数据仓库作为一种服务，无须用户管理服务器及安装数据库软件，以实现高可扩展、安全和可靠性。BigQuery 采用了多租户系统，其背后由 Dremel、Colossus、Jupiter 和 Borg 等谷歌基础设施组成。

计算层建立在 Dremel 之上——执行 SQL 查询的大型多租户集群，是 BigQuery 的执行引擎。BigQuery 客户端可以通过接口与 Dremel 引擎互动。Borg——谷歌的大规模集群管理系统，为 Dremel 作业分配计算能力。Dremel 作业使用 Jupiter 网络从谷歌的 Colossus 文件系统中读取数据，执行 SQL 查询并将结果返回给客户端。具体来说，Dremel 实现了大规模并行的多层分布式服务树来执行查询。Dremel 通过查询调度器，根据优先级和负载安排调度查询任务，同时提供容错功能。在服务树中，根服务器接收来自客户端的查询请求，并将查询路由到下一级。为实现并行化查询，每层都要进行查询重写，目的是将其涵盖的叶子范围所属的表分区包含在内，减少数据移动。查询一旦送达叶子节点，该节点将负责从 Colossus 中读取数据，执行过滤和初步聚合操作。BigQuery 根据查询复杂度为每个叶子节点分配槽（执行线程数量）以确定执行并发度。叶子节点将结果返回给混合器或中间节点，并对叶子节点返回的数据进行聚合。

存储层采用 Colossus——谷歌最新一代的分布式文件系统。Colossus 处理集群内复制、故障恢复和分布式管理。BigQuery 采用列式存储，将数据表的每个列（字段）都存储在单独的列文件中，以实现高压缩率和扫描吞吐量。同时，BigQuery 可以直接对压缩列进行操作，无须实时解压。Colossus 通过采用列式压缩存储格式减少数据扫描量，同时支持数据分割成为多个区块，以加速并行读取。BigQuery 采用适应性分片策略，能够根据查询及访问模式动态调整，确保高效处理。BigQuery 还在数据中心之间启动数据复制策略，以增强服务的高可用。

除了磁盘 I/O，由于采用存算分离结构，网络吞吐也常成为瓶颈，谷歌的 Jupiter 网络使计算和存储之间通过 PB 级带宽实现 TB 级数据量的秒级传送，以运行 Dremel 作业。

2. 核心能力

BigQuery 的核心能力包括以下内容。

（1）弹性扩缩容以获取最高性价比。BigQuery 提供标准版、企业版和企业 Plus 版，同时可以选择预留模型（固定费率）和按需模型，支持用户根据具体负载和功能集混合搭配。在按需模型中，计算容量自动扩缩容可实时精确地添加所需计算资源，根据使用计算容量付费，以实现最高的性价比。在存储方面，通过压缩的存储格式，用户可以降低存储费用，同时增加数据量。

（2）内置机器学习模型部署和查询工具。借助 BigQuery ML，数据科学家和数据分析师可以直接在 BigQuery 内编写 SQL 查询，创建机器学习模型并基于大规模的结构化数据和半结构化数据（现在还可以基于非结构化数据）执行训练或推理，而无须在不同的设施间移动数据。

（3）跨云分析和数据共享。BigQuery Omni 是一种全代管式多云分析解决方案，可跨云实现安全、经济高效的数据分析，并在单一管理平台中共享结果。借助 BigQuery Analytics Hub，无须移动数据即可在组织内部和不同组织之间安全地交换数据资产，还可通过商业数据集、公共数据集和 Google 数据集来增强分析。

（4）使用流式数据流水线进行实时分析。BigQuery 内置强大的功能，可注入流式数据用于实时查询，还能够原生集成 Dataflow 等流式处理产品。同时，BigQuery BI Engine 支持以交互方式分析大型数据集。BigQuery BI Engine 是一种内存中分析服务，具备亚秒级查询响应速度，并且支持高并发操作。最后，可以利用 BigQuery 物化视图，加快查询速度并降低费用。

（5）湖仓一体化。使用 BigQuery 查询所有类型的数据，包括结构化数据、半结构化数据和非结构化数据。通过湖仓一体使用 BigLake 进行探索和统一不同的数据类型并构建高级模型。利用 Dataplex 实现一致的控制机制，使组织能够跨数据湖、数据仓库和数据集市，集中发现、管理、监控和治理数据。Dataplex 是一种智能数据结构脉络，可提供对可信数据的访问权限。

（6）数据治理和安全保障。BigQuery 整合了 Google Cloud 的安全和隐私服务，可提供强大的安全防护机制和精细的管理控制功能，精细程度可达列级和行级。在默认情况下，可确保数据无论是在静态存储时还是在传输过程中，都会受到加密保护。

（7）其他能力。BigQuery 原生支持对地理空间数据的分析，使用"位置智能"服务来增强分析工作流；全面支持符合 ANSI:2011 的标准 SQL 语言，并支持 ODBC 和 JDBC 驱动连接数据库，以进行应用程序开发。

3. 场景定位

BigQuery 是一种高度扩展的云原生数据仓库解决方案，由 Google Cloud 提供。旨在处理海量数据集，并且能够在秒级甚至更快的速度下进行查询和分析。BigQuery 适用于多种场景，主要包括以下几个方面。

（1）实时数据分析。BigQuery 旨在提供高性能、弹性和可扩展的数据分析能力。支持标准 SQL 查询语言，可以处理大规模的结构化数据和半结构化数据，帮助用户从数据中发现洞察、趋势和模式。

（2）集成的数据处理和机器学习平台。BigQuery ML 是 BigQuery 的扩展功能，允许用户使用 SQL 语法在 BigQuery 中进行分布式机器学习模型的训练。用户可以通过 SQL 查询定义和训练模型，无须离开 BigQuery 环境。这种集成简化了机器学习工作流程，提供了弹性和分布式计算能力，使用户能够对大规模数据进行高效的机器学习训练。

（3）数据仓库和 ETL。BigQuery 可以作为云原生数据仓库使用，用于集成、存储和分析来自多个数据源的数据。BigQuery 与其他数据处理工具和服务（如 Dataflow 和 Dataprep）紧密集成，支持数据清洗、转换和传输，帮助用户构建完整的数据仓库和 ETL 流程。

3.3.4　Databricks

传统的数据仓库是一个中心化的存储系统，初衷是支持商业智能系统和报表系统，用于集成、清洗、转换和存储结构化数据。然而，数据仓库在处理半结构化数据和非结构化数据方面存在一些限制，并且在数据加载和转换过程中需要较长时间，在类似于机器学习的场景下不够高效。

在过去几年里，数据湖已成为一种流行的数据存储模式。数据湖是指将各种类型和格式的数据以原始形式存储在一个集中的存储系统中，通常基于分布式文件系统或对象存储。数据湖的优势在于可以灵活地存储大规模的原始数据，包括非结构化数据和半结构化数据，并提供扩展性和强大的分析能力，在机器学习等场景中应用比较广泛。但数据湖对于商业智能和报表系统的支持比较差，通常需要通过 ETL 将数据转存到实时数据库或数据仓库中才能支持商业智能和报表系统，这对于保证数据的实时性和可靠性十分不利。

为了打破数据仓库和数据湖之间的技术和数据壁垒，数据湖仓的概念最早由 Databricks 的联合创始人 Ali Ghodsi 于 2019 年提出。他将 Data Lake 和 Data Warehouse 的概念相结合，提出了一种新的数据存储和分析模式——Data Lakehouse。数据湖仓借鉴了数据湖和数据仓库的优势，包括前者的各种系统可访问的开放数据格式和低成本存储，以及后者的强大数据管理和查询优化功能，是一个提供了存储、商业智能、机器学习及实时计算等功能的统一平台。

1. 产品架构

Databricks Lakehouse 同样采用存算分离架构，最底层是基于数据湖的低成本、开放的对象存储，使用标准的 Apache Parquet 格式，可存储结构化、半结构化和非结构化数据，如图 3-4 所示。为了解决数据湖存在的数据可靠性低、数据质量不高和查询性能低等问题，并使 Lakehouse 具备数据仓库的数据管控能力，在数据湖之上，Databricks 引入了元数据管理层 Delta Lake。Delta Lake 通过事务日志、元数据管理等来实现事务的 ACID 特性，通过缓存、索引机制等提供高效的数据访问，使 Lakehouse 适用于大数据场景下的各种数据分析和计算。Delta Engine 是一种优化的查询引擎，可有效地处理 Delta Lake 中存储的数据并支持数据科学、商业智能、报表等工作。

2. 核心能力

Databricks Lakehouse 的核心能力主要集中在以下几个方面。

（1）弹性和可扩展性。Databricks Lakehouse 的计算与存储天然分离，通常构建在云平台上，可以根据需求灵活地调整存储资源和计算资源，实现弹性和可扩展性。

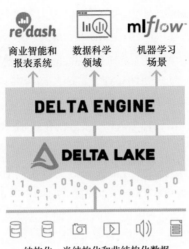

图 3-4　Databricks Lakehouse 架构

（2）统一的数据存储。将原始数据和经过处理的数据存储在同一个平台中，简化了数据管理和访问流程。数据可以按原始形式存储在数据湖中，并经过清洗、转换和结构化处理，以满足不同的数据分析需求。Databricks Lakehouse 支持多种数据类型和数据模型。

（3）强大的分析能力。由于采用列式存储并对查询引擎进行优化，Databricks Lakehouse 提供了高性能的数据查询和分析能力。支持复杂的数据分析操作，包括聚合、过滤和连接等，能够支持各种数据分析应用场景。

（4）灵活性。Databricks 构建在 Spark 之上，专门针对云环境进行了优化。在数据科学领域提供可扩展的 Spark 作业。对于开发或测试小规模作业及运行大数据处理等大规模作业非常灵活。如果集群在指定的时间空闲，它就会关闭集群以保持高可用性。

（5）支持多种语言。提供笔记本界面，在同一环境下支持多种编程语言。通过命令 %python、%r、%scala 和 %sql，开发人员就可以使用 Python、R、Scala 或 SQL 构建算法。例如，使用 SparkSQL 执行数据转换任务、使用 Scala 进行模型预测、使用 Python 评估模型性能及使用 R 进行数据可视化。

3. 场景定位

Databricks Lakehouse 作为云原生数据仓库被用于以下多种场景。

（1）数据分析和洞察。Databricks Lakehouse 提供了高性能的数据查询和分析能力，适用于各种数据分析和洞察任务。它可以处理大规模的结构化、半结构化和非结构化数据，支持复杂的数据分析操作，帮助企业从海量数据中发现有价值的信息。

（2）数据科学和机器学习。Databricks Lakehouse 为数据科学家和机器学习工程师提供了强大的平台。它可以存储和管理大量的原始数据和特征数据，提供丰富的数据处理和转换功能，支持机器学习模型的训练和推理。Databricks Lakehouse 还可与机器学习框架（如 TensorFlow、PyTorch）和自动化机器学习工具集成，实现端到端的数据科学和机器学习流程。

（3）实时数据处理。Databricks Lakehouse 支持实时数据处理和流式数据分析。它可以与流式数据处理框架（如 Kafka、Flink）集成，实时地接收和处理数据流，提供实时的数据查询和分析能力，帮助企业做出及时的业务决策和响应。

3.3.5　AnalyticDB

云原生数据仓库 AnalyticDB MySQL 版[17] 是阿里巴巴自主研发、经过超大规模及核心业务验证的 PB 级实时数据仓库。

1. 产品架构

AnalyticDB MySQL 版采用云原生架构，计算存储分离、冷热数据分离，支持高吞吐实时写入和数据库强一致性，兼顾高性能在线分析和低成本离线处理的混合负载，满足"采存算管用"的数据全链路，其架构如图 3-5 所示。

（1）访问层。访问层由 Multi-Master 可线性扩展的协调节点构成，主要负责协议层接入、SQL 解析和优化、实时写入 Sharding、数据调度和查询调度。

（2）计算层。自研羲和计算引擎具备分布式 MPP 和 BSP 融合执行能力。MPP 模式是一种流式计算模式，不适合离线处理低成本和高吞吐场景。BSP 模式通过有向无环图进行任务切分，分批调度，满足有限资源下大数据量计算的需求，支持计算数据落盘。羲和计算引擎结合智能优化器，支持高并发和复杂 SQL 混合负载。同时集成开源 Spark 计算引擎，可以适用于更复杂的离线处理和机器学习场景。借助云原生基础设施，计算节点实现了弹性调度，可根据业务需求做到分钟级甚至秒级扩展，实现资源的有效利用。

（3）存储层。自研玄武存储引擎是基于 Raft 协议实现的分布式、实时、强一致性、高可用引擎，通过数据分片和 Multi-Raft 实现并行，利用分层存储实现冷热分离来降低成本。只需存储一份全量数据，即可适用于离线或在线场景。在线分析场景需要尽可能使用高性能存储介质以提高性能，而在离线场景中，则需要尽可能使用低成本存储介质，以降低存储成本。为满足不同场景需求，首先将一份全量数据存储在低成本高吞吐存储介质中，低成本离线处理场景直接读写低成本存储介质中的数据，可降低数据存储和数据 I/O 成本，保证高吞吐。其次，将实时数据存储在单独的存储节点（EIU）上，保证行级数据的实时性，同时对全量数据构建索引，并通过缓存能力对数据进行加速，满足毫秒级高性能在线分析需求。

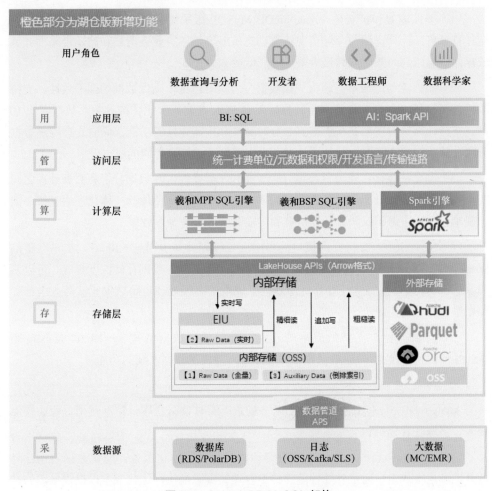

图 3-5 AnalyticDB MySQL 架构

（4）数据源。AnalyticDB MySQL 在深化湖仓能力的同时，推出了 APS（AnalyticDB Pipeline Service）数据管道组件，为用户提供实时的数据流服务，支持数据库、日志、大数据等低成本、低延迟入湖入仓，单链路吞吐量可达到 4 GB/s。

在此架构上，通过服务秒级恢复，支持跨可用区部署，自动故障检测、摘除和副本搭建。配合三副本存储、全量和增量备份，提供金融级别的数据可靠性。在周边生态上，提供数据迁移、数据同步、数据管理、数据集成和数据安全等配套工具，方便用户使用。

2. 核心能力

AnalyticDB MySQL 版的核心能力如下。

（1）弹性能力和扩展性。AnalyticDB MySQL 版采用云原生技术架构，实现了存储计算分离，计算资源与存储资源按需动态扩缩容，解决业务增长和波动带来的计算或存储资源瓶颈问题，同时最大限度地降低成本。

（2）高性能与低成本。超大规模数据写入实时可见，确保数据的强一致性。支持秒级甚至毫秒级查询和计算海量数据，复杂 SQL 查询速度比传统的关系数据库快 10 倍。支持计算资源按需在线扩缩容、分时弹性和按需弹性等功能；同时支持冷热数据分层存储，存储空间按实际使用计费，大大降低了计算和存储的成本。

（3）湖仓一体化。通过资源组分时弹性和按需弹性，在数据分析和数据处理之间实现计算资源合理分配，提高资源利用率，降低成本；支持体验一体化，通过统一的计费单位、元数据和权限、开发语言和传输链路，提升开发效率。

（4）Serverless。支持标准接口的多语言可编程计算引擎——Spark，提供完整的Spark 功能。Spark 与 AnalyticDB MySQL 版的计算资源、数据存储深度集成。可以使用 Serverless 通过按需弹性计算资源进行低成本的离线处理，将数据直接写入内部存储中供在线分析使用。

（5）开放存储。支持低成本的近实时批量更新数据格式——Hudi、Iceberg 和 Delta Lake。支持近实时的增量数据处理能力，并提供数据入湖的功能。

3. 场景定位

AnalyticDB MySQL 主要适用于以下场景：实时数据仓库、精准营销、商业智能报表、多源联合分析和交互式查询。

（1）实时数据仓库。提供在线查询和离线计算一体化服务，简化数据架构，降低开发和运维成本。通过弹性伸缩支持更合理的资源配比，优化成本以提供最优的性价比。

（2）精准营销。通过实时数据统计，监测不同渠道用户的增长、活跃和留存状况，让企业快速分析出投资回报率。提高营销效果和数据时效性，便于改进产品体验和优化营销方案，提高整体收益。

（3）商业智能报表。该场景要求支持海量数据实时入库和计算，毫秒级或秒级返回结果，方便自由灵活地构建报表。AnalyticDB 兼容商业智能生态，支持丰富的可视化商业智能工具，可实时接入计算，开发人员容易上手，降低企业数字化建设门槛。

（4）多源联合分析。AnalyticDB 支持多数据源接入，支持数据库（RDS、PolarDB 和 Oracle 等）、大数据（Flink、Hadoop 和 MaxCompute）和本地数据导入；支持一键建仓，通过简单几步配置即可将数据快速同步到 AnalyticDB 集群。该能力可以解决企业在云上构建数据仓库时配置数据链路复杂的问题，让用户更专注业务逻辑。

（5）交互式查询。由于 AnalyticaDB 查询速度快，毫秒级或秒级返回结果，且支持数十表数千行 SQL 复杂查询，可以用来提供实时商业智能报表，为用户提供良好的体验。

3.4 云原生数据仓库比较

下面将对上述介绍的几个云原生数据仓库进行比较，从存算分离、弹性能力、可扩展性、Serverless 支持、计算模型、ACID 语义和生态兼容等方面描述云数据仓库的能力。

3.4.1 存算分离

（1）Redshift。存算分离架构，弹性扩缩容适应负载的变化。

（2）Snowflake。存算分离架构，存储与计算服务间松耦合，具备独立扩展能力。

（3）BigQuery。存算分离架构，存算资源按需独立扩展，提供灵活性和成本控制。

（4）Databricks。存算分离架构，构建在云平台上，可按需灵活调整存算资源，实现弹性扩展。

（5）AnalyticDB。存储分离，兼顾高并发查询和大吞吐量批处理的混合负载。

3.4.2 弹性能力与可扩展性

（1）Redshift。多集群自动扩展以增加吞吐量，自动扩展计算集群来处理负载高峰。

（2）Snowflake。共享且无限扩展的存储节点和独立扩展的计算资源之间的松耦合，为集群带来独立灵活的扩展能力和性能隔离性。

（3）BigQuery。全托管的 Serverless 服务，根据查询动态分配计算资源，自动弹性扩缩容。

（4）Databricks。基于云平台构建，根据需求对存算资源自动扩缩容。

（5）AnalyticDB。两级存储保障、弹性效率高、在线负载按需弹性、计算存储独立弹性扩展，计算层提供分时与按需弹性服务。

3.4.3 Serverless 支持

（1）Redshift。Redshift Serverless 能够在数秒内轻松运行分析并扩展，无须配置数据仓库基础设施。

（2）Snowflake。可为任务提供完全托管的 Serverless 计算模型，将开发人员从管理虚拟仓库的任务中解放出来。

（3）BigQuery。采用 Serverless 架构，计算会自动分布到大量并行工作的机器上。开发者无须指定和管理运行计算的服务器。

（4）Databricks。支持 Serverless 计算。工作区管理员可以创建 Serverless SQL 仓库，实现即时计算并由 Databricks 管理。

（5）AnalyticDB。AnalyticDB MySQL 在计算存储分离架构的基础上积极拥抱云原生 Serverless 技术。提供 Serverless 资源组，支持查询运行在 Serverless 计算资源上，按需动态申请、自动释放资源，提供较好的资源弹性能力和较高的性价比。

3.4.4 计算模型

（1）Redshift。SQL 和批处理。

（2）Snowflake。SQL、批处理和流计算。

（3）BigQuery。SQL、批处理和流计算。

（4）Databricks。SQL、批处理和流计算。

（5）AnalyticDB。SQL 和批处理。

3.4.5 ACID 语义

（1）Redshift。没有 ACID 保证。

（2）Snowflake。实现了快照隔离（Snapshot Isolation，SI），以保证事务的 ACID 性质。

（3）BigQuery。没有 ACID 保证。

（4）Databricks。Databricks 在表级别管理事务，每次只适用于一个表。Databricks 使用乐观并发控制。在默认情况下，Databricks 提供读取的快照隔离，并提供可写序列化隔离来进行写入操作。

（5）AnalyticDB。提供 ACID 保证。

3.4.6　生态兼容

（1）Redshift。Redshift 集成 Apache Spark 服务；无须 ETL 成本，无缝兼容 Amazon Aurora 数据源；与 AWS 数据库服务、机器学习服务本地集成，实现更完整的数据分析工作流。

（2）Snowflake。Snowflake 集成包括 S3、Azure Blob Storage、Google Cloud Storage 等多种数据源；支持多种商业智能工具、ETL 工具和数据集成平台。

（3）BigQuery。BigQuery 兼容 SQL；支持不同的数据格式，提供多种数据导入导出选项；支持与多种数据工具和平台集成。例如，Apache Beam、Cloud Dataflow 等工具将数据实时导入 BigQuery，BigQuery 与 Google Data Studio 结合使用，创建数据可视化报表和仪表板。

（4）Databricks。Databricks 集成多数据源，包括 S3、Azure Blob Storage 和 Hadoop HDFS 等。Databricks 与许多常见的工具和框架兼容，如分布式计算框架 Spark 等。同时支持商业智能工具（如 Tableau）和 ETL 工具（如 Infomatica）的集成。

（5）AnalyticDB。AnalyticDB MySQL 版支持多数据源接入，支持数据库（RDS、PolarDB 和 Oracle 等）、大数据（Flink、Hadoop 和 MaxCompute）及本地数据导入。兼容 MySQL、商业智能工具和 ETL 工具。

第4章

o—.04

计算引擎关键技术

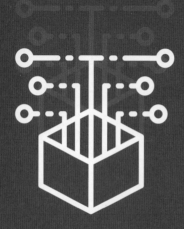

4.1 执行模型

执行模型定义了系统如何执行查询计划、指定查询计划的执行顺序及在操作符之间传递的数据内容。不同的执行模型针对的工作负载也不同，需要根据实际业务需求进行权衡。本章将介绍数据库中常用的三种执行模型：迭代模型、物化模型和批处理模型。

4.1.1 迭代模型

迭代模型（Pipeline/Volcano/Iterator Model）也被称为瀑布模型或流水线模型，是最常见的开发模型。大多数关系数据库都使用迭代模型，如 Db2、SQL Server、PostgreSQL、Oracle 和 MySQL 等。

迭代模型将关系代数中的每种操作抽象为一个操作符，并为数据库中的每个操作符实现 Open、Next 和 Close 三个接口函数。Open 函数用于初始化本算子的一些结构，如初始化内存追踪器，启动工作线程和构建哈希表等。Next 函数负责每次从下游算子中获取一条或一批数据，然后进行本算子的计算工作，如执行过滤、投影或排序等，再返回给上层算子。每次调用 Next 函数时，操作符要么返回一个单独的元组，要么返回一个空标记（null marker），表示没有更多的元组。操作符内部通常实现一个循环，通过不断调用子节点的 Next 函数，以获取元组并进行处理。Close 函数在 Next 函数计算完成后释放所有的资源并清理状态。迭代模型将整个 SQL 构建成一个算子树，查询树自顶向下调用 Next() 接口，数据则自底向上地被拉取处理，如图 4-1 所示。

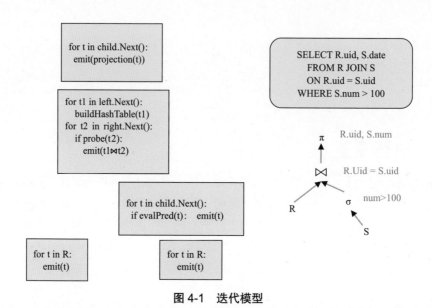

图 4-1　迭代模型

4.1.2　物化模型

物化模型（Materialization Model）类似火山模型，其中的每个算子在获取所有输入并处理完成后，会将结果一次性返回，如图 4-2 所示。这种将处理结果一次性返回的方式可以理解为对单个算子的处理结果进行了"物化"。

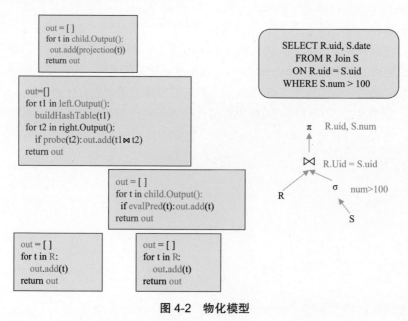

图 4-2　物化模型

物化模型的工作方式会导致每个算子在输入和输出之间存在一定的阻塞。因此，从单个算子的角度来看，当面对需要频繁访问大规模数据的工作负载时，物化模型可能会出现更严重的阻塞现象。虽然在实现中 DBMS 一般会将谓词下推，以尽可能减小上游算子的输入，但对于大规模输入输出的工作场景，物化模型可能仍不适用。

4.1.3　批处理模型

批处理模型（Vectorized / Batch Model）利用现代计算硬件的向量指令集（如 SIMD 指令）并行处理多个数据元素，以提高查询的吞吐量。在传统的行式数据库执行模型中（一般采用迭代模型），数据库系统逐行处理查询结果，这在处理大规模数据时可能会出现性能瓶颈。

与迭代器模型相似，批处理模型中的每个操作符都实现一个 Next 函数。然而，每个操作符会发出一批数据（向量），而不是单个元组。操作符内部的循环对批量数据的处理进行了优化，处理的大小可以根据硬件或查询属性改变。图 4-3 所示为批处理模型的一个示例，整体代码结构和迭代模型十分相似，唯一的区别在于批处理模型的 Next 函数返回的是一个数组而不是单条数据。因此，在整个查询执行过程中减少了大量的虚函数调用。虚函数调用会产生额外的 CPU 指令，而且每次处理单条数据都无法充分利用现代 CPU 的高性能计算优势。批处理模型的设计正好解决了这两个问题，因此批处理模型非常适合需要扫描大量元组的 OLAP 查询。业界一些成熟的分析数据库在内部实现中都支持批处理模型。

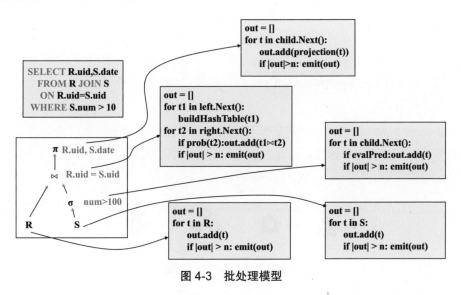

图 4-3　批处理模型

4.2 单机执行模型

4.2.1 执行模型

数据库的执行模型定义了系统如何支持来自多用户应用程序或环境的并发请求。数据库系统由一个或多个工作线程组成，它们负责代表客户端执行任务并返回结果。一个应用程序可能同时发送一个或多个请求，这些请求被分配给不同的工作线程执行。当前，主流数据库系统的执行模型主要有以下三种。

1. Process Per Worker

在 Process Per Worker 模型下，每个工作线程都对应一个独立的操作系统进程，并且依赖操作系统的调度器。应用程序发送请求并与数据库系统建立连接，调度器在接收请求后派生一个工作线程来处理连接，之后应用程序直接与负责执行查询请求的工作线程通信，如图 4-4 所示。

图 4-4　Process Per Worker 模型

该执行模型的一个优点是，即使有一个进程崩溃，也不会影响整个系统，因为每个工作线程都在自己的操作系统进程的上下文中运行。但也带来了一个问题，即工作线程由于位于各自独立的进程中，会对同一个页面多次复制。为了最大化内存使用，可以使用共享内存来存储全局数据结构，在不同的工作线程之间共享。使用这种模型的系统有 IBM Db2、PostgreSQL、Oracle 等。

2. Process Pool

Process Pool（进程池）模型是对 Process per Worker 模型的拓展，不同于为每个连接请求派生进程，工作线程被保留在一个进程池中，当查询到达时由调度器选择。由于进程在池中同时存在，它们可以在彼此之间共享查询，如图 4-5 所示。

图 4-5　Process Pool 模型

与 Process Per Worker 模型类似，Process Pool 模型也依赖操作系统的调度器和共享内存。这种方法的一个缺点是 CPU 缓存局部性差，因为它不能保证相同的进程在查询之间被使用。使用 Process Pool 模型的系统包括 IBM Db2 和 PostgreSQL（2015年后的版本）。

3. Thread Per Worker

Thread Per Worker 模型是最常见的执行模型。与不同进程执行不同任务的模型不同，每个数据库系统只有一个进程，但有多个工作线程。在这种环境中，数据库管理系统完全控制任务和线程，可以自己管理调度。Thread Per Worker 模型如图 4-6 所示。

线程池

图 4-6　Thread Per Worker 模型

使用多线程架构可以为数据库提供许多优势。首先，上下文切换的开销较小，因为线程切换比进程切换更轻量，这在高并发环境中可以提供更好的性能。此外，线程之间可以共享同一进程的地址空间，这使线程间的通信更加高效。在这种模型下，线程可以共享相同的数据库缓存和数据结构，减少了数据拷贝和通信开销。然而，Thread Per Worker 模型也存在一些潜在的问题。其中一个主要问题是并发控制和资源竞争。由于线程共享相同的资源，如数据库缓存和数据结构，因此必须仔细处理并发更新，以避免出现数据一致性问题。此外，线程之间的共享状态可能会导致复杂的并发编程，如死锁和资源竞争。

4.2.2　典型执行算子

数据库中典型的执行算子有 Scan、Filter、Join、Agg 和 Sort 等，本节将逐一介绍。

1. Scan

数据库中的 Scan 算子是指用于扫描表中数据的操作。它是数据库查询执行计划中最基本的操作之一，也是许多查询的起始点。Scan 算子的主要功能是逐行或逐页地读取表中的数据，并将符合查询条件的数据返回给查询引擎进行后续的处理。根据扫描的方式，Scan 算子可以分为全表扫描和索引扫描。全表扫描是指直接从表中读取数据，索引扫描则是通过索引结构来定位满足查询条件的数据行。索引扫描可以更快地定位数据，但需要额外的索引维护和存储开销。

2. Filter

数据库中的 Filter 算子是一种用于查询的关系代数操作，也称"Selection"算子。它用于从一个关系中选择满足特定条件的元组，即根据给定的条件表达式过滤出符合条件的数据行，并生成一个新的关系。Filter 算子通过应用一个条件表达式（谓词）来过滤关系中的数据行。条件表达式通常由比较运算符、逻辑运算符和关系属性组成。对于每个数据行，条件表达式都会被计算，如果结果为真（满足条件），则该行被保留在结果中，否则被排除。过滤条件可以是简单的比较，如 age > 18，也可以是复杂的逻辑表达式，如 age > 18 AND gender = 'Female'. Filter 算子可以同时应用多个条件来过滤数据，多个条件之间可以使用逻辑运算符（AND、OR）组合，以实现更复杂的查询。在生成执行计划的过程中，优化器会尽可能地优化 Filter 算子的执行过程。例如，优化器可能会通过选择最优的索引来加速过滤操作，或者通过适当的重排条件表达式来减少计算量。

3. Join

在数据库中，Join 算子是一种关系代数操作，用于将两个或多个表根据它们的共同属性进行连接，生成一个新的关系。Join 是数据库查询中最常用和重要的操作之一，它允许在多个表中查找关联数据，从而实现数据的联合查询。Join 算子使用一个连接条件来指定两个表之间的连接方式。连接条件通常基于共同的属性，比如两个表中的列具有相同的值。连接条件可以是等值连接或非等值连接，这取决于连接操作的需求。数据库中常见的 Join 类型有内连接（Inner Join）、左连接（Left Join）、右连接（Right Join）和全外连接（Full Outer Join）等。不同的连接类型决定了在连接过程中返回哪些数据行，以及如何处理没有匹配数据的情况。

（1）内连接。内连接返回两个表中满足连接条件的数据行，即只返回两个表中共有的数据行。如果没有匹配的数据行，则它们将被忽略。

（2）左连接。左连接返回左表中的所有数据行，以及右表中满足连接条件的数据行。如果没有匹配的数据行，则右表返回 NULL 值。

（3）右连接。右连接返回右表中的所有数据行，以及左表中满足连接条件的数据行。如果没有匹配的数据行，则左表返回 NULL 值。

（4）全外连接。全外连接返回两个表中的所有数据行，无论是否有匹配的数据。如果没有匹配的数据行，则对应的表返回 NULL 值。

在执行计划生成的过程中，优化器会根据连接条件的复杂性、表的大小和索引的使用等因素选择最优的 Join 策略。

4. Agg

在数据库中，Agg 算子是聚合操作（Aggregation）的缩写，用于对数据进行聚合计算。聚合操作是在表中对多个数据行进行处理，生成单一的结果，通常用于汇总和统计数据。Agg 算子是数据库中常见的关系代数操作之一，通常与 GROUP BY 子句一起使用。Agg 算子将多个数据行作为输入，并根据指定的聚合函数对这些数据行进行计算，生成一个汇总的结果。聚合函数既可以是诸如 SUM、COUNT、AVG、MIN 和 MAX 等标准 SQL 聚合函数，也可以是用户自定义的聚合函数。GROUP BY 子句指定了按照哪些属性（列）对数据进行分组，然后在每个分组上应用聚合函数。每个分组都会生成一个汇总结果。聚合函数对数据进行聚合计算。例如，SUM 函数可以计算某个属性（列）的总和，COUNT 函数可以计算某个属性的行数，AVG 函数可以计算某个属性的平均值，MIN 函数可以找到某个属性的最小值，MAX 函数可以找到某个属性的最大值，等等。在执行计划生成过程中，优化器会考虑使用索引来加速数据检索，或者利用并行处理来提高聚合性能。

5. Sort

Sort 是一种用于查询的关系代数操作，也称"排序"算子。Sort 算子用于按照指定的排序条件对查询结果进行排序，生成一个按照指定顺序排列的新关系。排序条件可以是一个或多个列，每个列可以指定升序（ASC）或降序（DESC）排列。排序后的结果会形成一个新的关系，其中数据行按照指定的顺序排列。如果查询的结果集较小且可以完全放入内存中，则数据库会选择在内存中排序。在这种情况下，数据库将查询结果加载到内存中，然后对内存中的数据执行排序操作。这是最快的排序方式，因为内存访问速度很快。如果查询结果集的大小超过了系统内存的容量，无法一次性加载到内存中进行排序，数据库就会采用外部排序。在外部排序中，数据库将查询结果拆分成适当大小的块，并将这些块依次加载到内存中进行排序。然后，排序后的块将被写回到磁盘，并按照归并排序的方式合并这些块，直到得到最终的排序结果。

4.2.3 执行算子优化

传统数据库的设计受限于硬件条件，同时为了方便理解和管理代码，多采用迭代模型。随着硬件技术的不断发展，迭代模型逐渐显现出其劣势。迭代模型基于 Pull 模型，每个算子都要通过 Next 函数拉取数据，在执行过程中会产生大量的虚函数调用，而且一次一条的数据处理方式也无法充分利用现代 CPU 的性能。因此，需要对执行算子进行优化。常见的优化技术包括代码生成和向量化执行引擎，接下来将对这两种技术进行详细的介绍。

1. 代码生成

数据库中的代码生成是一种重要的技术，有助于优化查询执行并提高整体性能。代码生成是将用户输入的表达式、查询和存储过程等实时地编译成二进制代码再执行，相比解释执行的方式，代码生成的运行效率要高很多。尤其是对于计算密集型查询或频繁重复使用的计算过程，应用代码生成技术能达到数十倍的性能提升。通过使用代码生成技术，数据库可以在执行查询时获得更好的性能，优化后的执行计划和生成的机器代码可以减少查询的执行时间，降低系统资源的消耗。下面是一些代码生成技术在数据库执行算子优化方面的具体应用。

（1）表达式计算优化。表达式计算是数据库执行算子中的关键部分，涉及诸如聚合函数、条件判断的算术运算等操作。代码生成技术通过将表达式转换为高效的机器码来优化表达式计算，从而提高执行性能和效率。

传统的数据库执行方式通常涉及解释执行，这种方式会按照表达式中操作符的出现顺序依次计算，可能导致冗余的计算和多余的中间结果，降低查询性能。

代码生成技术可以根据表达式的结构和依赖关系重新组织计算顺序，将多个操作合并为一个表达式，减少中间结果的产生，降低内存和存储开销。针对冗余计算，代码生成技术可以识别重复计算的子表达式，并将其计算结果保存在临时变量中，避免重复计算，从而减少不必要的开销。

（2）查询编译执行。在传统的"火山模型"中，执行查询计划的方式是通过迭代器模型实现的，其中每个运算符都提供了一个 Next 函数用于产生元组流，并通过反复调用这个 Next 函数来迭代遍历元组流。然而，这种方式首先存在虚函数调用的问题，当每次调用 Next 函数时，由于其通常是虚函数或通过函数指针调用，所以会产生额外的开销。对于频繁调用的情况，如在处理大量的中间结果或最终结果元组时，会导致显著的性能损失。其次是存在分支预测问题，虚函数调用或函数指针调用会导致处理器的分支预测能力下降，因为处理器难以准确预测虚函数调用的目标地址，从而降低了代码执行的效率。

查询编译的核心思路在于，将传统数据库的火山引擎 Pull 模式改造为 Pipeline（流水线）内部的 Push 模式，通过代码生成技术生成更高效的代码。在 Pipeline 内部对一个元组进行连续计算，因为元组在 Pipeline 内部计算时是连续的，所以始终可以保留在寄存器中，从而避免了内存的物化开销[18]。

在传统的火山模型中，执行过程都是以算子为核心，所有的计算操作均在算子内部完成，有严格的算子边界。而查询编译的核心在于让数据尽可能保持在寄存器中，也就是在非必要情况下绝不进行物化，因此打破了每个算子间的边界。查询编译使用了代码生成技术，生成好的代码对一个元组完成了完整的计算过程而不需要任何物化。在这样的引擎中，每个必须进行物化的算子称为 Pipeline broker，而不需要进行物化的一段连续算子称为 Pipeline。在 Pipeline 内部，元组的计算都不需要进行物化。

举例来说，一个 GROUP AGG 需要根据 GROUP KEY 汇总结果，一定要对结果进行物化，所以 GROUP AGG 就是一个典型的 Pipeline broker，而 Filter、Project 算子可以流式处理数据而不会阻塞，因此 Filter、Project 都不属于 Pipeline broker。例如，在图 4-7 所示的查询中，左边为传统数据库执行引擎，右边为 Pipeline 执行引擎。

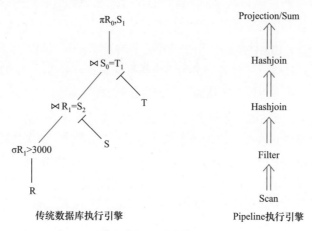

图 4-7　执行引擎对比

2. 向量化执行引擎

传统的数据库系统和数据仓库通常采用行式执行引擎，对每行数据逐行执行操作。这种方式在处理大规模数据时效率较低，因为它引入了较大的指令开销和内存访问开销。向量化执行引擎以向量（数组）的方式处理数据，并将相同类型的操作应用于多个数据元素。这种批处理方式大大降低了指令和内存访问开销，提高了数据处理效率。

其次，向量化执行引擎利用现代 CPU 的硬件并行性，尤其是 SIMD（单指令多数据）指令集。正如其名，使用 SIMD 指令时，一条指令可以同时操作多个数据点，提高数据并行处理的能力。与 SISD（单指令单数据）架构不同，SISD 架构中的一个指令仅操作一个数据点。常见的 SIMD 指令集有 SSE（Streaming SIMD Extensions）、AVX（Advanced Vector Extensions）等，不同的 CPU 支持不同的 SIMD 指令集版本[19]。SIMD 的主要特点包括：

（1）数据并行性。SIMD 指令集允许在一条指令中同时处理多个数据元素，称为向量或数据包。这些数据元素可以是整数、浮点数或其他数据类型。通过并行处理多个数据元素，SIMD 能够在一次指令的执行中完成多个计算操作，从而加快数据处理的速度。

（2）向量寄存器。SIMD 指令集通常包含特殊的向量寄存器，用于存储和处理向量数据。这些向量寄存器具有较宽的数据宽度，能够同时容纳多个数据元素。

（3）数据对齐。在使用 SIMD 指令集进行向量化计算时，数据通常需要满足特定的对齐要求。对齐是指向量数据在内存中的存储位置与其数据宽度的整数倍对齐。合理的数据对齐可以提高 SIMD 指令的执行效率，避免额外的数据移动和加载操作。

（4）并行计算。SIMD 架构适用于数据密集型计算任务，如矩阵乘法、向量加法和图像处理等。通过将计算任务划分为多个数据元素并行处理，SIMD 架构能够在一次指令的执行中完成多个计算，从而大幅提高计算的吞吐量。

如图 4-8 所示，在 SISD 架构中，操作是标量的，意味着一次只处理一个数据。因此，四个加法操作将涉及八次加载操作（每个变量一次）、四次加法操作和四次存储操作。如果使用 128 位的 SIMD，只需要两次加载，一次加法和一次存储操作。从理论上讲，与 SISD 相比，SIMD 能够实现 4 倍的性能提升。考虑到现代 CPU 已经具有 512 位的寄存器，因此通过 SIMD 指令可以实现高达 16 倍的性能提升。

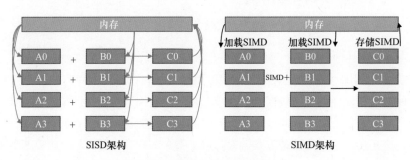

图 4-8　SISD 和 SIMD 架构对比

此外，向量化执行引擎对内存访问进行了优化，以提高数据处理的效率。首先，向量化执行引擎倾向在连续的内存块上执行操作。这种方式可以提高数据在缓存中的局部性，减少内存访问的延迟。通过对连续内存块的顺序访问，可以最大限度地利用 CPU 缓存，提高内存读取的效率[20]。其次，向量化执行引擎要求数据在内存中按照特定的对齐方式存储。对齐是指数据在内存中的存储位置与其所占用的字节对齐的方式。通过对数据进行对齐，可以提高内存访问的效率，减少不必要的数据移动和加载操作。最后，向量化执行引擎通常会使用数据压缩和字典编码技术来缩小存储空间。通过压缩数据，可以减少数据加载和传输所需的时间和带宽，进一步提高内存访问的效率。

4.3　分布式执行框架

4.3.1　MPP 架构

MPP（Massively Parallel Processing）架构是一种用于处理大规模数据和复杂查询的分布式执行框架。它的设计目标是将计算和存储分布在多个节点上，利用并行处理和数据分片的能力提供高性能、高可伸缩性和高容错性。由于 MPP 架构具有良好的可扩展性和高容错性，数据库在云环境下通常采用 MPP 架构来实现高性能的分布式数据库。通过将单机数据库节点组成集群，每个节点拥有独立的磁盘和内存系统，然后使用专用网络或商业通用网络相互连接并进行协同计算，从而提供整体数据处理服务。在设计上，MPP 架构优先考虑一致性，其次考虑可用性，同时尽量做到分区容错性。业界常见的 MPP 架构实现和项目包括 Greenplum、Vertica、Apache HAWQ 和 Impala 等。

1. 典型的 MPP 架构组成

为了充分利用集群的资源（CPU、内存）优势，在 MPP 架构中，数据会被切分成多个块并存储在不同的节点上，这样便可以实现数据的并行处理和存取。典型的 MPP 架构如图 4-9 所示，由一个主节点、多个计算节点和多个存储节点组成。

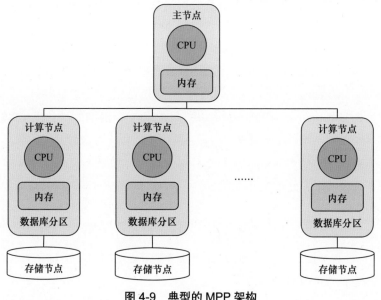

图 4-9　典型的 MPP 架构

（1）主节点。主节点是 MPP 架构的中心节点，负责协调整个系统的运行。它包括接收查询请求、解析查询语句、优化查询计划，并将任务分发给多个计算节点执行，同时负责将查询结果合并，返回给客户端。

（2）计算节点。计算节点是执行实际计算任务的节点，负责接收来自主节点的任务，执行查询操作并返回结果。计算节点通过并行处理多个任务和数据分片，以实现高效的查询。它们可以水平扩展，以适应更大规模的数据和更高的查询负载。

（3）存储节点。存储节点负责存储数据块，并提供数据的快速访问，是 MPP 架构中的数据存储组件。通常使用分布式文件系统来管理数据。存储节点通常负责数据的切片、分布和备份，以实现数据的高可用性和容错性。

2. 数据切片和分区过程

数据切片和分区是实现 MPP 架构高性能和并行处理的关键。通过将数据切分成多个块，并将这些数据块分布在不同的节点上，MPP 架构可以实现数据的并行处理和存取。数据切片和数据分区过程主要涉及以下几个方面。

（1）数据切片。数据切片是将整个数据集切分成多个较小的块或分片的过程，切分可以按照不同的策略进行，如范围切分、哈希切分和随机切分等。每个数据块通常包含一部分数据行或数据列。

（2）数据分区。确定数据块如何分布在各个节点上，一个好的分区策略可以为查询带来成倍的性能提升。常见的数据分区策略包括哈希分区和范围分区。哈希分区是通过对某个数据列的哈希函数进行计算，将数据分散到不同的节点上，这样可以实现数据的均衡分布和随机访问。范围分区则是将数据按照某个数据列的值的范围进行分区，如按照时间范围或字母顺序，这样可以实现基于范围的查询操作和数据局部性。

（3）数据复制和冗余。数据复制可以提高系统的容错性和可用性，以防止因节点故障导致数据丢失。数据复制可以采用副本复制或分布式备份等方式实现。

（4）负载均衡。在数据切片和数据分区过程中，需要考虑负载均衡问题。即确保数据块在各个节点上分布均匀，避免某些节点上的数据过载，而其他节点处于空闲状态。

（5）通过合理的数据切片和数据分区，MPP 架构可以获得以下优势：

- 并行处理。通过将数据分片并分布在多个节点上，可以实现任务的并行处理，提高查询性能和处理能力。

- 数据局部性。将相关数据划分到同一个节点上，可以减少数据传输带来的网络延迟，从而提高查询性能。

- 负载均衡。通过均衡分布数据，可以确保各个节点上的负载均衡，提高系统的整体性能和资源利用率。
- 容错性。通过数据的复制和冗余，MPP 架构可以提供容错性，以应对节点故障或数据损坏的情况。

综上所述，数据切片和数据分区在 MPP 架构中起着重要的作用，对系统的整体性能和可扩展性有重要影响。合理的切片和分区策略可以实现高效的数据处理和查询执行。

MPP 架构在为数据库带来诸多优点的同时也改变了数据库的执行方式。与传统单机架构的数据库不同，MPP 架构将查询任务交由主节点，并将其分解为多个子任务分发给多个计算节点并行执行。任务的划分通常基于数据切片和数据分区策略，以确保任务能够尽可能地并行执行，并充分利用系统的计算资源。在执行过程中，分散的数据会导致大量的数据传输和交互，包括从存储节点获取数据块、计算节点之间的数据交换和结果合并。因此，高效的数据传输和交互机制对于整体查询性能至关重要。一旦所有子任务完成执行并返回结果，主节点将合并这些部分结果并最终给客户端返回完整的查询结果。结果合并可以在主节点上进行，也可以通过部分合并的方式在计算节点上进行，以减少数据传输量、缩短响应时间。

在实际生产环境中，机器"故障"似乎不可避免。单机数据库只有在机器恢复正常后才能继续提供服务，而在机器宕机的时间内，如果不能快速恢复服务，则会给公司带来巨大损失。另外，对于一些突发应用，单台服务器很难满足需求。例如，对于"双 11""6·18"等活动，活动当天的突发流量可以达到平日的数十倍。传统数据库需要部署足够多的资源来应对突发任务。然而，这种方式的弊端十分明显，突发活动往往只有少数几天，而在平日里，大量服务器将"闲置"，这对于企业来说难以接受。MPP 架构的两大优势——可扩展性及容错性，可以完美地解决上述两个应用场景的问题。首先，通过增加节点的数量可以实现 MPP 架构的水平扩展，每个节点都具有计算和存储能力，随着节点数量的增加，系统的处理能力和吞吐量也相应增加。这种水平扩展方式使系统能够灵活地应对不断增长的数据量和查询负载。同时，借助云服务，还可以实现弹性资源分配，根据当前的负载情况和需求进行动态资源分配。这意味着可以根据实际需求增加或减少计算节点和存储容量，以优化资源利用率并满足不同工作负载的需求。其次，MPP 架构天生具备故障转移机制，以应对节点故障。当某个节点发生故障时，系统可以自动将任务和数据转移到其他正常运行的节点上，保证服务正常运行，而不会出现服务的"停顿"。MPP 架构还会采用数据备份和复制的策略，以保证数据的容错性。数据在多个节点之间复制，确保即使发生节点故障或数据损坏，仍然可以通过备份数据来恢复和保护数据的完整性。

3. MPP 架构的缺陷

虽然 MPP 架构有诸多优点，但在计算机世界中不存在"面面俱到"，无非是各种资源之间的权衡。因此，MPP 架构也存在不可避免的缺陷，主要包括以下几个问题。

（1）数据的分布式架构对性能影响极大。在选择数据分布算法及对应的分片字段时，不仅要考虑数据分布的均匀问题，还需要考虑业务对该表的使用特点。如果多个业务的使用方式有明显差异，往往很难选择一个非常好的表分片字段，因此会导致因数据或业务不均匀分布或跨节点数据混洗引起的性能问题。

（2）落后者问题。落后者问题（又称 Straggler Node Problem）是 MPP 架构的一个重要问题。工作负载节点是完全对称的，数据均匀地存储在这些节点上，每个节点使用本地 CPU、内存和磁盘等资源完成数据加工。当某个节点出现问题导致数据处理速度比其他节点慢时，该节点就会成为"落后者"。此时，无论集群规模多大，处理的整体执行速度都由"落后者"决定，其他节点上的任务执行完毕后则进入空闲状态，而无法分担其工作，最终拖慢整个集群。当集群规模达到一定程度时，故障会频繁出现，"落后者"成为一个常见问题。

（3）集群规模问题。由于 MPP 架构的"完全对称性"，即当开始执行查询时，每个节点都在并行执行完全相同的任务，这意味着 MPP 架构支持的并发数和集群的节点数完全无关。在大数据时代，联机查询的并发处理能力的需求迅速增长，这对 MPP 架构提出了严峻的挑战。此外，MPP 架构中的主节点承担了一定的工作负载，所有联机查询的数据流都要经过该节点，这样主节点也存在一定的性能瓶颈。因此，许多采用 MPP 架构的数据库在集群规模上存在一定限制。

总之，MPP 执行框架通过并行计算、数据切片、数据分区和数据局部性等手段，实现了大规模数据的高性能处理和可扩展性，在数据密集型应用中起着重要的作用，并成为许多企业和组织进行数据分析和处理的关键技术之一。

4.3.2　BSP

整体同步并行计算模型（Bulk Synchronous Parallel Computing Model），又名同步模型或 BSP 计算模型，最早由哈佛大学莱斯利·瓦利安特提出。他希望像冯·诺伊曼体系结构那样架起计算机程序语言和体系结构之间的桥梁，因此又被称为桥接模型（Bridging Model）。BSP 计算模型的设计目标是提供一种简单且有效的方法来实现并行计算和数据交互，其核心思想是将计算任务划分为多个超步（Super Step）进行执行，每个超步由三个阶段组成：本地计算、通信和同步[21]。BSP 计算模型同时具有水平和垂直两个方向的结构。从垂直方向上看，一个 BSP 计算模型由一系列串行的超步组成，这种结构类似于一个串行程序结构，如图 4-10 所示。从水平方向上看，在一个超步中，所有的进程并行执行局部计算，如图 4-11 所示。

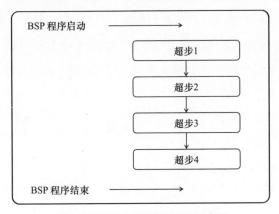

图 4-10　BSP 计算模型处理过程

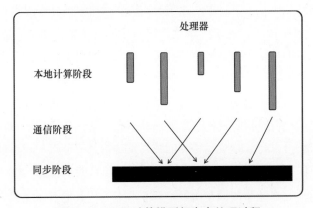

图 4-11　BSP 计算模型超步内处理过程

1. BSP 计算模型的优势

BSP 计算模型支持全局状态的共享和更新，每个节点可以访问和更新全局状态的信息以进行协同计算。节点之间可以通过消息传递来共享或更新全局状态的数据。相比 MPP 架构，BSP 计算模型更适合大规模图计算，该模型具有以下特点和优势。

（1）易于理解和实现。BSP 计算模型的概念相对简单，易于理解和实现。它提供了一个清晰的计算流程，使并行计算任务的开发和调试更加可控。

（2）高效的数据交互和协同计算。通过消息传递机制，节点之间可以进行高效的数据交换和协同计算，这种通信方式可以满足复杂计算任务的需求。

（3）可扩展性和容错性。BSP 计算模型可以很好地扩展到大规模计算集群，并具有容错机制。当节点出现故障时，计算可以继续进行，不会导致整个计算过程中断。

（4）不易死锁。BSP 计算模型将计算划分为一个个超步，超步之间可以看成逻辑上串行执行，因此能够有效避免死锁的出现。

2. BSP 计算模型实现并行计算和数据交互的方式

BSP 计算模型通过超步、同步机制和消息传递来实现并行计算和数据交互。它在处理大规模数据和复杂计算任务时起着重要作用，尤其是在图计算中表现出色，是实现高性能并行计算的有力工具。

1）超步和同步机制

BSP 计算模型的核心是超步和同步机制，二者在 BSP 计算模型中确保节点之间的协同计算和数据交互。以下是对 BSP 计算模型超步和同步机制的详细介绍。

（1）超步。超步是 BSP 计算模型中的基本单位，它是计算过程中的一个阶段，包含计算、通信和同步三个子阶段。每个超步依次进行，直到满足停止条件。

（2）本地计算阶段。在超步的本地计算阶段，每个节点独立地执行局部计算操作，处理自己负责的数据子集。每个节点都可以根据自己的计算逻辑对数据进行操作和转换。本地计算阶段是并行执行的，各个节点之间可以同时计算。

（3）通信阶段。在超步的通信阶段，节点之间通过消息传递通信。节点可以向其他节点发送消息，也可以接收其他节点发送的消息。消息传递用于节点的数据交换和协调计算。节点还可以将计算阶段得到的结果发送给其他节点，或者请求其他节点接收数据。通信阶段和计算阶段一样都是以并行方式执行的。

（4）同步阶段。在超步的同步阶段，所有节点等待其他节点完成当前超步的计算和通信操作。节点将自己的计算和通信结果汇总，并等待其他节点完成同步。只有所有节点都完成了当前超步的计算和通信，才能进入下一个超步。同步阶段确保所有节点在超步之间保持一致的状态，为下一个超步的开始做好准备。

通过超步和同步机制，BSP 计算模型能够确保节点的协同计算和数据交互。每个节点在超步中独立地执行计算操作，然后通过消息传递进行数据交换，并保证所有节点在同一个超步中完成计算和通信，确保一致的计算状态。

超步和同步机制的优点在于提供了简单且有效的方式来管理并行计算任务，保证节点之间的数据交互和协同计算，同时提供了容错机制。当节点出现故障时，计算可以继续进行。超步和同步机制是 BSP 计算模型的关键特征，使 BSP 计算模型在处理大规模数据和复杂计算任务时具有优越的性能和可扩展性。

2）并行计算和节点间通信

BSP 计算模型将计算任务划分为多个节点进行并行计算。每个节点独立地执行局部计算操作，处理自己负责的数据子集。这些计算可以是各种各样的复杂操作，如图遍历、迭代算法或大规模数据分析。通过将计算任务分解为多个节点并行执行，可以有效地利用计算资源，缩短计算时间。

BSP 计算模型通过消息传递机制实现节点间通信的方式可以满足复杂计算任务中的数据交互需求。通信可以基于不同的通信模型和协议实现，如消息队列、RPC（远程过程调用）等。具体的实现方式可以根据分布式计算框架和技术选型决定。

并行计算和节点间通信在 BSP 计算模型中相互配合，实现了节点之间的协同计算和数据交互。每个节点独立执行计算操作，并通过消息传递来共享数据和协调计算。需要注意的是，并行计算和节点间通信的具体实现方式会因为不同的分布式计算框架而有所差异。在使用 BSP 计算模型进行并行计算时，可以根据所选框架的特点和要求进行相应的调整。

3）超步的停止条件

超步的停止条件是一种确定计算是否完成的方式。当满足停止条件时，计算过程将结束。以下是几种常见的超步停止条件。

（1）迭代次数。在迭代算法中，超步的停止条件可以是达到指定的迭代次数。例如，如果需要执行 10 次迭代，则当超步达到第 10 次计算时，整个迭代任务将停止。

（2）达到收敛状态。对于一些迭代算法或优化问题，停止条件可以是达到收敛状态。这意味着超步中的计算结果不再发生明显的变化，或者满足特定的收敛准则。可以通过比较前后两个超步的计算结果，或者设置收敛误差阈值来确定是否收敛。

（3）无活跃消息。在通信密集型的计算任务中，超步的停止条件可以是没有活跃消息。活跃消息指的是在当前超步中发送或接收的消息数量。当没有节点发送或接收任何消息时，说明所有节点的计算和通信操作已经完成，可以停止计算。

（4）自定义条件。根据具体的应用场景和计算任务，可以设置其他自定义的停止条件。例如，特定的问题需求、资源利用率或目标函数的达成等。根据具体情况，可以设定满足这些条件时停止计算。在 BSP 计算模型中，超步的停止条件可以根据具体的计算任务和需求来选择和定义。合适的停止条件可以提高计算效率，避免不必要的计算开销。在设计和实现 BSP 计算时，需要注意选择合适的停止条件，以确保计算过程能够正常结束。

总而言之，作为一种并行计算模型，BSP 计算模型在分布式计算领域发挥了重要的作用。通过超步和同步机制，BSP 计算模型实现了节点的协同计算和数据交互，使复杂计算任务能够高效地在分布式环境中执行。同时，BSP 计算模型具有简单、易理解和易实现的特点，并提供了容错机制和良好的可扩展性，使其成为处理大规模数据和复杂计算问题的有效工具。

4）BSP 计算模型与 MPP 架构对比

MPP 架构和 BSP 计算模型之间并不存在直接的联系，MPP 架构属于一种并行计算的物理架构，而 BSP 计算模型属于一种并行计算模型。二者在设计思想上有相似之处，都是将一个大型任务分解为多个细粒度任务，利用集群的并行性。然而，二者在并行上有本质的不同。为了帮助读者理解二者之间的本质区别，这里通过一个例子来说明。

假设有四个工程队要承建四栋楼。那么，MPP 架构的思想便是将四栋楼分别派发给四个工程队，每个工程队负责建设一栋楼。而 BSP 计算模型的思想是由第一个工程队负责大楼的规划和设计，第二个工程队负责基础施工，第三个工程队负责建设楼层，第四个工程队负责装修。完成一栋楼的建设后再重复上述步骤，开始建设第二栋楼，直到完成四栋楼的建设。这里的一栋楼的建设就可以看成 BSP 计算模型中的一个超步，整个任务由四个超步构成。需要注意的是，这个例子可能并不完全符合 BSP 计算模型思想，但大致上是这个意思。比喻中不够恰当的地方在于，一个超步内的任务可以并行执行。理论上，MPP 架构的并行程度会大于 BSP 计算模型，BSP 计算模型似乎并行度并不高，但 MPP 架构方案需要每个"工程人员"都拥有"规划和设计""基础施工""盖楼""装修"四种能力，而 BSP 计算模型方案只需要每个人掌握其中一种能力即可。MPP 架构处理数据的思想和数据并行类似，BSP 计算模型道出了模型并行的精髓（数据流水线化实现并行）。

4.4　典型交互模式

在云原生数据仓库中，计算引擎是执行数据处理和分析任务的核心组件，根据计算方式和响应时间的不同，可以将计算引擎划分为批处理和交互式。

批处理通常是指一次处理一批作业的计算方式，主要负责对数据进行批量处理，一般包括数据的采集、清洗、加工和计算等工作。批处理的主要目标是提高数据处理的效率和准确性，为数据分析和业务决策提供支持。因此，批处理模式通常应用于大规模离线数据，执行长时间运行或重复性的任务，无须干预，并且没有可视化界面进行交互，侧重数据处理的高吞吐量和准确性。

交互式通常可以理解为实时计算，允许用户通过实时的查询和分析来探索数据，并即时获取结果和反馈。交互式的目的是提供良好的用户体验和实时数据处理能力，提供友好的界面和交互方式，以确保用户能够轻松地理解和使用系统。因此，交互式模式需要提供强大的实时计算能力，面对用户的请求需要在毫秒级别返回结果。

本章将详细介绍两种模式的关键技术，并分别介绍对应模式的常见应用场景。

4.4.1　批处理

在数据仓库中，批处理模式被广泛用于处理大规模的数据集和定期数据处理任务。通过一次性提交多个任务，可以实现高效的数据处理和操作。

1. 批处理模式的应用场景

（1）大规模数据处理。批处理模式适用于处理大规模数据集，可以高效地对海量数据进行处理。在云原生数据仓库中，批处理模式可以应对数十亿行甚至数万亿行数据的处理需求。

（2）周期性数据处理。批处理模式在周期性数据处理方面表现出色。许多业务和分析场景需要定期处理数据，如每天、每周或每月的数据聚合和分析。批处理模式能够自动执行周期性任务，确保数据及时处理和更新。

（3）离线分析。批处理模式适用于离线分析任务。通过批处理，可以将数据从不同的源进行汇总、清洗、转换和聚合，生成用于离线分析的数据集。这种方式可以提供更全面、准确的数据视图，并支持复杂的数据分析和挖掘操作。

（4）数据集成和迁移。批处理模式常见的应用场景包括数据集成和迁移。当需要将数据从不同的数据源导入数据仓库中时，批处理模式可以有效地提取、转换和加载数据。它可以处理数据格式不一致、字段映射、数据清洗等任务，确保数据在导入过程中的质量和完整性。

2. 批处理遵循的步骤

在数据处理和分析中，批处理是一种重要且高效的方法，适用于各种应用场景，包括数据仓库构建、数据清洗和转换、报表生成和分析等。因此，了解批处理的工作流程至关重要。在批处理的工作流程中，通常会遵循以下步骤。

（1）数据准备。包括数据的收集、导入和预处理。

（2）作业调度。按照作业的执行顺序和优先级，将任务分配给可用的计算资源，并持续监控作业的执行状态。

（3）数据处理。数据将被分成批次，每个批次都会经过相同的处理逻辑，包括数据转换、计算、聚合和分析等，需要根据特定的业务需求进行处理。

（4）结果导出。在完成数据处理后，需要将处理结果导出到目标数据存储或其他系统中，其间会涉及数据格式转换、数据校验、数据写入及数据索引等操作，确保结果的可用性和可访问性。

（5）监控和报告。为了实时了解作业的执行情况和处理结果，批处理系统需要提供监控和报告功能，用户和管理员可以通过日志记录、指标监控和报告生成来获得关键的执行信息。

了解和运用这些流程能够实现高效、可靠且可扩展的数据处理与分析。

3. 批处理涉及的关键技术

批处理作为一种重要的数据处理方法，依赖多种关键技术来实现高效、可靠和可扩展的数据处理。这些关键技术为批处理系统提供了强大的功能和灵活性，使其能够处理大规模数据并满足各种业务需求。接下来将介绍批处理涉及的关键技术。

（1）数据存储和管理。批处理系统需要支持高性能的数据存储，如分布式文件系统或列式数据库，以便有效地存储和访问海量数据。同时，如数据分区、压缩和索引等数据管理技术，可以提高数据的存储效率和查询性能。

（2）作业调度和资源管理。作业调度器负责确定作业的执行顺序、作业间的依赖关系和资源分配，同时需要考虑作业的优先级、资源的可用性及系统的负载情况，以实现高效的作业调度和资源管理。

（3）容错和恢复机制。由于批处理面对的数据规模通常很大，在执行任务期间必然会出现机器故障或数据错误。容错和恢复机制可以自动检测和处理故障，保证作业正确执行。例如，通过检查点机制和故障恢复策略，可以在发生故障时将批处理任务恢复到先前的可靠状态，并在此基础上继续执行任务。

（4）数据并行处理。批处理系统可以将大规模数据分成多个并行的任务或作业，在多个计算节点上同时处理。常见的批处理系统有 Hadoop、Spark、Hana 和 Hive 等，这些系统都通过数据并行来充分利用分布式计算资源，从而加速数据处理。

4.4.2　交互式

除了批处理模式，交互式模式在数据仓库中也扮演着重要的角色。交互式模式允许用户通过实时的查询和分析来探索数据，并即时获取结果和反馈。

1. 交互式的特点

通常而言，交互式模式具备以下特点。

（1）实时查询和响应。交互式模式提供实时的查询和分析功能，用户可以通过交互式界面输入查询语句，并即时获取结果。这种模式适用于需要即时反馈和实时决策的场景。

（2）灵活性和探索性分析。交互式模式允许用户自由地探索和分析数据，通过灵活的查询语言和功能，对数据进行多维度的分析和挖掘。用户可以根据需求进行数据切片、钻取和过滤等操作，以发现隐藏的数据模式和关联关系。

（3）资源管理和优化。交互式查询通常对计算资源有较高的要求，计算引擎需要对查询进行优化和资源管理，以提供快速的响应。并行查询、索引优化和缓存技术等都是提高交互式查询性能的重要手段。

2. 交互式的应用场景

交互式和批处理在应用场景方面有着本质的区别，交互式模式适用于对实时性要求高的场景，通常要求系统能够在秒级返回结果。常见的应用场景包括：

- 数据分析和探索，交互式模式使用户能够灵活地探索和分析数据，发现隐藏的模式和趋势，挖掘和洞察数据；
- 实时监控和报表，交互式模式可以用于实时监控数据和生成即时报表，帮助用户快速了解数据的状态和趋势；
- 决策支持，交互式模式使决策者能够实时查询和分析数据，提供及时的支持和依据；
- 数据可视化，交互式模式与数据可视化技术结合，可以实现实时的数据可视化和交互操作，增强用户对数据的理解和探索能力。

交互式模式的关键技术多集中在实现高效的查询和交互体验方面，包括查询优化、实时计算、并行计算和缓存计算结果等技术。常见的实时计算引擎包括 Spark Streaming、Storm 和 Flink 等，这些计算引擎都能够充分利用分布式计算资源进行实时计算。

在工作中可根据实际应用需求确定技术选型。总体而言，批处理适用于处理大规模数据集的自动化和分析任务，交互式则适用于实时查询和探索数据的场景。

4.4.3 实时检索

随着数据量的爆炸式增长，人们开始采用各种方案对数据进行管理，以加快信息的获取和处理速度。数据管理的典型系统包括各种数据库和数据仓库等。数据库在结构化数据领域中表现优异，但对于一些非结构化数据表现欠佳。虽然业界出现了一些用于支持非结构化数据查询和处理的 NoSQL 数据库，但在一些特定领域始终无法达到令人满意的效果。例如，在 GitHub 中管理了大量开源项目，如何在短时间内搜索出符合条件的项目及代码文件；在类似百度、谷歌等搜索引擎中，如何快速搜索到用户需要的内容；在淘宝、饿了么等 App 中如何快速搜索，找到指定商品；等等。对于这类偏向搜索的应用，很难用数据库达到快速检索的目的。如何解决上述场景中快速检索的问题是本节将要介绍的主题——实时检索。

实时检索技术是指在用户提交查询请求后，系统能够立即返回与查询相关的结果，没有明显的延迟。这种技术在各种应用中都非常重要，如搜索引擎、电子商务平台和社交媒体应用等。支持实时检索的系统有 Elasticsearch、Nutch 和 Solr 等，这些系统都能够支持在 PB 级别的海量数据中快速找寻目标。不同于数据库，实时检索面向的对象通常是文件、文章、网页、某个关键字，甚至一张图片。实现快速检索的关键在于索引。这里的索引可以理解为一个动词，旨在为各类数据建立一个"目录"，在检索目标时只需通过查找"目录"就可以确定目标所处的位置。实时检索通常包含两个主要流程——索引和搜索，如图 4-12 所示。

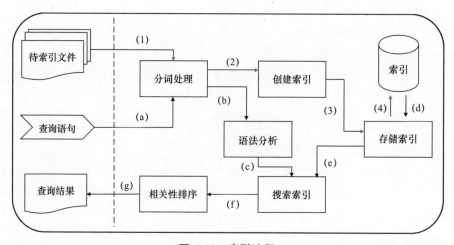

图 4-12　索引流程

索引流程主要包括分词处理、创建索引、存储索引三个部分。分词处理会将待索引的目标拆分成一个个独立的词（Term），其间会过滤掉无关的内容。例如，索引文档时，会将标点符号和常用停用词去除。接下来对"词–对象"进行映射，也就是建立词典表。例如，在文档索引中，每个词会对应一个文档，建立映射关系后，会合并相同词并建立倒排表，通过倒排表可以快速检索目标内容。最后，将建立的倒排表进行存储。为了加快索引速度，通常会选用高效的数据结构来存储索引，例如，在Lucene（一个用Java实现的实时检索库）解决方案中，便采用了LSM-Tree来存储索引。

搜索流程则相对简单，当用户发出查询请求后，首先会将请求解析成"Token"；其次匹配到合适的索引，便可根据索引快速查询目标内容；最后将查询结果进行相关性排序并将结果返回。

综上所述，实时检索主要通过倒排索引技术来管理数据，使系统能够在用户查询后立即返回其结果，从而实现高效、快速的信息检索。

4.4.4　机器学习

面对不断膨胀的海量数据、复杂多样的应用场景及参差不齐的用户使用水平，传统数据库很难适应这些新的场景和变化。机器学习技术因具有较强的学习能力，在数据库领域逐渐展现出潜力。学术界和产业界对机器学习与数据库技术结合进行了大量探索，包括数据库自动调参、查询基数估计、查询计划选择、索引和视图自动选择等五个方向[22]。现阶段，市场上的主流数据库大都提供对机器学习的支持，将机器学习直接嵌入关系数据库中。这种方法有助于在处理数据的同时执行机器学习任务，最大限度地减少数据传输的成本和延迟。将机器学习技术集成到数据库中可为数据库发展带来几个关键优势：数据处理的近似计算、数据隐私保护和性能优化。通过在数据库内进行模型训练，可以避免将大量数据从数据库中导出，从而降低数据处理延迟和资源占用。由于不用将数据导出，因此可以更好地保护敏感数据，有助于遵守隐私法规和政策。而在性能优化方面，机器学习技术早已广泛应用。正如前文所述，机器学习技术可以帮助数据库做出更优的执行决策，大幅提高数据库的性能。

在大数据分析领域，机器学习同样发挥着重要作用。例如，在Spark中实现了用于机器学习分析的Spark MLlib库，提供了在分布式计算环境中进行机器学习任务的丰富工具和算法，包括分类、回归、聚类、协同过滤和降维等，还包括底层的优化原语和上层的算法API。得益于Spark的强大计算能力，MLlib能够高效地处理大规模数据并加速模型训练和推理过程。对于普通开发者来说，实现分布式的数据挖掘算法仍然具有极大的挑战性。通过使用 Spark MLlib 可以轻松地实现数据挖掘任务，开发者只需要具备 Spark 编程基础并且了解数据挖掘算法的原理和算法参数的含义，就可以通过调用相应算法的 API 来实现基于海量数据的挖掘和分析过程。使用 Spark MLlib 进行数据挖掘的基本流程如下：

（1）数据准备和加载。准备数据并将其加载到 Spark 中。数据可以来自各种数据源，如文本文件、数据库和 HDFS 文档等。

（2）数据预处理。包括数据清洗、特征提取和特征转换等。

（3）特征工程。选择和构建对模型预测有用的特征。

（4）模型选择和构建。根据任务的需求选择合适的机器学习算法，如分类、回归和聚类等。然后，使用 Spark MLlib 提供的 API 构建机器学习模型。通常可以创建流水线，将特征转换和模型构建组合在一起，以便进行连续的数据处理和建模。

（5）模型训练。将数据送入模型，使用训练数据进行模型训练。在 Spark 中，训练过程可以并行地在集群的多个节点上执行，以加速模型训练。

（6）模型评估。训练完成后，需要使用验证数据集或交叉验证等方法对模型进行评估。Spark MLlib 提供了各种评估指标，如准确率、F1 分数、均方误差等。

（7）模型调优。根据评估结果，调整模型的超参数和特征工程等，以提高模型的效果。

（8）模型应用。在完成模型训练和评估后，将训练好的模型应用于新的数据，执行预测和分类等任务。

（9）模型持久化。一旦满意的模型被训练出来，可以将其持久化保存，以便在其他环境中使用，而无须重新训练。

综上，使用 Spark MLlib，可以在分布式计算环境中高效地执行大规模机器学习任务，实现对海量数据的处理和分析。

4.5 AnalyticDB 计算引擎实践

本章前面的内容介绍了单机和分布式场景下不同类型的执行模型。在云原生环境下，AnalyticDB 的执行模型是最先进的执行模型之一。本节将介绍并讨论其在不同负载场景下的应用实践。

4.5.1 AnalyticDB 的执行模型

本节将先介绍 AnalyticDB 执行模型的丰富特性，如羲和分析计算引擎技术、弹性计算层和计算层高可用等内容。对于云原生环境下执行模型构建过程中较为复杂的资源调度问题，将在 4.5.2 节展开讨论。

1. 羲和分析计算引擎技术

自 2019 年 4 月至今，AnalyticDB MySQL 版在世界权威测评机构的 TPC-DS 榜单中始终名列前茅。这都归功于自研的羲和分析计算引擎技术的不断迭代和持续领先。羲和分析计算引擎之所以能有如此优异的性能，主要得益于其使用的异步执行引擎、向量化执行模型、面向混合负载的查询执行、数据理解和存储感知等技术。

（1）异步执行引擎。羲和分析计算引擎采用异步执行驱动方式，相对于同步执行，尽管增加了查询执行实现的复杂度，但是通过用户态的并行管理能力，提高了系统 CPU 的并行执行效率。这是羲和分析计算引擎具备极致性能的基础。

（2）向量化执行模型。在全异步的执行引擎基础之上，羲和分析计算引擎采用了向量化的查询执行模型。相对于传统的以数据为中心的计算方式，面向算子的计算方式对现代 CPU 计算更友好：在满足缓存友好的同时，利用乱序执行扩大了 CPU 的指令并发，利用 SIMD 架构又扩大了 CPU 的数据并发，充分利用了现代 CPU 的算力。

（3）面向混合负载的查询执行。羲和分析计算引擎是新一代云原生数据仓库 AnalyticDB MySQL 版提供的一体化数据仓库服务的重要内核。面向海量数据的云原生数据仓库需要适用于不同的数据分析场景，包括在线报表、在线交互式分析及 ETL 等。针对不同的场景，分析计算引擎会自适应地采用不同的查询优化技术，包括按需的动态代码编译、CPU 友好的内存数据布局及自适应的并行度调整等。

（4）数据理解和存储感知。作为完整数据仓库的一部分，相比单纯的计算引擎，羲和分析计算引擎具有感知数据的优势。

- 利用数据分布，直接进行基于特定数据的计算，避免分布式系统中数据和消息传输的开销；
- 利用存储系统的能力，下推谓词、聚合等计算，实现近存储的计算加速；
- 利用数据模型中的范式依赖、数据数值类型等进行查询执行算法优化。

以上四项技术也许并不全是 AnalyticDB 的首创，如向量化执行模型已经在很多数据库中有不同程度的实现。但是通过对这四项技术的深度优化，羲和分析计算引擎表现出了更为突出的性能。

2. 弹性计算层

AnalyticDB MySQL 预留资源采用无共享架构，具备良好的扩展性和并发性。后端采用计算与存储耦合的方式，二者共享相同的资源。存储容量和计算能力均与节点数相关。可以通过扩容、缩容节点数来调整资源需求，但是无法灵活搭配计算与存储资源配比来满足不同的业务负载需求。此外，节点数的调整往往面临大量的数据迁移，会花费比较长的时间，对系统当前已有的运行负载也有一定的影响。

AnalyticDB MySQL 弹性资源在后端采用了计算存储分离架构，提供统一的服务化存储层和可独立扩展的计算层，兼具了预留模式的性能。通过计算与存储的解耦，可以单独灵活地对计算资源和存储容量进行扩缩容，能更加合理地控制总成本。针对计算资源的扩缩容，不再需要数据搬迁，对比预留资源，具备更好的弹性体验。同时，支持将计算资源划分为多个资源组，不同资源组的资源在物理上相互隔离，且资源组上支持配置分时弹性。在业务场景中，可以将不同业务或不同场景的查询分发到不同资源组上运行，降低不同负载或业务之间的相互影响，提高业务的稳定性。

AnalyticDB MySQL 在计算存储分离架构的基础上全面拥抱云原生 Serverless 技术，支持完全无须预留存储资源或计算资源的运行模式，如图 4-13 所示。提供 Serverless 资源组，支持在 Serverless 计算资源上运行查询，按查询的资源需求动态申请计算资源，查询执行结束后自动释放资源，按资源的实际使用量计费，提供很好的资源弹性体验和较高的性价比。同时，针对批量数据处理和 ETL 等需要较长时间运行的作业，提升了稳定性和容错能力。新增了多种外部数据源的访问功能，支持更多与数据湖相关的业务场景。

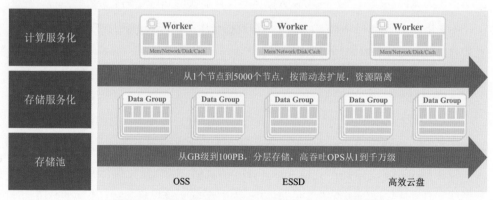

图 4-13　AnalyticDB MySQL 的 Serverless 按量计费

3. 计算层高可用

计算层高可用的主要目标是保证查询的稳定性。在分布式环境下，日常查询分析任务遇到机器异常宕机的情况在所难免。计算层高可用需要考虑如何避免因为机器宕机等异常情况导致的查询失败。图 4-14 展示了计算节点失败重建步骤。为了更好地应对计算节点失败的情况，AnalyticDB 提供了两种不同的模式。

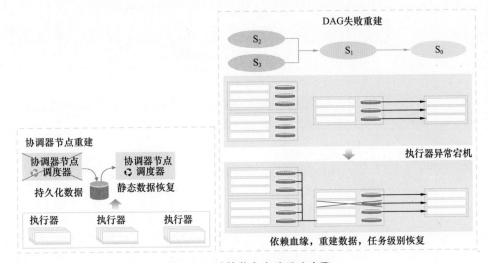

图 4-14　计算节点失败重建步骤

（1）交互式模式。在交互式模式中，MPP 架构采用全内存的流水线计算方式，避免了中间结果的保存。同时，这种模式特别适用于延迟敏感的分析场景。为了应对计算节点异常宕机的情况，计算引擎会通过查询级别重算来保证查询的稳定性。

（2）批处理模式。ETL 等数据清洗任务的计算时间长，计算资源消耗大，如果依然按查询级别重试，代价过大时用户将无法接受。在批处理模式下，采用分阶段计算模型可以实现任务级别的故障转移，将失败的代价降至最低。对于执行节点，在批处理模式下，系统支持计算中间数据落盘。当遇到任意节点宕机导致当前节点上的计算任务失败时，可依赖计算任务间的血缘关系找到上一次持久化的中间数据结果，并对失败任务进行重新调度计算。这种操作仅重新计算失败的任务本身。对于协调器前端节点，通过持久化查询的元数据，以及在必要时调度新的协调器节点并加载查询元数据，可以继续进行任务调度。这样做可以使用户几乎感知不到数据的恢复，做到无缝切换。

通过两种不同的模式，AnalyticDB 提供了不同级别的高可用性以满足不同场景下的需求，这也是 AnalyticDB 丰富特性的一种体现。

4. 功能特性展示

AnalyticDB MySQL 版具有丰富的功能特性，满足多种场景的需求。表 4-1 概括了 AnalyticDB MySQL 版的功能特性。

表 4-1　AnalyticDB MySQL 版的功能特性

项目	功能	描述
计算引擎	Spark 引擎	采用多语言可编程计算引擎，完全兼容开源 Spark 接口，支持应用无缝迁移，复杂离线处理场景和机器学习场景
	XIHE MPP 引擎	采用 MPP 计算架构，调度粒度为整个查询的所有任务。计算过程采用流水线式计算，满足低延迟的交互式分析场景
	XIHE BSP 引擎	XIHE BSP 引擎支持计算数据落盘，适用于计算量大、吞吐量高的复杂分析场景。资源按量收费，每个查询独享计算资源，隔离性强，不同查询间不会互相干扰。具备很强的故障转移能力，支持任务级别失败重试
存储引擎	玄武分析型存储	提供高可靠、高可用、高性能和低成本的企业级数据存储能力，是实现高吞吐实时写入、高性能实时查询的基础
	低成本数据湖存储	基于低成本的 OSS 存储，提供兼容开源的 Hudi/Iceberg/Delta Lake 等数据湖格式，支持近实时的增量数据处理等能力
连接方式	MySQL 命令行	支持 MySQL 命令行连接
	业务系统	支持 Java、Druid 连接池配置、Python、PHP、C#（Mac）和 Golang
	客户端	支持 DBeaver、DbVisualizer、Navicat 和 SQL WorkBench/J
	BI 工具	支持 FineBI、Quick BI、永洪 BI、有数 BI、DataV、Tableau、QlikView、FineReport、Power BI 和 Smartbi

续表

项目	功能	描述
安全性	白名单	在默认情况下，AnalyticDB MySQL 版集群拒绝所有连接和访问。要访问 AnalyticDB MySQL 集群，可以将客户端 IP 地址或地址段添加到白名单
	SQL 审计	SQL 审计实时记录了数据库 DML 和 DDL 操作信息，方便用户进行故障分析、行为分析、安全审计等，提高了数据库的安全性
	云盘加密	可以在创建 AnalyticDB MySQL 版集群时开启云盘加密功能，系统会基于块存储对整个数据盘进行加密，即使数据备份泄露也无法被解密，保护数据安全
	访问控制	访问控制 RAM 是阿里云提供的一种权限管理系统，用于管控不同 RAM 用户对云资源的访问权限。RAM 用户创建 AnalyticDB MySQL 版集群后，仅允许该 RAM 用户和所属阿里云账号查看和管理该集群。如果组织里有多个用户需要使用 AnalyticDB MySQL 版集群，可以创建多个 RAM 用户，并授予 RAM 用户查看或管理 AnalyticDB MySQL 版集群的权限
	数据库权限控制	数据库账号用于操作数据库，如创建或删除数据库、创建或删除表、创建或删除视图、插入或变更数据、查询数据等。数据库账号分为高权限账号与普通账号。高权限账号可为普通账号授予不同级别（包括集群级别、数据库级别、表级别和列级别）的操作权限
	监控报警	提供集群性能指标数据，方便查看集群节点的健康状态和性能。AnalyticDB MySQL 版的报警功能支持实时监控集群 CPU 使用率、磁盘使用率、IOPS 使用率、查询耗时及数据库连接数等指标。如果指标超过设定的阈值，系统则将自动给相关联系人发送报警通知
备份恢复	全量备份	全量备份是将集群全量数据快照压缩后存储在其他离线存储介质中的方式。基于备份集的全量恢复采用集群克隆的方式，通过下载远程存储备份集的方式将数据恢复到一个新集群中
	日志备份	日志备份通过集群内多节点并行上传并将日志重做到 OSS 的方式来保存实时日志，通过一个完整的全量备份及后续一段时间的重做日志，可以将一个新集群恢复到任意时间点，保证了这段时间的数据安全性
	备份恢复	支持全量恢复和时间点恢复。备份恢复采用集群克隆的方式，每次恢复会生产一个新的集群，同时恢复数据将被下载并导入该集群中

项目	功能	描述
智能诊断优化	库表结构优化	库表结构的设计和优化对数据库整体使用成本和查询性能会有显著的影响。AnalyticDB MySQL 版将持续收集 SQL 查询的性能指标及 SQL 查询使用到的数据表、索引等信息，并利用算法进行统计分析，自动给出调优建议，并支持一键应用调优建议，减轻手动调优的负担
	SQL Pattern	SQL Pattern 是依托于全量且实时的 SQL 而产生的。通过聚合相似 SQL 为 SQL Pattern，对 SQL Pattern 进行诊断和分析，可以有效提升智能诊断的效率。SQL Pattern 的诊断结果可以成为数据库优化的有效依据
	SQL 诊断	SQL 诊断功能分别统计 SQL 在查询级别、Stage 级别和算子级别的信息，并基于统计信息，提供诊断结果与调优建议
导入导出	导入导出	可以将数据从其他数据库、OSS、OTS、HDFS、MaxCompute、Kafka 和 SLS 导入 AnalyticDB MySQL 版，也可以将 AnalyticDB MySQL 版的数据导出到其他数据库、OSS、HDFS 和 MaxCompute 中
数据接入	数据源管理	支持创建 Kafka、SLS 和 Hive 数据源。每个同步或迁移任务都需要一个数据源，这样数据源就可以在不同步或迁移任务之间复用，降低对重复链路创建的复杂度。数据源管理功能支持新增、查询、修改和删除数据源
	数据同步	支持创建 Kafka 和 SLS 数据同步链路，通过同步链路从指定时间位点，实时同步 Kafka 和日志服务 LogStore 中的数据，以支持近实时产出、全量历史归档和弹性分析等需求
	数据迁移	支持创建 Hive 数据迁移任务，通过迁移链路将 Hive 数据导入 OSS
	元数据发现	元数据发现功能可以自动发现与 AnalyticDB MySQL 版集群相同地域下 OSS 的 Bucket 和数据文件，并自动创建和更新数据湖元数据
数据管理	数据管理	AnalyticDB MySQL 版控制台提供了可视化的集群库表管理，支持展示库、表和视图的信息
作业开发	作业开发	提供开源的 Spark 引擎和自研的 XIHE 引擎，通过选择不同的引擎实现不同的作业开发方式
作业调度	作业调度	具备离线 SQL 应用、Spark 应用的作业调度能力，以完成复杂的 ETL 数据处理
SQL	XIHE SQL	在执行 XIHE SQL 时，使用 AnalyticDB MySQL 版自研的 XIHE 引擎，高度兼容 MySQL 协议
	Spark SQL	支持 Spark 引擎，完全兼容开源 Spark 接口。可以使用 Spark SQL 操作数据湖

4.5.2　AnalyticDB 的计算资源调度

对于云数据库的计算层来说，仅支持弹性付费模式和高可用是不够的。如何调度计算资源也是一个非常复杂和关键的问题，不同的计算资源调度策略可能会对查询延迟和资源消耗产生不同的影响，从而直接影响云数据库的性能。因此，本节将对 AnalyticDB 的资源调度方法展开详细的讨论。

在讨论之前，先介绍 AnalyticDB 的调度过程发生在什么阶段。AnalyticDB 在接收到 SQL 查询后，将其解析并生成执行计划。一个执行计划可能包含一个或多个阶段（以下称为 stage），这些 stage 会被下发到 Worker 并执行。Worker 定期向协调器返回 stage 的执行状态，然后协调器根据这些信息决定是否需要调度 stage 和 task，以及调度哪些 stage 和 task。如此往复，直至查询结束。

目前，羲和支持三种不同的 stage 调度方法：all-at-once、dynamic-phased 和 phased。下面将分别介绍。

1. all-at-once

在 all-at-once 方法下，羲和会将任何状态下的 stage 全部下发，并且一个 stage 的下发不会依赖于其他的 stage。如图 4-15 所示，在调度时从底向上，整个 SQL 的 stage 都被下发（虽然在同一轮中被下发，但是 Join 的右表会比左表先下发）。例如，图 4-15 中 stage 下发的次序是 [4,3,2,7,6,5,1,0]。

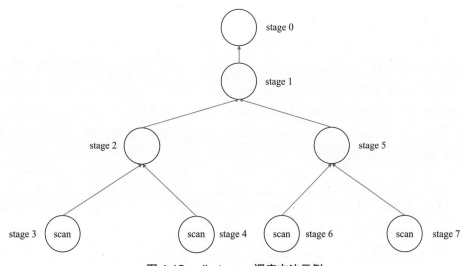

图 4-15　all-at-once 调度方法示例

2. dynamic-phased

与 all-at-once 调度方法不同，dynamic-phased 调度方法在每轮调度中需要考虑上一轮被调度的 stage 的父节点。如果父节点对应的 stage 的入度变为 0，那么将其放入等待资源队列中。在这一轮调度中，会从等待资源队列中取出第一个 stage 进行下发。当一个 stage 的所有子节点的状态变为 FLUSHING 或者已经结束时，则该 stage 的入度为 0，源头 stage 的入度也为 0。在第一轮下发时，入度为 0 的 stage 会被下发。然后按照自底向上的顺序，当已下发的 stage 的状态满足要求时，逐个下发已解决依赖关系的 stage。在 dynamic-phased 策略中，一个 stage 的下发依赖它的子节点所对应的 stage。总的来说，箭头指示了数据的流向。例如，如果从 A 指向 B，那么 A 会比 B 早下发。并且在下发 B 时，必须保证 A 已经执行结束。

例如，对于图 4-15 展示的示例，首先下发 stage 3、stage 4、stage 6 和 stage 7。只有当 stage 3 和 stage 4 都处于 FLUSHING 状态或者执行结束时，才会下发 stage 2。同样地，只有当 stage 6 和 stage 7 都处于 FLUSHING 状态或者执行结束时，才会下发 stage 5，依次类推。stage 下发的次序是 [3,4,6,7]→[2/5]→[5/2]→[1]→[0]。

值得一提的是，由于 dynamic-phased 调度方法以分阶段的方式调度，在上游 stage 执行结束后才会调度下游 stage，因此它非常适合构建增量框架，从而进一步支持自适应查询执行。在 dynamic-phased 调度方法中，上游 stage 执行结束后，stage 增量修改所需的实时统计信息也已收集完毕，提供了一个天然的阻塞点以便优化查询的执行，包括执行计划的重优化、执行参数的调整和并发度调整等。

为了更好地支持执行计划的重优化，对查询计划的所有 stage 实现增量修改是非常必要的。一方面，对于尚未执行的 stage，无须预先构造与执行相关的类，因为这些类可能会由于重优化而发生变化，过早地创建后不便于后续改变，提高了工程复杂度；另一方面，只要保证这些与 stage 执行相关的数据结构能够在合适的时间点进行构造，就不会影响 stage 的实际调度和执行。因此，增量框架解耦了 stage 之间的上下文依赖，支持 stage 的增量创建和调度，便于 AQP 场景落地和扩展。从这个角度来看，dynamic-phased 调度方法是一种可以提高收益的方法。

3. phased

不同于前两种调度方法，phased 调度方法将整个执行计划的 stage 分批下发，只有在一批 stage 都完成调度后，才开始调度下一批 stage。它有点像 all-at-once 和 stage by stage 调度的折中方案。phased 执行策略的主要做法是：首先，以每个 stage 为节点，构建有向无环图，对于远程资源，添加从当前 stage 指向上游 stage 的单向边。对于交换行为，从左到右添加从交换行为的第一个分支的各个 stage 指向第二个分支的各个 stage 的边，从第二个分支的各个 stage 指向第三个分支的各个 stage 的边……从第（N–1）个分支的各个 stage 指向第 N 个分支的各个 stage 的边（例如 union），保证一次只下发一个资源。对于 Join 操作，添加从构建（Build）端指向探测（Probe）端的边。然后，根据有向无环图计算强连通分量，每个强连通分量是一个 phase。phase 按照拓扑顺序下发，每轮下发的 phase 中必须包含源头 stage（包含 Table Scan 算子），所以单次可以下发多个 phase，对于状态为 SCHEDULED、RUNNING、FLUSHING 或已经结束的 stage，不再继续参与调度。总的来说，stage 按照自顶向下的顺序下发，按源头划分，箭头的指向表明了 stage 下发的次序。假如从 A 指向 B，那么 A 会比 B 早下发，并且在下发 B 时，必须保证 A 已经完成调度。关于如何构建有向无环图、划分 phase 和 phase 下发的次序，将通过以下 SQL 的例子来阐述。

```
select count(*) from LINEITEM a join LINEITEM b on
a.1_orderkey = b.1_orderkey key
    join LINEITEM c on a.1_orderkey = c.1_orderkey
    join LINEITEM d on c.1_orderkey = d.1_orderkey
```

对上述 SQL 构建的有向无环图，如图 4-16 所示，每个节点代表一个 stage。需要注意的是，对于 Join 操作，需要添加从构建端所在 stage 指向探测端所在 stage 的边。由于是递归地获得探测端，所以构建端可以指向多个 stage。例如，stage 4 除了指向 stage 3，还指向 stage 2 和 stage 1。按照规则，所有的边添加后，计算强连通分量，确定每个 phase 包含哪些 stage。图 4-16 包含 2 个强连通分量，即 phase 0 和 phase 1。蓝色表示由于远程资源添加的边，绿色表示由于 Join 添加的边。

在划分了 phase 之后，接下来就要确定 phase 的下发次序。需要注意的是，在图 4-16 中，得到的是由一个 stage 指向另一个 stage 的边，并不能代表 phase 的下发顺序。基于图 4-16 所示现有的边，继续生成由 phase 指向 phase 的边，用于后面求有向无环图的拓扑序（优先下发入度为 0 的 phase，之后将该 phase 及与它连接的边删除；下一个下发的 phase 为新图中入度为 0 的 phase）。具体做法是，遍历每条边，边的源头所在的 phase 指向该边的目标所在的 phase。例如，从 stage 0 指向 stage 1 的蓝色箭头，由于 stage 0 属于 phase 0，stage 1 属于 phase 1，这里会添加一个从 phase 0 指向 phase 1 的边。图中从 stage 1 指向 stage 2 的蓝色箭头，由于 stage 1 和 stage 2 都属于 phase 1，则无须添加一个从 phase 1 指向 phase 1 的边。新生成的有向无环图如图 4-17 所示。

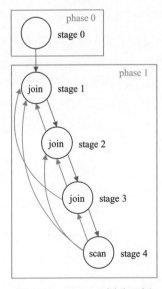

图 4-16 phased 划分示例

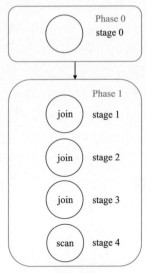

图 4-17 基于 phased 方法
新生成的有向无环图

基于图 4-17 的有向无环图，生成的拓扑序列是：phase 0 → phase 1，从 phase 0 开始下发，由于 phase 0 中不包含源头 stage，所以会继续考虑 phase 1。换句话说，在第一轮调度时，phase 0 和 phase 1 都会被下发，这里相当于 all-at-once 调度。假如 join 所在的 stage 有多个上游 stage，如图 4-18 所示，stage 3 包含两个上游 stage，那么 stage 3 的左分支可能是一个新的 phase。

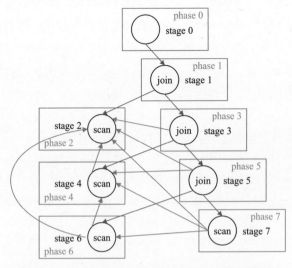

图 4-18 stage3 有两个上游时 phased 的划分示例

基于图 4-18 生成的有向无环图，如图 4-19 所示。生成的拓扑顺序变为 phase 0 → phase1 → phase3 → phase5 → phase7 → phase6 → phase4 → phase2。

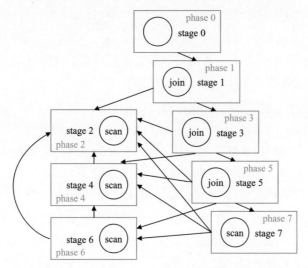

图 4-19　stage3 有两个上游时新生成的有向无环图

首先第一轮下发 phase 0、phase 1、phase 3、phase 5、phase 7（因为 phase 0、phase 1、phase 3、phase 5 中都不包含源头 stage，直到在 phase 7 才有，所以第一轮总共下发了 5 个 phase），当这些 phase 中的 stage 调度完成后，再下发 phase 6。phase 6 调度完成后下发 phase 4，最后下发 phase 2。由于添加了 Join 的 Build 端指向 Probe 端的边，保证了 Build 端的 stage 会先下发，然后再下发 Probe 端。对于连续多个 Join 出现的场景，除了添加 Build 端指向 Probe 端的边，还会添加 Build 端的子树里每个 phase 指向 Probe 端的边，指示了各个 Probe 端的下发次序。例如，除了 phase 5 本身指向 phase 4。phase 5 的所有 child 也都会指向 phase 4。phase 3 的情况类似，phase 4、phase 5、phase 6、phase 7 都会指向 phase 2，保证了 phase 6 会在 phase 4 之前下发，phase 4 会在 phase 2 之前下发。

4. 调度方法分析与改进

以上是目前羲和支持的三种 stage 调度方法，但是从下发 stage 的策略来看，三种调度方法可能都无法满足需求。

all-at-once 一次性地将所有 stage 下发，由于下游 stage 仍未准备好数据，导致有些 stage 一直处于锁住的状态，并未真正执行且占用了 CPU 资源。目前，ADB 默认在高性能模式下使用该策略。

dynamic-phased 首先将入度为 0 的源头 stage 全部下发，当源头 stage 已经结束或者处于 Flushing 时，才会考虑继续下发入度为 0 的 parent stage（当一个 stage 的依赖关系都解决时才被下发）。这种方法会导致大量的时间被消耗在数据 Shuffle 上，磁盘 I/O 频繁，从而影响查询性能。

phased 执行策略在一定程度上缓解了所有 stage 一次性下发导致不必要的资源占用问题，但 phase 的切分和下发策略还是会出现单次下发的 stage 粒度过大的问题（图 4-16），同样会出现和 all-at-once 类似的问题。

为了解决上述问题，需要对 stage 调度的策略进行调整，使得 stage 下发后不会长期被锁住，并且不会因为下发 stage 的个数过多导致查询性能下降。如图 4-16 所示，较合理的下发顺序应该是自底向上，首先下发 stage 4，当 stage 4 开始吐数据时，再下发 stage 3。同理，当 stage 3 开始吐数据时，再下发 stage 2，以次类推。stage 下发的次序为：stage 4 → stage 3 → stage 2 → stage 1 → stage 0。

为了实现这种较为合理的下发顺序，现已提出三种新方法：每次只下发一个 stage；单次下发多个 stage；按 phase 划分，phase 内优先下发源头 stage。由于篇幅有限，下面仅介绍第三种方法。

按照现在的 phased 调度方式，先划分 phase，将同时下发的 phase 组合成一个 group。在单个 group 里，按数据依赖关系，自底向上下发 stage。首先下发源头 stage，当源头 stage 有数据输出时，下发该 stage 的下游 stage。当源头 stage 执行完成时，下发下一个 group 的源头 stage。假设参数 N 为正在执行的源头 stage 个数，当 $N=1$ 时，stage 下发规则如下：下发 group i 的源头 stage，当 group i 的源头 stage 有数据输出时，下发其下游 stage；当该源头 stage 已经执行结束时，下发下一个 group，即 group$i+1$ 的源头 stage。当 $N>1$ 时，stage 下发规则如下：同时下发 group$i$,group$i+1$,…,group$i+N-1$ 的源头 stage，当 group i 的源头 stage 有数据输出时，下发其下游 stage；当 group$i+1$ 的源头 stage 有数据输出时，下发其下游 stage；当 group$i+N-1$ 的源头 stage 有数据输出时，下发其下游 stage。当 group$i$,group$i+1$,…,或者 group$i+N-1$ 的源头 stage 已经结束时，下发 group $i+N$ 的源头 stage。下面举例说明：

对于图 4-16，原来的 phased 调度，stage 下发的顺序是：

round 1：stage 0、stage 1、stage 2、stage 3、stage 4(group0)。

当 $N=1$ 时，修改后的调度顺序是：

round 1：stage 4(group0)。

round 2：stage 4 有数据输出时，下发 stage 3 (group0)。

round 3：stage 3 有数据输出时，下发 stage 2 (group0)。

round 4：stage 2 有数据输出时，下发 stage 1 (group0)。

round 5：stage 1 有数据输出时，下发 stage 0 (group0)。

当 $N>1$ 时，调度顺序不变，因为只有一个 group。

上述调度方法是对羲和现有的三种调度方法的改进。在生产环境中选择合理的调度方法是一个非常复杂且关键的问题，也会对计算引擎的查询延迟和资源消耗带来不同的影响，因此调度方法的改进将是一项长期的工作。

4.5.3　AnalyticDB 混合负载管理

计算资源的调度是从 SQL 执行的角度由 AnalyticDB 自动完成的，对工作负载和用户都是无感的。然而，在实际的生产环境中，既有资源消耗低、逻辑简单的小查询，又有资源消耗高、逻辑复杂的大查询。当这些工作负载混合在一起时，一些小查询可能会因为等待大查询释放计算资源导致出现比较高的延迟。有些业务场景对这些小查询的延迟容忍度不如大查询高。

为了解决这个问题，AnalyticDB 针对混合负载场景提供了一些针对性的优化，并为用户提供了可以实现弹性资源管理和工作负载管理的接口。本节将介绍 AnalyticDB 在混合负载场景下的查询优化，并介绍工作负载管理和资源组管理等模块，以及通过简单示例展示如何利用这些模块的协同达到负载管理的目的。

1. 基于混合负载场景的查询优化

企业数字化分析的多元化涵盖了实时的商业智能决策、实时报表、数据 ETL、数据清洗及 AI 分析。传统数据仓库方案通过组合多套数据库与大数据产品，利用各自的优势来适应不同的分析场景，导致的问题就是存在数据冗余，而且同时管理多个异构系统的代价较高。要构建完备的数据仓库，首先要解决的问题包括：如何更好地支持数据库场景下的交互式分析及大数据场景下的复杂批计算场景，如何提供一站式的混合负载场景下的服务能力。

云原生数据仓库 AnalyticDB MySQL 版从混合计算引擎和资源池混合负载隔离两个方面提供了解决方案。

1）混合计算引擎

提供交互式（Interactive）与批处理（Batch）模式，同时提供低延迟实时分析能力与大数据的高吞吐批计算能力，分别满足交互式查询与复杂离线计算场景。

（1）交互式模式。采用 MPP 架构，调度粒度为整个查询所有任务，在计算过程中采用流式计算，满足低延迟的交互式分析场景。

（2）批处理模式。采用批计算架构，通过有向无环图进行任务切分、分批调度，满足有限资源下大数据量计算，支持计算数据落盘。适用于计算量大、吞吐量高的复杂分析场景。

2）资源池混合负载隔离

AnalyticDB MySQL 版弹性版本支持资源池多租户隔离。通过一个实例，满足客户不同分析场景的资源需求。资源池之间的计算资源被物理隔离，用户可以管理分配池的资源、查询引擎模式及相关的配置等信息。查询流量可自动路由到对应的资源组中，做到用户感知最小化。也可以通过 hint 的方式，由用户指定路由到对应资源池。

同时，不同类型的工作负载具有不同的资源和性能要求。AnalyticDB MySQL 版支持工作负载管理，可通过制定一套规则体系，实现对不同负载的精细化控制。

下面将分别针对工作负载管理和资源组管理展开详细的介绍。

2. 工作负载管理

当前的 OLAP 数据库执行着多种不同类型的工作负载，这些负载既有逻辑简单的小查询，也有计算过程复杂的大查询。对于小查询，工作负载的特点是资源消耗低，执行时间短。对于大查询，工作负载的特点是资源消耗高，执行时间长。不同类型的工作负载具有不同的性能需求。在数据库内部，同时执行的查询之间共享数据库系统的 CPU、内存和磁盘 I/O 等资源。某些分析型的查询会消耗巨大的系统资源，如果不对这样的工作负载加以限制，数据库系统中并发执行的其他查询就需要等待它释放资源后才能执行，这会影响数据库系统的整体性能表现。

为了解决上述问题，AnalyticDB MySQL 版在数据库系统中设计了工作负载管理模块，通过对工作负载的控制，可以达到更精细化控制集群的目的，从而提高集群的整体执行效率。

工作负载是指在数据库中具有共同特征的查询请求的集合。可以根据不同的属性将查询划分为不同的工作负载，如查询请求源、业务优先级或性能目标等。工作负载管理是数据仓库的核心组件之一，通过监控和管理数据库的查询负载，以保障系统的稳定性，尽可能满足查询的性能指标和充分利用系统资源。谓词条件用于限制查询的属性维度，包括属性、运算符和值。多个谓词条件连用可以过滤出同一类查询，作为同一个工作负载对待。控制手段是针对查询级别的操作，包括结束查询和记录查询等。不同的控制手段代表对查询的不同控制操作。规则是工作负载管理的一种方式，每条规则可以包含多个谓词条件和控制手段。通过规则来管理系统负载，每条规则代表对一类工作负载的管理。

该模块的整体结构如图 4-20 所示。

图 4-20　工作负载管理模块的整体结构

AnalyticDB MySQL 版的工作负载管理基于一个简单的规则体系构建。一条规则由条件部分和控制部分组成，代表对一种工作负载（一类查询）的控制。条件部分由一个或多个谓词条件组成，谓词条件用于限制查询的属性维度，包括属性、运算符和值，满足所有谓词条件的查询属于同一种工作负载（一类查询）。控制部分则由一个或多个控制手段组成，这些控制手段是针对查询级别的操作，包括结束查询和记录查询。不同控制手段代表对查询的不同控制操作。用户可以设置自己需要的规则，并通过多个规则实现对不同负载的精细化控制。

3. 资源组管理

为了应对不同的工作负载，AnalyticDB MySQL 版采用了计算存储分离架构，可以对计算资源进行弹性扩缩容。资源组功能可以按需划分计算资源，不同资源组间的计算资源在物理上完全隔离。通过将数据库账号绑定到不同的资源组，SQL 任务或 Spark 任务可以根据绑定关系路由至对应的资源组进行执行，从而满足集群内部多租户、混合负载的需求。

资源组分为默认资源组和自定义资源组，其中自定义资源组又分为 Interactive 型资源组和 Job 型资源组，下面依次介绍。

1）默认资源组

默认资源组在集群创建时便存在，即 User_default。默认资源组的计算预留资源最小为 0 ACU，计算预留资源最大为集群当前未分配资源，步长为 16 ACU。默认资源组支持修改计算预留资源，但不可以删除。默认的任务类型为 Interactive，任务类型不支持修改，也不支持绑定数据库账号。

2）Interactive 型资源组

Interactive 型资源组的计算预留资源最小为 16 ACU，最大为集群当前未分配资源，步长为 16 ACU。Interactive 型资源组支持修改计算预留资源，支持删除，不支持修改任务类型，支持绑定和解绑数据库账号。这决定了 Interactive 型资源组主要支撑高 QPS 低 RT 的在线场景，使用分时弹性方式进行计算资源扩容和缩容。从支持执行的 SQL 及应用类型来看，Interactive 型资源组支持执行 XIHE MPP SQL。

除上述基本信息，为了更细致地控制查询并发数，Interactive 型资源组提供了优先级队列的管理能力。每个资源组都有自己的一组优先级队列，包括 LOWEST 队列、LOW 队列、NORMAL 队列和 HIGH 队列。用户可以设置查询的优先级，使不同的查询进入不同的优先级队列，并通过修改队列并发数来对查询进行限流或增加并发。在同一队列内部，优先级高的查询会被优先运行。资源组优先级队列的优先级范围如图 4-21 所示。

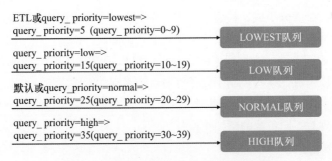

图 4-21　资源组优先级队列的优先级范围

每个查询优先级队列都可以设置最大可运行的查询数和最大排队查询数。

- 当查询优先级队列中正在执行的查询数量大于或等于最大可运行查询数时，新的查询将进入排队状态；
- 当查询优先级队列中排队状态的查询数量大于或等于最大可排队查询数时，新的查询将直接被拒绝；
- 当正在执行的查询结束时，如果有排队状态的查询，优先级高的查询则将被优先执行，同优先级的查询将按照先进先出的方式，从排队状态的查询中取出下一个查询进入执行状态。

3）Job 型资源组

Job 型资源组的计算预留资源最小为 0，计算预留资源最大为集群当前未分配的资源，计算最大资源可以大于集群未分配的资源，步长为 8 ACU。Job 型资源组支持修改计算预留资源和计算最大资源，支持删除，不支持修改任务类型，支持绑定和解绑数据库账号。此外，Job 型资源组支持配置 ThriftServer。这些基本属性决定了 Job

型资源组主要支持高吞吐离线场景，使用按需弹性进行资源的扩容和缩容。从支持执行的 SQL 及应用类型来看，Job 型资源组支持执行 XIHE BSP SQL、Spark SQL 应用和 Spark 离线应用。

合理建立并管理上述三种不同类型的资源组，可以让 AnalyticDB 在不同场景下发挥出更出色的性能。

4. 负载管理最佳实践

从工业生产的视角出发，在实际使用 AnalyticDB 的过程中，用户可以通过事前限流、事中控制异常查询和日常限流（库表查询限流）三种方法来灵活搭配前面所提到的混合负载管理模块，以达成负载管理最佳实践。

1）事前限流

事前限流是指在查询入队之前对查询进行优先级判断，从而将查询分配到相应的队列中，然后通过配置调整队列的并发数，以实现限流效果。

一种方式是通过相同 Pattern_hash 的 SQL 进行限流。AnalyticDB MySQL 版集群支持对具有相同 Pattern 的 SQL 进行限流。可以使用 wlm calc_pattern_hash 命令计算 SQL 的 Pattern_hash 并配置规则，将 Pattern_hash 相同的所有查询放入 Low 队列，然后通过修改队列的并发数进行限流。

另一种方式是对历史执行情况中满足一定条件的大型查询 SQL 进行限流。例如，创建下面的规则，将执行时间的 50 分位值大于 2000 的查询放入 Low 队列。

```
wlm add_rule
name = confine_query
type = query
action = ADD_PROPERTIES
predicate ='PATTERN_EXECUTION_TIME__P50>2000'
attrs ='{
    "add_prop": {
        "query_priority":"low"
    }
}'
```

然后通过配置修改 Low 队列的并发数达到限流的目的。默认并发数设置为 20。

```
SET ADB_CONFIG XIHE_ENV_QUERY_LOW_PRIORITY_MAX_CONCURRENT_SIZE=20;
```

2）事中控制异常查询

事中控制异常查询是指当 AnalyticDB MySQL 版集群发生严重阻塞时，为了避免 KILL ALL 语句结束全部查询导致写入任务失败，可以通过配置相应的规则来按类型结束查询。例如，可以通过 predicate='query_task_type=1' 结束所有 SELECT 查询，通过 predicate='user=testuser1' 结束某个用户的查询，通过 predicate='source_ip=10.10. XX.XX' 结束某个 IP 的查询，通过 predicate='QUERY_PEAK_MEMORY>=100' 结束使用内存超过 100 MB 的所有查询等。

3）日常限流（库表查询限流）

日常限流（库表查询限流）即对扫描到某些表或库的查询进行限流，或者对扫描到某些表或库的查询提升优先级。通过事前限流、事中控制异常查询、日常限流，并运用工作负载管理模块和资源组管理模块，合理地对不同的负载场景使用不同的策略，可以让 AnalyticDB 展现强大的性能，以满足用户的需求。

优化器关键技术

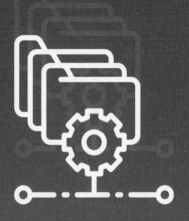

5.1 优化技术分类

在数据库中优化器是不可或缺的组件，所有的关系数据库都自带优化器组件。有关数据库的优化技术可以追溯到 20 世纪 70 年代，尽管到现在已经发展了 50 多年，但在整体的优化思路上并没有太多本质上的变化。无论在学术界还是工业界，优化器可以分为两大类：基于规则的优化器（Rule-Based Optimizer）和基于成本的优化器（Cost-Based Optimizer）。顾名思义，基于规则的优化器的实现思路是遵循一组启发式规则，该规则由数据库管理员根据自身经验制定，通常涵盖查询的结构、表之间的关系及索引使用情况，查询则根据规则集控制访问路径并基于一组预定义的规则和启发式方法来选择最优查询执行计划。基于成本的优化器利用表的统计数据和代价计算公式计算出最低成本的执行计划，在计算成本过程中，优化器会多次迭代处理数个不同的查询计划，综合计算每个查询计划的执行成本并从中选择整体成本最低的查询执行计划。具体而言，基于成本的优化器会收集关于表和列的统计信息，如行数、列数的不同值个数等，以及索引的选择性。然后，使用这些信息来估计每个可能的执行计划的成本，并选择具有最低预估成本的计划。

现代关系数据库都支持这两种不同的优化技术。例如，Oracle 数据库在早期版本中只支持基于规则的优化器，但随着数据规模和业务场景逐渐丰富，Oracle 9i 版本开始支持基于成本的优化器，并将默认优化器设置为可选，即当表存在统计数据时，优先启用基于成本的优化器。许多数据库也逐渐将基于成本的优化器作为主要优化器，而基于规则的优化器则作为优化查询的补充，这说明基于成本的优化器在数据库领域中占据主导地位。

两种优化技术并没有绝对的好坏之分，首先，针对不同的应用场景，两种优化模式会表现出不同的优劣。就基于规则的优化器而言，其实现简单、高效，通过一次 SQL 解析生成了一个执行计划。基于规则的优化器的缺点也很明显，随着时间的推移，规则集的维护开销不断增大，后期判断分支过于复杂，不易于维护。其次，规则不能随意增加，需要根据数据库管理员多年的查询优化经验来决定。有数据表明，SQL Server 在过去数十年中，优化器的规则数量以每十年 30 条的速度增长，平均每四个月才增加一条新规则。由此可见，基于规则的优化器在规则的制定上有很大难度。即便如此小心地制定优化规则，基于规则的优化器在复杂查询中仍旧表现不佳，经常会选择错误的执行计划。因此，基于成本的优化器备受数据库公司的青睐。基于成本的优化器利用表中的统计数据和成本计算公式，有根据地推测出最低成本的执行计划。基于成本的优化器的优势在于：首先，它更加智能地根据实际数据分布和统计信息做出决策，这意味着基于成本的优化器通常能够生成更高效的查询执行计划，因为它可以更好地适应不同数据的情况。其次，基于成本的优化器是一个独立的代码集，使用绑定变量和其他编码技术来帮助数据库从先前的执行中找到最优执行计划，而不是为每个提交的 SQL 执行硬解析任务，这为基于成本的优化器的实现带来了不同的挑战。例如，Oracle 9i 版本就为查询优化器引入了更激进的 SQL 内部重写，从而获取成本更低的查询计划。然而，基于成本的优化器并非万能，它需要面临的挑战历经数十年仍未得到有效解决。例如，基于成本的优化器的一个主要障碍是，对于许多查询来说，不可能探索整个搜索空间。

基于规则的优化器和基于成本的优化器是数据库查询优化的两种不同策略。虽然基于规则的优化器在早期的数据库系统中具有一定的应用，但在现代数据库系统中，基于成本的优化器通常更为有效。通过考虑实际数据统计信息和代价模型，基于成本的优化器能够更加智能地生成高效的查询执行计划，提供更好的性能。

5.2 成熟优化器模型

5.2.1 分层搜索

分层搜索（Stratified Search）技术在数据库查询优化领域具有重要地位。分层搜索技术最早可以追溯到 20 世纪 70 年代，该技术首次在 System R 中引入。后来众多的数据库在查询优化器的实现方面大都借鉴了 System R 的思想。本节将深入探讨分层搜索技术的原理和方法。

分层搜索的基本思想是将复杂的查询执行计划空间划分为多个较小的子空间，从而降低搜索过程的复杂度[23]。这种分层方法使优化器可以在粗略的层级上进行快速的搜索和筛选，然后根据成本估算等信息逐渐细化计划。分层搜索可以粗略地分为两个阶段：查询重写和查询计划动态优化。在查询重写阶段，优化器会将逻辑查询计划改写为另一个等价的查询计划。改写通常会根据启发式规则执行，如谓词下推和投影下推等。这一阶段的重写不会涉及成本的计算。一旦查询重写完成，优化器将使用动态规划方式将逻辑计划映射为物理计划。从初始层级开始，优化器会根据成本估算等信息选择一些有"前途"的候选执行计划，这些候选计划会被传递到下一个更细致的层级。在每个新的层级中，优化器都可以引入更复杂的操作、更多的连接路径及额外的物理属性（如是否要求对数据进行排序）等。这样逐步细化的过程可以逐渐缩小搜索空间，更加精确地探索可能的执行计划。在物理计划搜索空间中，优化器会根据策略枚举物理执行计划并估算每个计划的执行成本。这个过程在每个层级中重复进行，从而逐步选择最优的执行计划（最低成本的执行计划）。System R 中的枚举策略为左深树，即只递归地枚举查询计划树中的左子树部分。该策略的优点是能在实际项目中表现出良好的性能，缺点是很难保证产生的执行计划就是全局最优计划。

因此，在 Postgres 项目中采用了随机算法枚举计划空间。其优点是随机地在搜索空间中跳跃可以使优化器跳出局部最小值，并且由于不用维护历史信息，从而使内存开销最小化。但随机算法的缺点也很明显：很难确定为什么数据库选择这样一个计划，同时必须有额外的工作来保证查询计划的确定性。在枚举过程中，最重要的一点是要确定枚举的结束条件，如果不为枚举策略设置一个停止阈值，则消耗的时间将无法预估。对于一个几秒就能获得结果的查询，如果枚举计划在优化阶段需要数十秒，这显然不是优化器的目的。通常，枚举的结束条件有三种设置方式：（1）设置时间阈值，当枚举时间达到阈值时停止枚举；（2）设置成本阈值，当枚举的查询计划成本满足阈值时停止枚举；（3）枚举整个计划空间。一般而言，第三种枚举结束条件只针对简单查询的情况。

通过上述对分层搜索的介绍不难看出，分层搜索具有以下三大缺点：（1）无法确定转换规则的优先级，当多个转换规则都匹配时，优化器难以选择最有效的规则；（2）如果不进行多重成本估算，有些转换难以评估其有效性；（3）维护规则集是一个巨大的痛点，通常一条规则可能会提高查询性能，但也有可能使查询计划变得糟糕。

总而言之，通过分层搜索的方法，优化器可以在不完全探索所有可能性的情况下，快速找到高质量的物理执行计划。这种技术在优化器中已被广泛应用，以提高查询优化的效率。

5.2.2　统一搜索

统一搜索（Unified Search）技术在数据库优化领域同样起着重要作用。与分层搜索不同，它将逻辑计划重写和逻辑计划转换为物理计划这两个过程合并到一个阶段中，因此被称为统一搜索。接下来，将以 Volcano/Cascades 框架为切入点进行详细介绍。统一搜索的查询优化器已经有很多示例说明，下面本文将参照文献①中的思路进行说明。

统一搜索是数据库查询优化器中一种寻找最优执行计划的方法，其核心思想是将查询优化过程被分解为一系列的转换和规则，并构建一个统一的查询执行计划空间[24]。统一搜索最早在 Volcano/Cascades 框架中引入。在详细介绍统一搜索的核心思想之前，先简单介绍 Volcano/Cascades 中的几个基础概念[100]。

（1）运算符。运算符（Operator）包括逻辑运算符（Logical Operator）和物理运算符（Physical Operator）。逻辑的和物理的执行计划以查询计划树的形式表达，树中的每个节点表示一个运算符。运算符指代一个 SQL 操作，如 Join、Filter。在逻辑层面，它对应逻辑运算符；在物理层面，每个逻辑运算符的物理实现算法对应物理运算符；逻辑计划对应逻辑运算符，物理计划对应物理运算符。

（2）表达式。表达式（Expression）是一种带有零个或多个输入表达式的运算符。同样地，表达式也可分为逻辑表达式（Logical Expression）和物理表达式（Physical Expression）。为了方便读者理解，下面给出一个实际的例子。假设有 SQL 语句：

```
SELECT * FROM S, R, T WHERE S.key = R.key AND T.key = S.key;
```

则有逻辑表达式 $(S \bowtie R) \bowtie T$ 和物理表达式 $(S_{\text{Seq}} \bowtie_{\text{HJ}} R_{\text{Seq}}) \bowtie_{\text{NL}} T_{\text{Idx}}$。可以看到，逻辑表达式只是表示数据库要执行的操作，并没有具体指明每个操作符的物理实现方式。而物理表达式指明了每个操作符的物理实现。例如，对于表 S 采用顺序扫描的方式获取数据，而对于表 T 则使用索引的方式获取数据。通常来说，逻辑表达式和物理表达式是一对多的关系，即一个逻辑运算符由多个等价的物理运算符实现。

（3）组。组（Group）是产生相同输出的逻辑等价的逻辑表达式和物理表达式的集合，如图 5-1 所示。

图 5-1 组

---

① CMU DATABASE GROUP. Query Optimizer 2: CMU 15-721 Advanced Database Systems[EB/OL]. Carnegie Mellon University, 2020[2025-01-13].

在图 5-1 中，对于 SRT 三表连接，用 $[SRT]$ 表示三表连接的结果，则 ABC 的所有等价逻辑表达式及物理表达式的集合为一个组。

（4）多表达式。多表达式（Multi-Expression）是组的优化情况，优化器不是显式地实例化组中所有可能的表达式，而是隐式地将组中的冗余表达式表示为多个表达式，如图 5-2 所示。通过这种方式可以减少转换次数、内存开销及重复的成本估算。

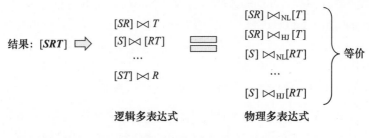

图 5-2　多表达式

（5）规则。规则（Rule）是一个将表达式转换为逻辑等价表达式的过程，包括转换规则（Transformation Rule）和实现规则（Implementation Rule）。前者表示从逻辑表达式到逻辑表达式的转换（如 $[S\bowtie R]\bowtie T$ 转换为 $S\bowtie[R\bowtie T]$），后者表示从逻辑表达式到物理表达式的转换（如 $[S\bowtie R]\bowtie T$ 转换为 $[S_{Seq}\bowtie_{HJ}R_{Seq}]\bowtie T_{Idx}$）。每个规则又包含以下属性：

- Pattern：定义能够匹配该规则的逻辑表达式的结构；
- Substitute：定义规则应用后的结构。

图 5-3 给出了 Pattern 和 Substitute 的例子。

（6）Memo Table。在搜索过程中会产生大量不同的 operator/expression/group，以及它们组成的各种等价执行计划，为了防止出现循环并重复搜索已经遍历过的 operator/expression/group，需要在搜索过程中记录所有已经执行过优化阶段的 operator/expression/group 并消除重复数据。因此，Memo Table 的作用便是记录在搜索过程中已经遍历过的所有 operator/expression/group。Memo Table 可以采用图结构或哈希表，等价的算子及其对应的执行计划分组存储在一起，用于提供重复检测、属性和成本管理。

从本质上说，查询优化是一个复杂的搜索问题，需要在一个搜索空间中找到一个最佳执行计划。而搜索空间由这条 SQL 所有可能的执行计划组成。Volcano/Cascades

中的搜索空间本质是一系列组，顶层的 top group 作为 final group 计算最终的输出，如图 5-4 所示。

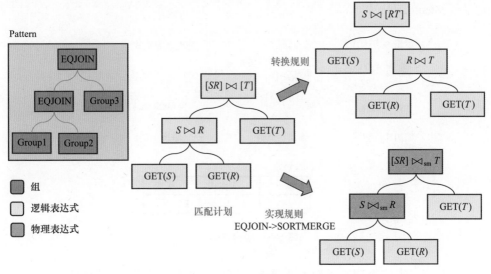

图 5-3　Pattern 和 Substitute

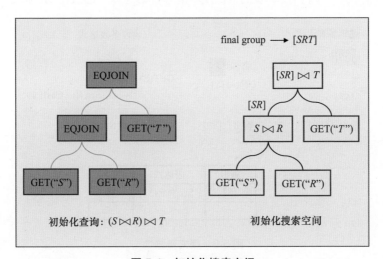

图 5-4　初始化搜索空间

在完成初始化后，优化器会根据 Pattern 匹配表达式，这里匹配到 *SRT* 三表 Join 操作。在找到匹配表达式后，根据特定的规则将其转换为等价的物理表达式，即最终的物理执行计划。在转换过程中，优化器会自顶向下寻找出每个组中成本最低的算子。如图 5-5 所示，[SRT] 可以看作一个组，其包含数个等价的逻辑表达式和物理表达式。在第一次搜索中确定了扫描 S 表的最低成本的物理实现（顺序扫描）并将其记录至 Memo Table 中。

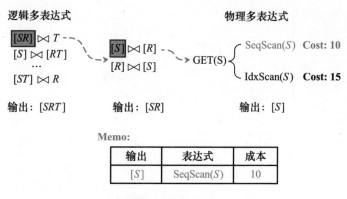

图 5-5　搜索步骤一

在确定 S 表的物理算子后，需要进一步确定 R 表的最低成本的物理算子，如图 5-6 所示。同样，将扫描 R 表的最低成本的等价物理算子记录在 Memo Table 中。

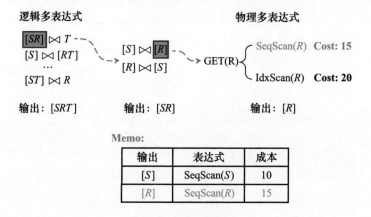

图 5-6　搜索步骤二

在完成 S、R 表的物理算子后，需要确定 $S \bowtie R$ 的最低成本的 Join 方式，这里可以将 [SR] 看作一个组并从中查找最低成本的 Join 方式，如图 5-7 所示。在确定 $S \bowtie R$ 之后，便回退到上一层组中继续搜寻 [SRT] 的最优输出。

由于在前面步骤中已经确定了 $[SR]$ 的最优执行计划，因此求解 $[SRT]$ 的最优解只需要确定 $[T]$ 的最低成本的读取数据的物理算子，如图 5-8 所示。

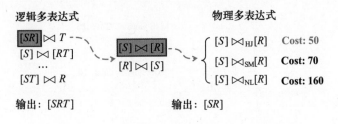

图 5-7 搜索步骤三

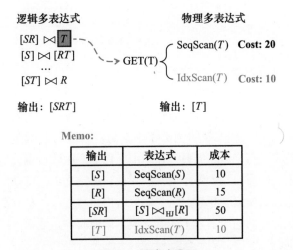

图 5-8 搜索步骤四

完成以上步骤后，可以确定 $[SR] \bowtie [T]$ 的最优执行计划。但对于 $[SRT]$ 这个组，还有许多等价的逻辑表达式。这些表达式的搜索步骤与上述相同，在完成所有等价表达式的搜索后，可以最终确定 $[SRT]$ 的最优执行计划。整个过程会一直迭代执行，直至找到最优执行计划，如图 5-9 所示。

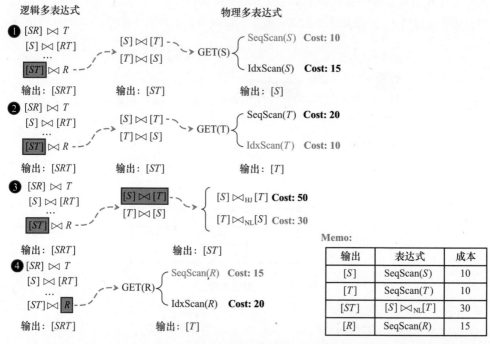

图 5-9　搜索步骤五

通过上述对 Volcano/Cascades 执行过程的介绍，可以清楚地理解统一搜索技术。统一搜索将逻辑表达式和物理表达式划分为一个组，并通过特定规则自顶向下地搜索每个组的最优物理实现。同时，在搜索过程中记录已经处理过的组并最终产生一个整体最优的物理执行计划。从上面的例子不难看出，当涉及多表查询时，Pattern 会匹配更多的逻辑表达式，与之对应的便是在组上应用的规则数量也会呈指数级增长。因此，在搜索过程中同样需要设置停止搜索的阈值。通常来说，可以设置三种方式的阈值：（1）时间阈值，当搜索时间超过这个阈值时停止搜索；（2）成本阈值，当搜索过程中已经记录的执行计划的成本大于或等于成本阈值时停止搜索；（3）已经对所有组应用所有转换规则。

相比分层搜索，统一搜索是自顶向下的过程，解决了分层搜索无法确定规则优先级和规则难以维护的缺点。统一搜索将逻辑表达式和物理表达式统一作为组的元素，将表达式转换过程看成一个整体步骤，同时将规则和表达式转换进行解耦，方便对优化器进行扩展（只需添加转换规则即可）。

5.3　深入 CBO

5.3.1　代价模型与参数估计

前文介绍了如何通过枚举查询计划空间，排除开销过大的查询计划，得到较为优化的查询计划。不过，最终筛选出的查询计划的优劣不仅依赖枚举查询计划空间使用的搜索方法，还依赖优化器对执行查询计划所需开销的准确估计，这就需要优化器对数据库当前的数据分布、数据状态和硬件环境等因素进行准确的建模。因此，引申出了两个关键问题：优化器用于衡量查询计划执行开销的代价模型和评估算子处理与生成元组数量的参数估计。

查询优化器需要将可能影响查询计划执行代价的各种因素考虑进去，进而达到尽可能全面、准确地度量一个查询计划的代价。因此，代价模型会组合大量的代价因子，并为每个因子添加一个代价系数，通常使用下面公式表示：

$$\text{Cost}(O) = c_1 \cdot f_1 + c_2 \cdot f_2 + \cdots + c_n \cdot f_n \tag{5-1}$$

式中，O 表示算子；f_i 表示代价因子；c_i 表示代价系数（$i=1,2,\cdots,n$）。

代价模型通常包含三个方面的代价因子，一是物理代价，如预测查询计划的 CPU、I/O、内存开销、缓存命中率和跨节点通信等物理因素；二是逻辑代价，如每个算子生成的结果集大小；三是算法开销，如实现算子算法的复杂度。优化器根据代价模型估算查询计划中每个算子的执行代价，并将它们的执行代价相结合得到整个查询计划的代价。不同类型的数据库由于适用的硬件环境不同，各组件设计不同，使其优化器代价模型包含的代价因子，以及每个代价因子的代价系数也不相同。下面将从磁盘数据库、内存数据库、云数据库三个典型数据库形态入手，简要介绍代价模型的设计范式。

磁盘数据库将大量数据存储在磁盘中，从磁盘中读取、写入数据的效率相比从内存和 CPU 缓存中读取、写入数据的效率存在数个数量级的差距，因此 I/O 代价占查询计划总代价的主导地位。因此，早期的磁盘数据库的代价模型通常只考虑 I/O 代价，以降低查询的 I/O 作为唯一的优化目标。磁盘等持久化设备是块存储设备，是以数据块为单位进行操作的，因此 I/O 代价由查询访问的数据块数量 f_1 和访问一个数据块的代价 c_1 决定。需要注意的是，由于块存储设备随机访问和顺序访问的代价存在明显差异，因此需要在代价模型中以不同的代价因子进行区分。以 PostgreSQL 数据库为例，其代价模型通过两个代价因子 seq_page_cost 和 random_page_cost 区分顺序与随机页面访问，且默认设置 seq_page_cost 为 1，random_page_cost 为 4，表示页面随机访问开销为顺序访问开销的 4 倍。

随着硬件性能的不断提高，固态硬盘、大内存、多核处理器等硬件的应用使数据库系统执行查询的代价发生了变化。固态硬盘提高数据库 I/O 带宽，降低读取一个数据页面的访问延迟；大内存提高了数据驻留在内存中的能力，数据库访问热数据时不一定发生磁盘 I/O；多核处理器为数据库提供了同时执行多个查询的并发能力，使数据库处理数据的能力得到显著的提高。因此，当前磁盘数据库不再将 I/O 代价作为优化器代价模型的唯一指标，而将 CPU 处理元组、索引、函数调用等代价一并考虑。例如，PostgreSQL 的代价模型中包含 cpu_tuple_cost、cpu_index_tuple_cost 和 cpu_operator_cost 代价因子，分别表示处理一条元组的代价、处理一条索引记录的代价和执行每个操作或功能函数的代价。

随着内存大小进一步增加，逐渐出现了内存数据库，即假设内存中能够存储全部的数据集，磁盘仅持久化日志，内存与磁盘之间并不发生数据传递。因此，在该硬件环境下，内存数据库优化器的代价模型不再包含 I/O 代价，而是将 CPU 缓存与内存访问的代价包含进来。文献［25］提出使用缓存命中率与缓存访问延迟来衡量内存访问的代价：

$$\text{Cost}(\text{Mem}) = \sum_{i=1}^{N} (M_i^s L_{i+1}^s + M_i^r L_{i+1}^r) \ (i=1,2,\cdots,N) \tag{5-2}$$

式中，M_i^s 和 M_i^r 分别表示第 i 层缓存顺序或随机读取时的缓存命中率；L_{i+1}^s 和 L_{i+1}^r 分别表示第 i 层出现缓存未命中时，顺序或随机读取第 $i+1$ 层缓存时的延迟。

传统的代价模型主要用于评估在特定机器上运行查询所需要的时间和占用的物理资源。在云数据库环境下，用户不仅会考虑查询的性能，也会考虑完成查询所需要的经济开销，传统的代价模型并不能提供这两方面的预测。文献［26］提出双目标查询代价模型，对云厂商的收费策略进行建模，包括现收现付方式和其他与虚拟机特性和预订时间相关的定价机制。双目标代价模型通过集成这些收费策略，并和代价模型预估的查询执行时间相结合，对执行查询所需要的经济成本进行预估。

不同数据库的代价模型在一定程度上反映了数据库的硬件环境、系统瓶颈及应用场景。要想准确地计算查询计划的代价，不仅需要准确的代价模型，而且需要准确地估算代价模型中每个代价因子的代价系数，因此需要准确估计每个算子处理与生成的元组数量。这就引出了参数估计问题。

最基础的参数估计问题是算子的选择率，即一张表中满足查询谓词的元组占比。通常情况下，算子的选择率取决于三个因素：一是数据访问的方法，如是否使用索引；二是元组属性值的分布；三是查询所用的谓词。如果数据库存储数据集某个属性完整的数据分布，则可根据谓词条件准确地返回符合条件的元组数量，但是由于数据在不断更新，对数据分布进行组织、管理和计算需要较大的开销。因此，数据库通常采用近似的方法，对查询谓词选择率进行估计，比较常见的方法是直方图（Histogram）、概要（Sketch）和抽样（Sampling）。本节介绍直方图和概要方法，抽样方法将在 5.3.2 节中详细介绍。

1. 直方图

直方图通过将属性值按照约束规则进行划分构成若干个桶，每个桶维护不相交的子集，为查询提供近似的数据值与频度。直方图将属性取值集合的统计信息合并成若干个桶，仅维护少量桶的统计信息，降低存储与计算开销，并提供近似的选择率计算结果。以图 5-10 为例，直方图按照取值范围将属性值划分为 5 个不相交的区间，横轴表示每个区间的取值范围，纵轴表示数据在不同取值区间的频度。

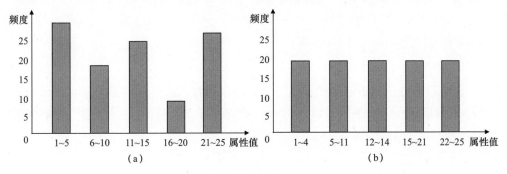

图 5-10　直方图示例

图 5-10（a）所示的直方图称为等宽直方图（equi-width），将数据划分至等宽的区间中。如图 5-10（b）所示，还有另一类等深直方图（equi-depth），通过调整数据的划分区间，保证每个区间的纵坐标相同，表示每个区间拥有相同的数据频度。因此，等深直方图不存储每个区间的取值，而是存储每个区间的边界，外加直方图的深度。通常情况下，基于频率的等深直方图比等宽直方图具有更准确的参数估计和更低的空间开销。

以上是最常见的直方图形式，将属性值划分为不同的区间，并对区间内属性值的频度进行统计，根据不同的划分方式（等宽、等深）建立直方图。这种以属性值为横轴、频度为纵轴的直方图，适用于支持估计属性值频率或属性区间频率等查询，如果需要查询数据的其他分布性质，则需要根据查询特征建立合适的直方图。比如，可以按照频度对数据进行划分，每个分区的统计信息可以为累积频度，直方图划分分区的依据也不只有等宽和等深，还存在 V-optimal 和 Max-diff 划分方式。接下来从分区类别、排序参数、源参数和分区约束四个方面对直方图进行分类[27]。

1）分区类别

顺序排列分区是最常见的分区方法，直方图按照排序参数将每个分区按顺序放置，且每个分区覆盖的区间互不相交。例如，如果直方图使用属性值对分区进行划分，则根据分区边界的属性值大小按顺序排放分区。

末端偏置分区属于顺序排列分区的子集，在顺序排列的基础上，要求至少存在一个分区仅包含一个元素，根据大小放置在直方图的首尾两端，有利于特殊值的查询，其余数据依然按照顺序排列分区的方式进行划分。

2）排序参数

排序参数表示直方图标识划分的区间及按照顺序排列时的参数，直方图中全部分区的排序参数值构成了一个连续的范围，常见的有属性值（V）、频度（F）和面积（A）。如果直方图采用属性值 V 作为排序参数，分区的区间由属性值标识，则直方图中全部分区的属性值区间就构成了一个连续的范围。

3）源参数

源参数和分区约束一起构成直方图划分的规则，源参数用于表示在分区约束下，以何种参数对直方图进行划分。常见的源参数有属性值、频度、面积及累积频度（C）。

4）分区约束

分区约束表示在源参数作用下，以何种度量方式对直方图进行划分。常见的分区约束如下所示。

（1）Equi-sum。在具有 β 个分区的等和直方图中，每个分区的源参数取值之和等于直方图中所有源值之和的 $1/\beta$。如图 5-10（b）所示的等深直方图，源参数为频度，将数据分为 5 个分区，每个分区均有相等的数据频度。

（2）V-optimal。源参数的加权方差最小化，即将 $\sum_{j=1}^{\beta} n_j V_j$ 最小化，其中 n_j 表示第 j 个分区中记录的数量；V_j 表示第 j 个分区中源参数值的方差。

（3）Max-diff。根据排序参数对数据进行排序，记录相邻两个数据的源参数值之差，获取差值最大的前 $\beta-1$ 个数据的位置，以此为划分点，将数据划分至 β 个桶内。

2. 概要

在许多优化场景下，查询优化器需要获取到一列属性值的统计信息以支持优化器对查询执行成本的估计，如不同值的数目或者每个属性值的频度。如果每次都需要访问完整的数据集获取统计信息，显然会导致严重的性能问题。因此，数据库系统采用概要（Sketch）的方式，利用向量或矩阵维护不同的统计信息，将对数据的访问与计算转化为对各种概要数据结构的查找，提供近似值的同时，降低统计操作存储与计算的开销。根据功能的不同，常见的概要数据结构[28]有布隆过滤器（Bloom Filter）、计数器（Count-Min-Sketch）和基数估计（HyperLogLog）。

当一个查询需要判断某个元素是否存在时，对有序数据集来说可以进行二分查找，或者通过使用哈希表、平衡树等数据结构加速判断，但是上述方法会带来较大的存储和计算开销。布隆过滤器通过使用比特数组压缩表示集合中包含的元素，采用较少的存储空间和高效的位运算即可判断元素是否存在。

布隆过滤器维护一个 m 位大小的位数组，初始状态取值为 0，同时维护 k 个不同的哈希函数 $h_i(1 \leqslant i \leqslant k)$。对每个元组属性值 x，经过哈希函数计算得到 k 个哈希值 $h_i(x)(1 \leqslant i \leqslant k)$，将位数组对应的比特位置 1。当判断属性值 x 是否已保存在布隆过滤器中时，则只需判断哈希值 $h_i(x)(1 \leqslant i \leqslant k)$ 对应的比特位是否均为 1。如果不全为 1，则说明 x 不在布隆过滤器中（之前未出现）；如果全为 1，则说明有较大概率在布隆过滤器中（可能存在误判）。

以图 5-11 为例，布隆过滤器维护一个大小为 10 的位数组和 3 个不同的哈希函数，数据 x_0 和 x_1 经过 3 个哈希函数处理后，分别得到哈希值 1,4,9 和 4,5,8，因此将位数组的第 1、4、5、8、9 位置为 1。当查询需要判断数据 y_0 和 y_1 是否在集合中时，则进行与插入相似的过程。首先使用哈希函数进行处理，分别得到哈希值 0,4,8 和 1,5,8，判断位数组第 0,4,8 位是否为 1，结果第 0 位非 1，则认为数据 y_0 不在集合中；判断数组第 1,5,8 位是否为 1，结果全为 1，则认为数据 y_1 在集合中。

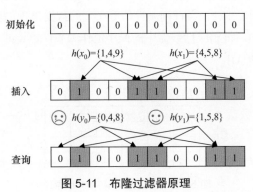

图 5-11　布隆过滤器原理

从上述理论与示例中可以得出结论：使用布隆过滤器判断集合是否包含某个数据，如果判断为不包含，则数据一定不在集合中；如果判断为包含，则有可能出现误判。因此，设计一个有效布隆过滤器的关键因素是降低误判率。接下来，通过建立误判率模型，探讨在给定集合大小下如何合理设计布隆过滤器。

设 n 是存储在布隆过滤器中不同元素的数量，m 是布隆过滤器数组大小，k 是哈希函数的个数，假设哈希函数对任何元素的哈希结果完全随机，则有下述结论：

- 布隆过滤器的误判率近似为：$(1-e^{-\frac{kn}{m}})^k$；

- 哈希函数个数最优取值为：$k = \ln y \cdot \left(\dfrac{m}{n}\right)$。

如果 m/n=10 且 k=7，则误判率近似为 0.819%；如果 m/n=20 且 k=7，则误判率近似为 0.0196%。0.0196% 已经是很低的数值，可满足大多数应用场景。当结果误判不会在计算中引入错误，且不会对系统的整体性能产生较大不利影响时，布隆过滤器具有非常好的应用前景。

针对查询谓词选择率问题，查询优化器经常需要判断某个属性取值在数据集中出现了多少次。最基础的方式是，为每个属性取值维护一个计数器，对每个元素对应的计数器加一，遍历结束后得到精确的元素计数。上述基础方法的问题在于，若为每个属性值都维护一个计数器，则存储开销过大，一旦超出内存空间需要访问磁盘，就会造成严重的性能下降。Count-Min-Sketch 通过维护一个二维数组作为计数器，显著降低了存储开销，且保证了计数器的准确率。

如图 5-12 所示，Count-Min-Sketch 维护一个 $m \times n$ 大小的二维数组 $C[i][j]$ $(1 \ll i \ll m, 1 \ll j \ll n)$ 作为计数器，初始值为 0，其中 m 表示哈希函数的数量，n 表示哈希表的大小。对于每个元组的属性值 x，通过哈希函数获取哈希值 $h_i(x)(1 \ll i \ll m)$，将对应计数器 $C[i][h_i(x)](1 \ll i \ll m)$ 的计数值增加常数 c，通常情况下 c=1，表示属性值出现的频度加 1。当查询属性值等于 x 的数据出现的频度时，通过计算哈希值 $h_i(x)(1 \ll i \ll m)$，将相应计数器中的最小值作为属性值 x 的数据出现的频度，即 $f(x) = \min_{1 \ll i \ll m} C[i][h_i(x)]$。

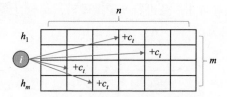

图 5-12　Count-Min-Sketch 原理

通过上述算法描述，可以发现 Count-Min-Sketch 和布隆过滤器一样，对输入进行压缩表示，在减少存储开销的同时，快速获取近似值，但会损失一些准确率。对于布隆过滤器，查询结果是二元的，因此存在假阳性；对于 Count-Min-Sketch，查询结果是频度，存在夸大结果的可能性。

Count-Min-Sketch 估计数据频度的质量取决于计数器的大小。在假设哈希函数对任何元素的哈希结果完全随机的前提下，二维数组每增加一行，计数器错误估计的概率减半，每增加一列，计数器对数据频度估计值的噪声比例减半。如果两个属性值的哈希结果存在冲突，则在该哈希函数对应的行计数器取值为二者频度之和，会使估计结果偏大。Count-Min-Sketch 对频度较小的数据计数可能存在较大的误差，但能保证频度较大的数据计数的准确性，因此非常适合跟踪超过阈值的热点数据的频度。

另一个常见的问题是估计一个集合中不同元素的数量，也称基数估计问题。最基础的方法是，对整个数据集维护一个集合，对每个数据 x 进行判断是否存在集合中，若不存在，则将其加入集合中；若存在，则跳过。但该方案在数据量较大时存在严重的问题，一是存储空间过大，空间花费随不重复元素数量呈线性增长；二是查询时间较长，对每个到来的元素需要判断是否已经在集合中，当集合较大时，查询时间无法忽略。HyperLogLog 基数估计算法使用哈希函数，利用数据哈希值的二进制串进行基数估计，避免维护集合数据结构，降低了存储与计算开销。

HyperLogLog 算法使用哈希函数 $h(x)$ 计算得到一个长度为 n 的二进制串，从左到右遍历二进制串，找到第一个"1"出现时遍历过的比特数 k。在遍历全部的元素后，得到最小值 $k_{\min}$。则集合中不同元素的数量近似为 $2^{k_{\min}}$。

上述是基础的 HyperLogLog 算法，流程十分简单，其理论核心思想可以使用伯努利方程进行解释。算法假设哈希函数对任何元素的哈希结果完全随机，因此每次对元素进行哈希得到的哈希值可看作一次抽取随机数的过程。相应地，对每个哈希值统计第一个"1"出现的位置 k，可以看作抛硬币连续 k 次正面朝上，其概率为 $1/2^k$。由于取值相同的元素哈希值相同，因此重复出现不会对结果产生任何影响。因此，HyperLogLog 算法过程等价于一共进行 n 轮抛硬币，每轮直到硬币反面朝上才结束，记录每轮抛硬币的次数 $k_i (1 \leqslant i \leqslant n)$。抛硬币结束后，得到最小值 $k_{\min} = \min_{1 \leqslant i \leqslant n} k_i$，使用 $2^{k_{\min}}$ 作为 n 的估计值。则有下述推论：

- 连续抛 n 轮硬币，每轮抛硬币次数均不大于 $k_{\min}$ 的概率为 $P_1 = (1 - 1/2^{k_{\min}})^n$。
- 连续抛 n 轮硬币，每轮抛硬币次数至少有一次等于 $k_{\min}$ 的概率为 $P_2 = 1 - (1 - 1/2^{k_{\min}-1})^n$。

显然，当 $n \gg 2^{k_{\min}}$ 时，P_1 趋近于 0；当 $n \ll 2^{k_{\min}}$ 时，P_2 趋近于 0。同样地，当 $n \gg 2^{k_{\min}}$ 时，得到 $k_{\min}$ 的概率也趋近于 0，n 应该更小；当 $n \ll 2^{k_{\min}}$ 时，得到 $k_{\min}$ 的概

率也趋近于 0，n 应该更大。因此 $2^{k_{\min}}$ 可以用来作为 n 的估计。

基础的 HyperLogLog 算法仅采用第一个 "1" 出现的位置这一单一估计量进行基数估计，结果不确定性较大，容易导致出现较大的误差。因此，HyperLogLog 采用分桶技术和调和平均数对基数估计结果进行优化。

将哈希空间划分为等区间且不相交的 m 个桶，如可将每个哈希值高位的若干位作为桶索引，剩余的低位用来计算第一个 "1" 出现的位置 k。当遍历完全部元素后，对每个桶 $i(1 \leq i \leq m)$，采用基础的 HyperLogLog 算法计算桶内 k 的最小值，记为 $k_{i_{\min}}$。再由调和平均数计算公式，计算最终的 $k_{\min} = \dfrac{m}{\sum_{i=1}^{m} 1/k_{i_{\min}}}$。则得到集合中不同元素的数量的估计值 $2^{k_{\min}}$。

5.3.2 动态抽样

通常情况下，查询优化器根据数据库系统已经保存的与查询相关的表和属性的统计信息，生成优化的查询执行计划。例如，可以使用直方图估计查询谓词的选择率，同时使用基数估计（HyperLogLog）来估计表中某个属性的取值基数。但是在一些情况下，由于部分 SQL 语句包含复杂的表达式，查询优化器无法根据现有的统计信息生成足够优化的查询执行计划，导致查询性能较差。查询示例如下。

```
SELECT *
FROM CUSTOMERS
WHERE cust_city = 'HangZhou'
AND cust_province = 'Zhe Jiang';
```

当优化器分析该查询语句时，如果没有足够的统计信息，则优化器会假设 cust_city 和 cust_province 两个属性相互独立，不存在相关性。因此，优化器会分别估计谓词 cust_city = 'HangZhou' 与 cust_province = 'Zhe Jiang' 的谓词选择率 S_1 和 S_2，并以 $S_1 \times S_2$ 作为该查询的选择率。显然，由于城市和省属于包含关系，二者呈现完美的相关性，实际上以上查询真实的选择率等于 S_1，优化器估计的选择率远低于真实值。

为了解决查询谓词涉及多个属性且属性间不满足独立性假设的问题，需要判断属性间的相关性及谓词选择率的情况。可以使用多维直方图来建立多个属性的统计信息，以便优化器确定多个选择谓词下查询的选择率。但是，直方图不适宜在查询优化时临时建立，需要提前由数据库系统按照需要建立，并且直方图在面对数据库更新且属性值发生偏移时，准确率会明显下降。总而言之，直方图缺乏足够的灵活性且维护开销较高。

目前，主流的商业数据库，如 Oracle，当统计信息不足以获得高质量的参数估计时，通过引入动态抽样技术，在查询优化期间主动收集相关属性的基本统计信息，使优化器能够准确估计选择、连接等查询的基数，并生成接近最优的查询执行计划。

在查询优化面对的一系列问题中，影响复杂查询性能的显著因素是关系连接的顺序。查询优化器通过估计不同连接顺序生成的中间结果大小，选择执行代价最小的连接顺序并生成相应的查询计划。显然，如何能够准确、快速地找到最优连接顺序，一方面取决于对计划空间的搜索策略，另一方面取决于对两个表连接产生中间结果大小的估计。

本节重点介绍动态抽样技术，分析相应技术的优缺点，并简要介绍如何使用动态抽样技术估计两表等值连接的结果大小[29]。首先，对抽样和估计两表等值连接结果大小的问题做形式化定义。

假设存在两张表 T_1、T_2，两张表的元组集合分别为 F_1、F_2，两张表的连接属性为 V，属性 V 的值域为 $[V]=\{1,2,\cdots,u\}$，$F_1(v)$、$F_2(v)$ 分别表示表 T_1 和 T_2 中连接属性取值为 v 的元组集合，其中 $v\in[V]$，$|F_1(v)|$、$|F_2(v)|$ 分别表示两张表连接属性取值为 v 的元组数量，$F_1^v=(|F_1(1)|,|F_1(2)|,\cdots,|F_1(u)|)$ 表示表 T_1 在连接属性 V 上的频度向量。S_{T_1}、S_{T_2} 分别表示对两个表的抽样元组构成的集合，p_1、p_2 分别表示两个表中每个元组被抽样的概率。

两张表 T_1、T_2 连接后的大小为 $J=|F_1\times F_2|=F_1^v\cdot F_2^v$。采用动态抽样估计两表连接的大小，即通过 $J_S=|S_{T_1}\times S_{T_2}|$，保证均值与方差在合理取值范围内的前提下，估算 J 的大小。下面介绍抽样方法。

1. 独立伯努利抽样

独立伯努利抽样是最简单的抽样方法，算法从表中以相等的概率 p 独立地抽样每个元组。X_{ij} 是伯努利随机变量，则有

$$X_{ij}=\begin{cases}1, & t_i\in S_{T_1}\wedge t_j\in S_{T_2}\\0, & \text{其他}\end{cases}\tag{5-3}$$

则 $E(J_S)=J\cdot p_1p_2$。设 $\hat{J}=J_S/p_1p_2$，则 $E(\hat{J})=E(J_S/p_1p_2)=E\left(\dfrac{|S_{T_1}\times S_{T_2}|}{p_1p_2}\right)=J$。因此，可以使用 $\dfrac{|S_{T_1}\times S_{T_2}|}{p_1p_2}$ 近似估计两表连接 $|F_1\times F_2|$ 的大小。

而独立伯努利抽样方法估计两表等值连接结果大小的方差为[30]

$$\text{Var}(\hat{J}) = \sum_{v \in V} F_1(v) F_2(v) \left[\left(\frac{1}{p_1 p_2} - 1 \right) + (F_1(v) - 1) \left(\frac{1}{p_2} - 1 \right) + (F_2(v) - 1) \left(\frac{1}{p_1} - 1 \right) \right]$$

$$(5\text{-}4)$$

独立伯努利抽样的优点在于算法实现十分简单，且对数据库系统不做假设。但是缺点在于，当抽样概率 p 较小且非频繁数据较多时，由上述方差公式可知，估计结果的方差由 $1/p_1 p_2$ 支配，导致估计值方差较大，影响估计的效果。

2. 末端偏置抽样

末端偏置抽样对参与连接的表 T_1、T_2 分别分配一个参数 k_1、k_2，每个连接属性值 v 被抽样选中的概率为 $f_{i(v)}/k_i$。在执行抽样时，选择一个哈希函数 $h(v)$ 将属性值 v 平均映射到 $[0,1]$ 区间中，如果 $h(v) < F_i(v)/k_i$，则将该元组包含在抽样集合中。

根据以上抽样原理可知，参数 k_i 表示频度阈值，表 T_i 中频度大于 k_i 的值 v，由于存在 $F_{i(v)}/k_i > 1$，因此连接属性值为 v 的元组一定会被抽样选中。而对于频度小于 k_i 的值 v，则连接属性取值为 v 的元组根据频度 $F_{i(v)}$ 以 $F_{i(v)}/k_i$ 大小的概率被选中。末端偏置抽样通过设置 k_i，决定样本大小和抽样的准确率。

末端偏置抽样的优点在于抽样时为每个属性值赋予了一定的权重，该权重由频度阈值和属性值的频度决定，考虑到了高频属性和低频属性对抽样结果的影响。但缺点在于抽样前需要预先知道连接属性不同取值的频度，以及指定频度阈值。如果无法有效获取准确频度信息，则会导致抽样结果偏离真实结果。

3. 相关抽样

相关抽样和末端偏置抽样类似，选择概率 p，使用哈希函数 $h(v)$ 将属性值 v 随机映射到 $[0,1]$ 区间内，对每个元组的连接属性 v，如果 $h(v) < p$，则将元组加入抽样集合中。显然，两个表 T_1、T_2 中连接属性取值相同的元组，由于拥有相同的哈希值 $h(v)$，因此要么都被抽样，要么都不被抽样。每对连接属性相同的元组被抽样的概率为 p，都不被抽样的概率为 $1-p$。所以，两表连接结果的期望和方差为

$$E(\hat{J}) = J_S/p = |S_{T_1} \times S_{T_2}|/p \tag{5-5}$$

$$\text{Var}(\hat{J}) = (1/p - 1) \sum_{v \in V} F_1^2(v) F_2^2(v) \tag{5-6}$$

相关抽样不需要任何先验知识，解决了末端偏置抽样需要预先知道属性值频度的问题。在数据集包含大量非频繁数据时，相关抽样和末端偏置抽样相较独立伯努利抽样降低了估计值的方差。但是，由于相关抽样具有相同的连接属性要么都被抽样要么全不被抽样的性质，末端偏置抽样具有元组的属性值频度超过阈值会被全部选中抽样

的性质，导致频繁数据对二者方差的贡献增加。因此，可针对频繁元素单独进行连接结果估计，以优化抽样的准确率。

4. 双焦点抽样

根据前文对末端偏置抽样和相关抽样的分析可知，频繁数据会对二者估计连接结果的方差产生放大影响。基于这个观察，双焦点抽样根据数据频度将连接属性值分为频繁 D 和非频繁 S 两组。当估计两表连接大小时，对频繁数据和非频繁数据分别进行抽样估计，再将二者合并表示两表连接大小的估计值。

双焦点抽样方法需要提前获取属性值频度的统计信息。如果当前系统中不存在相关信息，则可以使用相关流数据频繁元素统计算法，遍历一遍数据即可获取最频繁取值的列表，并得到频度信息。

5.3.3　查询重优化

前文描述的查询优化器优化查询执行计划，都是数据库系统在查询执行前生成的。当查询执行计划生成后，后续执行相同的查询时，一般情况下不再重新对查询进行优化，而是继续使用之前的查询计划。然而，随着时间的推移，数据库系统的状态会不断发生改变，如表属性、索引等物理设计的更改，数据特征的更新，以及查询使用不同的参数和数据库统计信息的更新等。由于存在这些因素，优化器之前生成的执行计划可能不再适用于新的环境。

数据库系统需要选择合适的时机，采用最新和更准确的统计信息，对当前执行计划的优劣进行判断。从查询重优化的时机、优化的方法及对当前系统中正在执行的查询的影响三个方面考虑，可以将查询重优化方法分为三类。第一类是查询执行前优化。在查询执行前，优化器对当前系统状态和查询计划进行判断，如果发现查询计划有优化空间，就会执行查询重优化，并生成新的查询计划。第二类是查询执行中优化。在数据库执行查询计划的过程中，优化器会收集实际运行中的统计信息，如果发现与查询计划的估计值有较大的偏差，就会暂停执行，并根据收集到的运行时统计信息对尚未执行的计划进行重优化。之后，数据库会使用新的查询计划继续执行后续步骤。第三类是动态选择执行计划。优化器在生成查询计划时，会为同一个查询子计划提供多种不同的执行计划。数据库在执行查询计划时，会收集运行时统计信息，优化器根据这些统计信息动态选择最合适的查询子计划。本节将针对上述三类查询重优化方法，按顺序讲解和展示各自的核心思想和解决方案。由于这部分技术提出时间较早且应用比较成熟，下面参照文献［30-32］中的示例和图表进行说明。

1. Plan Stitch[30]

查询优化器会随着数据库物理设计、数据特征的变化而不断修改查询计划。然而，由于评估的不准确性，新生成的查询计划的实际执行成本可能高于旧查询计划。针对上述问题，一个可能的解决方案是弃用新生成的查询计划，重新使用旧查询计划。然而，由于旧查询计划是根据之前的数据库物理设计和数据特征生成的，没有考虑到新的情况，因此很可能错过最优的查询计划。

原始查询计划如图 5-13（a）所示，算子下方的数字表示实际执行的代价。在对表 B 和表 D 创建索引后，查询优化器生成了新的查询计划，如图 5-13（b）所示。使用了索引查找表 B 和表 D，哈希连接变成了嵌套循环连接，并且连接的顺序发生了变化。虽然优化器生成了新计划，但在实际执行中，新查询计划的花费要高于原始计划。如果选择放弃新查询计划，继续执行旧查询计划，则将失去最新的统计信息，没有充分利用新查询计划提供的信息。实际上，将新查询计划和原始计划结合起来，生成如图 5-13（c）所示的查询计划，既满足正确性要求，又可以得到更优的查询计划。

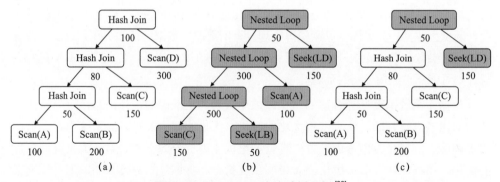

图 5-13　Plan Stitch 查询计划示例[30]

为了支持查询优化器高效地将新查询计划与原始计划结合，在生成执行代价更低的查询计划之前，Plan Stitch 首先对不同的查询计划进行分解、标识并编码，生成约束搜索空间，如图 5-14 所示。然后，根据约束搜索空间，利用动态规划方法构建具有最小开销的执行计划 Stitched Plan。

构造约束搜索空间需要先确定不同查询计划中等价的查询子计划。查询计划的每个节点都表示一个具有物理属性的逻辑表达式。如果两个子计划具有相同的逻辑表达式和物理性质，则可认为二者等价。一组等价子计划成为一个等价计划组。

图 5-14 表示使用 AND-OR 图对同一查询的不同查询计划编码生成的约束搜索空间。每个 AND 节点对应计划中的一个物理操作；每个 OR 节点代表具有相同物理性

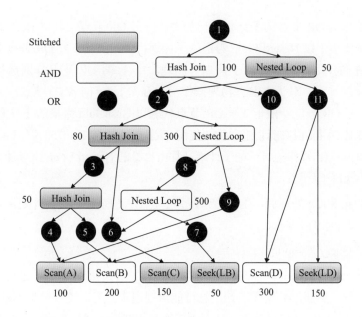

图 5-14 约束搜索空间 [30]

质的逻辑表达式。OR 节点是 AND 节点的孩子节点，代表 AND 节点的孩子节点所需的物理性质和逻辑表达式。OR 节点的孩子节点是 AND 节点，代表该 OR 节点中可替代的子计划的物理操作。如果一个叶操作使用的访问路径在当前配置下不可用，则不会出现在搜索空间中。

AND-OR 图具有两个重要的性质。一是 AND-OR 是有向无环图，抽象为一个树状数据结构，每个物理执行计划和其子计划保持偏序关系。允许优化器从叶子节点递归向上构造具有最小开销的查询计划。二是由于所有的计划执行相同的查询，计划间逻辑等价，其根物理操作共享相同的根 OR 节点，这说明 AND-OR 图包含了之前执行过且依然有效的计划。因此，从约束搜索空间中构造的计划的执行开销不会高于 AND-OR 图中包含的拥有最低开销的查询计划。

在构造 Stitched Plan 时采用动态规划方法，从叶 AND 节点到根 OR 节点构造优化的查询计划。对于每个 OR 节点，选择代价最小的子节点（AND 节点）作为子计划；对于每个 AND 节点，选择其子 OR 节点的最小代价子计划，并将其作为 AND 节点的子计划，以 AND 节点本身为根物理操作节点组成新的最小代价子计划。对于叶节点来说，由于每个叶节点均为 AND 节点，且无子计划，则每个叶节点的最小代价子计划为其物理操作本身。

举例来说，图 5-14 中号码为 2、7、11 的 OR 节点在算法执行时会选择代价最小的子节点作为 OR 节点的子计划。比如对于 2 号 OR 节点，其以 Hash Join 为根的子计划代价要小于以 Nested Loop 为根的子计划代价，因此 2 号 OR 节点会选择左孩子代表的查询计划作为自己的子计划。同理，7、11 号 OR 节点分别选择 Seek(LB)、Seek(LD) 物理计划。对于右上方物理操作为 Nested Loop 的 AND 节点，其子节点分别为 2、11 号 OR 节点，由于 2 号 OR 节点代表以 Hash Join 为根的子计划，11 号节点代表 Seek(LD) 物理执行计划，因此该 AND 节点选择将左下方的以 Hash Join 为根的子计划和 Seek(LD) 作为自己的子计划，并由自身的 Nested Loop 执行计划为根，构成新的最小代价子计划。

通过 Plan Stitch 处理后，生成约束搜索空间中代价最小的查询计划，且满足查询的逻辑表达式和物理性质。

2. Mid-Query Re-optimization [31]

在数据库执行查询前，查询优化器会根据当前持有的统计信息，进行查询优化并生成执行计划。然而，数据库统计信息可能出现同步延迟、统计模型不准确等问题，导致对查询开销的估计出现偏差，甚至生成次优的查询计划，造成执行时间过长，消耗过多的物理资源。

Mid-Query 方法提出了一种查询计划重优化的解决方案。在查询运行时，数据库收集运行时统计信息，查询优化器将统计信息与估算结果相比较，如果存在明显的差异，则表明查询执行计划可能是次优的。查询优化器将根据新的统计信息重新优化尚未执行的查询计划。下文将从查询计划的生成、运行时统计信息的收集、查询计划修改三个方面介绍 Mid-Query 方法。

传统查询和执行计划如图 5-15 所示，虽然完整描述了每个阶段需要执行的物理操作和输入输出，但是并不包含优化过程中生成的估计信息。在生成物理执行计划时，查询优化器会估计中间结果的大小及每个物理操作的代价和运行时间。如果查询

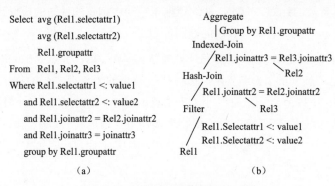

图 5-15 传统查询和执行计划 [31]

计划包含这些估计信息，则有助于在执行时判断优化阶段的估计是否准确。论文将带有估计信息的查询执行计划称为 Annotated Query Execution Plans。期望具有的统计属性有中间结果的大小与基数、选择和连接谓词的选择率、聚合操作中组的数量。

执行查询计划时收集统计信息会显著降低查询的执行效率，不可能每执行一个算子，查询优化器就收集一次运行时统计信息。因此，Mid-Query 会根据查询计划的特征，有选择性地对某个算子的中间结果收集统计信息。

在生成查询计划时，Mid-Query 会在特定位置加入 Statistics Collector 算子，该算子用于收集统计信息。它指定要收集统计信息的表、属性及统计方法。在执行查询计划时，Statistics Collector 算子会对来自上游算子的输入元组进行统计分析，并将元组输出到下游算子，而不会影响其他查询计划的执行。如图 5-16 所示，Filter 算子对 Rel1 表中的元组进行选择，符合条件的元组会传递到 Statistics Collector 算子进行统计分析。

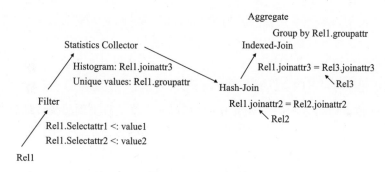

图 5-16 Statistics Collector 算子示例 [31]

该方法存在两个限制：①该方法只能收集对输入进行一次遍历就可以获取的统计信息，对需要多次遍历才能获取的统计信息，该方法并不适用；②该方法必须在一个查询计划的流水线中完成，如果一个 Statistics Collector 算子在流水线内部执行，由于流水线中的操作是并发执行的，只有在流水线执行完成后才能获取到完整的统计信息，因此该流水线中的任何操作都无法从这些统计信息中获益。

该方法与传统的系统目录统计方法的主要不同之处在于，传统的系统目录统计信息需要具有普适性，一份统计信息需要支持多种不同的查询。但是在 Mid-Query 算法中，Statistics Collector 可以根据具体查询的需求，有针对性地使用专门的统计方法来收集特定的统计信息，以提高准确性。如图 5-16 所示，使用直方图方法对 Rel1.joinattr3 进行统计分析，并统计 Rel1.groupattr 属性的取值数量。

在执行查询计划时，大部分涉及排序、连接和聚集等关系操作的查询计划都需要消耗大量的内存。对于每个物理操作来说，为其分配的内存大小决定了数据库执行该操作所需的时间。由于每个查询可用内存总量有限，因此在查询优化阶段或查询执行阶段准确地为每个物理操作分配适当的内存大小，可以显著影响数据库的性能。传统的查询优化器会对查询执行过程中间结果的大小进行估计，并根据这些统计信息为每个物理操作分配适当的内存。显然，上述方法会受到估计不准确带来的影响，导致内存分配不合理，生成次优的查询计划。因此，在执行过程中，合理地收集真实的统计数据，并动态调整后续物理操作的可用内存，可以使内存分配更加合理，提高整体的查询性能。

正如前文提到的，查询优化器根据实际运行时收集真实的统计信息，并动态调整尚未执行的查询计划中每个物理操作的可用内存，以提高查询的整体性能。上述方法仅修改一些执行参数，并未对查询执行计划本身做任何修改。在实际应用中，查询计划本身并非最优是一个更为严重的问题，如连接顺序、物理操作选择（哈希连接与索引嵌套连接）等。如图 5-16 所示，假设 Statistics Collector 收集到的统计数据与查询优化阶段估计的统计数据存在显著偏差。由于下游的查询计划都是基于这些估计信息生成的，查询优化器很有可能生成次优的执行计划，因此在根据真实的统计数据重新调用查询优化器时，可以生成更好的查询计划。

一种比较合理的方法是，当 Statistics Collector 算子收集到的统计信息与查询优化阶段估计的统计数据存在显著偏差时，暂停查询的执行，对剩余还未开始执行的查询重新优化。如图 5-17 所示，当 Statistics Collector 完成统计信息收集时，下游的 Hash Join 操作已完成构造阶段，但尚未进入哈希探测阶段。查询优化器根据新的统计结果，对查询计划中除上游的 Filter 和 Hash Join 之外的计划进行重优化，将最后一

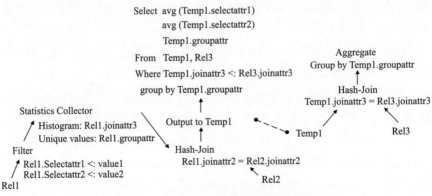

图 5-17　Mid-Query 查询重优化示例 [31]

次 Join 的算子由 Indexed-Join 改为 Hash-Join。这种方法不仅需要暂停查询执行，还需要重新执行新的查询计划，带来较大的工程难度。

在上述方案的基础上，Mid-Query 进行了优化。如图 5-17 所示，在对查询计划进行重优化之前不暂停查询的执行，而是继续完成当前执行的操作。当前操作执行完成后，不会立即将结果传递到下一个物理操作，而是将中间结果写入一个临时文件中。调用查询优化器对剩余未执行的查询计划进行重优化，从临时文件中读取数据，并重新开始执行新的查询子计划。虽然该方法需要将中间结果写入临时文件，降低了查询执行的效率，但也降低了工程实现的难度。

3. Parametric Optimization[32]

前文讲述的两种方法均遵循生成查询计划、检测出次优查询计划、修改查询计划的处理范例。虽然可以高效地对查询计划进行检测和重优化，但是不可避免地引入了统计信息收集、查询执行中断和查询重优化等额外的开销。

第三种方法采用动态选择子查询计划的方式（也称参数化优化）。在生成查询计划阶段，对同一物理子查询，查询优化器会生成多个查询子计划，并为每个查询子计划添加选择条件。在查询执行时，查询执行器会根据数据库的物理设计、查询时的运行参数等信息，动态选择最优的查询子计划。

如图 5-18 所示，存在一个对 A、B、C 三张表进行连接操作的查询。在生成查询计划阶段，查询优化器首先生成 $A \bowtie B$ 的子查询计划，采用 Hash-Join，并分别对 A、B 进行顺序查找。在对 $(A \bowtie B) \bowtie C$ 生成查询子计划时，查询优化器对表 C 的物理设计做出假设。如果表 C 的连接属性未建立索引，则对表 C 进行顺序查找，并采用 Hash-Join；如果表 C 的连接属性存在索引，则对表 C 进行索引查找，并采用 Indexed-Join。对于单个物理子查询的多个候选子查询，算法采用 Choose-Plan 算子，

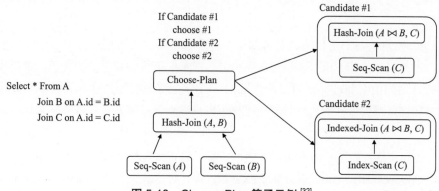

图 5-18　Choose-Plan 算子示例[32]

记录每个候选子查询的选择条件。在查询执行的过程中，执行器会持有与查询相关的数据库物理设计和统计数据等信息。在执行 Choose-Plan 算子时，会判断哪个候选子查询符合当前查询的条件，动态选择最优的子查询。

5.4 AnalyticDB 优化器实践

5.4.1 主体框架

5.2 节介绍了现有成熟优化器的两种主要模型——分层搜索和统一搜索。

分层搜索是一种基于 RBO 的查询优化策略，主要根据优化目标和 RBO 模块中的规则进行启发式的搜索。分层搜索主要依赖硬编码的规则，对数据不敏感，但也会结合一些统计信息来判断搜索方向。分层搜索的优点是简单高效，依赖启发式规则的优化通常能获得一定收益，但存在一定的局限性。首先，分层搜索适用于 Join 枚举问题，对其他的优化问题并不适用。其次，在处理 Interesting Order 问题时（下层输出结果的顺序对上层有影响的情况），分层搜索不能覆盖所有的搜索空间。另外，自底向上的搜索方式会导致剪枝效果有限，比如对于下层产生的一些代价较大的方案，本可以被预先剪枝。

统一搜索是一种基于 CBO 的查询优化策略。基于特定的搜索框架，将多种不确定收益的规则融合在一起进行搜索，最终通过代价模型，选出最优的执行计划。统一搜索能够在整体上提高查询性能，同时具有较高的优化效率和适用性广泛的特点。

如图 5-19 所示，AnalyticDB 优化器的内核分为 RBO 和 CBO 模块，分别对应分层搜索和统一搜索的模式。区别于其他一些数据库简单采用 Cascades 框架，AnalyticDB 将分层搜索和统一搜索结合起来，这样可避免将所有规则放入 Cascades 框架中融合搜索，缩短编译时间。同时，保证对性能影响起到关键作用的规则都能发挥作用。

CBO 模块是查询优化器的关键部分。各大数据库和大数据计算引擎都倾向使用 CBO，而不仅仅使用 RBO。在 CBO 模块中，搜索框架扮演着重要的角色，主要作用是执行计划的搜索和选择。通过搜索框架，CBO 能够系统地探索和评估不同的执行计划选择，以找到最佳的执行计划。这样可以提高查询性能并优化数据库系统的整体效率。

Cascades 是目前统一搜索中最成熟的方案，在近些年新出现的一些数据库中，如 TiDB、CockroachDB、Greenplum 和 Calcite 等，都开始尝试使用 Cascades 技术。Cascades

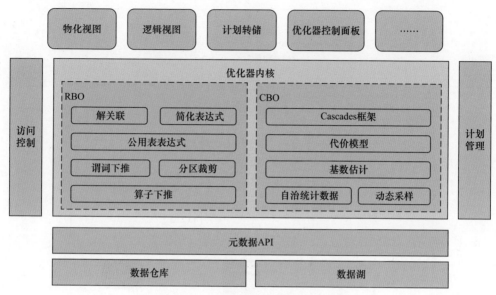

图 5-19 AnalyticDB 优化器内核架构

框架的优势在于：搜索方向为自顶向下，相比分层搜索能剪枝更多计划；提供了一些高级特性，如并行查询优化、并发优化和自适应优化等。这些特性可以进一步提高查询性能和系统的整体效率；Cascades 框架具有良好的可扩展性和灵活性，支持将新的优化技术和策略集成到框架中，以应对不断变化的查询优化需求。

如图 5-20 所示，AnalyticDB 的搜索框架包括四部分。

（1）备忘录。备忘录机制是一种记忆或缓存机制，用于保存先前的计算结果或中间值，以避免重复计算。备忘录可以提高计算效率，减少冗余的计算操作。

（2）搜索算法。搜索框架中的搜索算法用于在一个问题的解空间中寻找最优解或近似最优解。在优化器中，搜索算法可以用来搜索最佳的参数配置或超参数设置，以优化模型的性能。在 AnalyticDB 中，搜索算法是由三部分构成的：第一部分遍历搜索空间；第二部分根据展开规则生成等价计划；第三部分计算搜索空间中的计划代价，并选择代价最低的分布式执行计划。

（3）调度器。调度器或调度算法是负责管理和调度搜索任务的组件。其功能包括任务调度、资源管理、并发控制和故障处理。AnalyticDB 调度器的运行流程是将搜索任务推送到一个栈中，由单个线程循环取出栈中的任务执行。

（4）展开规则。展开规则用于生成等价候选计划，生成的计划会放入备忘录中以扩展搜索空间。搜索任务的执行效率极大地依赖展开规则的完整性和效率。完整的展

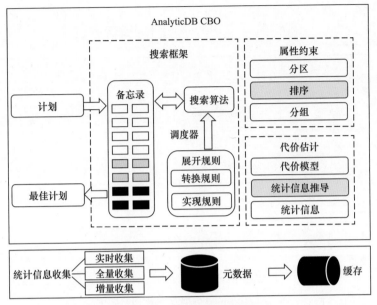

图 5-20　AnalyticDB 的搜索框架

开规则有助于扩充搜索空间，这样一次搜索任务就更有可能找到最优解。展开规则的算法效率直接决定了生成搜索空间的速度，进而影响整个查询优化过程。

5.4.2　统计信息管理

查询优化器将查询转换为执行计划，并交给执行引擎去执行。执行计划的质量会影响查询的性能。统计信息作为查询优化器的输入，可以帮助查询优化器生成高质量的执行计划。下面以 AnalyticDB MySQL 版为例，介绍优化器的统计信息管理模块。

开源数据库比如 MySQL、PostgreSQL 等通常采用全表扫描的方式来获取统计信息，扫描过程会造成集群的负载过大，影响正常业务的运行。AnalyticDB MySQL 版遵循的原则是：按需自动收集必要信息，并最小化对负载的影响。统计信息是由多个模块共同维护的，具体来说，统计信息模块包含实时统计信息、增量统计信息、全量统计信息。统计信息管理模块会根据数据列使用场景的不同，决定数据列所需统计信息的类型。

如图 5-21 所示，AnalyticDB 的统计信息自治层包括自决策层、自感知层及实时统计。系统通过动态采样（Dynamic Sampling）和实时统计收集（Real-time Statistics）向上层提供实时、动态、有针对性的统计信息。增量数据经过自感知层和自决策层，通过各个组件（增量统计信息、UDI 计数器、工作负载管理、统计信息分析器、维护窗口采集器、高频采集器等）的筛选，按需获取必要的增量信息。

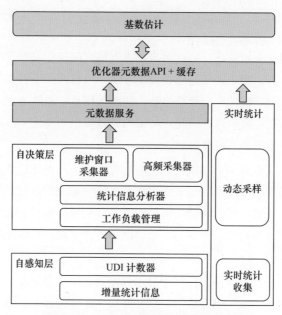

图 5-21 AnalyticDB 统计信息自治层

AnalyticDB MySQL 版提供了自动收集统计信息的功能，该功能默认开启。统计信息的维护方式分为全量维护和增量维护。全量维护指的是在预定的运维时间内，Analytic MySQL 版会全量收集基础统计信息和直方图。如果需要收集统计信息的列太多，则可能需要很多天才能完成统计信息的全量收集。增量维护是指在运维时间之外，Analytic MySQL 版会定时自动增量收集基础统计信息。通过使用 INSERT OVERWRITE 批量方式导入数据，数据导入完成后会自动收集基础统计信息。而通过使用 INSERT INTO、REPLACE INTO 等实时导入方式导入数据，则需要等到运维时间或者表的构建过程完成后的增量收集周期时间才会触发增量收集任务。

AnalyticDB MySQL 版的统计信息分为两类：基础统计信息（BASIC）和直方图（HISTOGRAM）。基础统计信息包含列的最大值、最小值、平均长度（单位：字节）、不同值的个数和 NULL 值比例等。AnalyticDB MySQL 版的基础统计信息既支持全量收集，也支持自动增量收集，但默认为自动增量收集。基础统计信息适用于不参与过滤和关联运算的列，或者数据分布比较均匀的列（如主键列）。

在传统的优化器中，基础统计信息的收集通常是静态的，由用户预先定义需要的统计数据。但是随着业务的发展，应用程序的负载可能发生较大的变化，预定义的统计信息可能出现一定程度的冗余或缺失，无法针对性地帮助查询优化。因此，需要一种灵活的机制，尽可能全面、动态地收集统计信息。

AnalyticDB 设计了一种由查询驱动的动态统计信息收集机制。守护进程通过动态地监视查询任务的负载和特点来提取查询模式。根据提取得到的查询模式，分析出哪些统计信息目前未被收集，并且对当前查询模式的优化是有益的。统计信息收集任务在后台异步执行，由于收集是由查询驱动的，可以减少不必要的统计数据收集操作，确保后续到来的查询能充分利用收集到的统计信息。通常来说，收集多列联合统计信息的代价非常高。针对这一问题，AnalyticDB 通过对动态工作负载进行分析和预测，筛选并收集必要的多列联合信息。

动态采样可以被看作与静态统计信息收集互补的一种备选策略，当基础统计信息由于某些原因导致未收集时，动态采样将补充这部分缺失的信息，避免产生效率极低的执行计划。尽管如此，仍需要严格限制动态采样的使用场景，因为动态采样是在查询优化阶段同步阻塞执行的，所以它必然会增加查询优化的整体耗时，同时会增加整个数据库系统的负载。

数据直方图是一种统计图形，用于显示列中数据的分布情况。它通过将数据划分为不同的区间（称为"桶"或"箱"），并计算每个区间内数据的数量或频率来表示数据的分布。AnalyticDB MySQL 版使用两种直方图：混合直方图和频率直方图。

混合直方图（Hybrid Histogram）结合了等宽直方图（Equi-Width Histogram）和等高直方图（Equi-Height Histogram）的优点，以更好地表示数据的分布情况。通过综合使用等宽直方图和等高直方图，克服了它们各自的局限性。在数据分布较为均匀的区间使用等宽直方图，而在数据分布较为倾斜的区间使用等高直方图。这样，混合直方图能够更准确地反映整体数据的分布情况，并提供更好的查询优化估计服务。

频率直方图适用于不同值个数较少的列。如图 5-22 所示，频率直方图中每个值会对应一个桶。在 DISTINCT 值较少的情况下，频率直方图可以精确地表示数据分布。

AnalyticDB MySQL 版支持自动获取多样化直方图，可根据数据分布及 DISTINCT 值的数量，选择合适的直方图类型。直方图适用于数据分布不均匀，或者参与过滤和关联运算的列，AnalyticDB MySQL 版的直方图只支持全量收集，相对基础统计信息能更准确地反映表的统计信息。但是直方图会占用更多的统计信息缓存空间，收集和存储成本高于基础统计信息。在表很多的场景下，如果所有列都收集直方图，则会使缓存命中率下降。默认的统计信息缓存空间能缓存约 2 万列直方图或 200 万列基础统计信息。

AnalyticDB MySQL 版默认开启自动收集统计信息功能，可以通过下列命令关闭或重新开启。

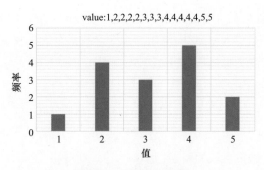

图 5-22　频率直方图

```
SET adb_config O_CBO_AUTONOMOUS_STATS_ENABLED = [false|true];
```

自动收集统计信息的运维时间默认为 04:00~05:00。可以通过下列命令修改，建议设置在业务低峰期。开始时间与结束时间的间隔最短不能少于 1 分钟，最长不能超过 3 小时。开始时间要早于结束时间。当设置错误时，会使用默认时间。在运维时间内系统会全量收集基础统计信息和直方图。

```
SET adb_config O_CBO_MAINTENANCE_WINDOW_DURATION = [04:00-05:00];
```

全量收集统计信息时，默认跳过数据量超过 50 亿行的表，减少对集群性能的影响。可以通过下列命令调整数据量的限制，主动管理超大表。

```
SET adb_config O_CBO_MAINTENANCE_WINDOW_COLLECTOR_ROW_LIMIT = 10000;
```

在运维时间内，AnalyticDB MySQL 版会限制自动收集统计信息时的负载，减少扫描表时 I/O 资源占用。默认值为 true（开启限速）。如果运维时间内资源空闲，则可以关闭负载限制，以加快统计信息的更新速度。

```
SET adb_config O_CBO_AUTONOMOUS_STATS_SCAN_RATE_LIMIT_ENABLED = [false|true];
```

自动收集统计信息默认使用系统账号执行命令。如果希望在指定资源组执行自动收集统计信息的命令，则可以通过下列命令指定数据库账号。在指定数据库账号后，AnalyticDB MySQL 版将在该数据库账号绑定的资源组中执行自动收集统计信息的命令。

```
SET adb_config O_CBO_AUTONOMOUS_STATS_ACCOUNT = [user_name];
```

列的过期比例默认为 0.1（10%）。当表的 UPDATE、DELETE、INSERT 或 REPLACE 等操作影响的行数相对于表的总行数的比例大于过期比例时，会判定该表的统计信息过期。AnalyticDB MySQL 版会在运维时间内对过期的表的所有列重新收集统计信息。当列的过期比例未超过设置的比例时，在运维时间内不会自动收集统计信息。

```
SET adb_config O_CBO_STATS_EXPIRED_RATIO = 0.1;
```

AnalyticDB MySQL 版支持关闭自动收集统计信息的功能，可手动执行 ANALYZE TABLE 收集统计信息。ANALYZE TABLE 命令会扫描全表来收集统计信息，对于数据量大的表，建议在业务低峰期执行。

ANALYZE 语法如下。

```
ANALYZE TABLE [schema_name.]table_name [UPDATE [BASIC|HISTOGRAM]]
[ON column_name[,...]]
```

ANALYZE 各参数的含义如表 5-1 所示。

表 5-1 ANALYZE 各参数的含义

参数	是否必选	说明
schema_name	否	数据库名称
table_name	是	表名。AnalyticDB MySQL 版将收集该表的统计信息。一个 ANALYZE TABLE 语句只能指定一个表，可以指定内表或外表
UPDATE [BASIC|HISTOGRAM]	否	指定统计信息的类型。BASIC 收集基础统计信息，HISTOGRAM 收集统计直方图
ON column_name [,...]	否	指定需要收集统计信息的列。如果不指定列，则会收集该表所有列的统计信息

下面举例说明 ANALYZE 的用法。如果要收集 adb_demo.customer 表所有列的基础统计信息，可以选择以下任意一种方式。

```
ANALYZE TABLE adb_demo.customer;
ANALYZE TABLE adb_demo.customer UPDATE BASIC;
```

收集 adb_demo.customer 表 customer_id 列的基础统计信息。

```
ANALYZE TABLE adb_demo.customer UPDATE BASIC ON customer_id;
```

收集 adb_demo.customer 表 customer_id 和 login_time 列的直方图信息。

```
ANALYZE TABLE adb_demo.customer UPDATE HISTOGRAM ON customer_id,login_time;
```

统计信息以二进制形式存储在 AnalyticDB MySQL 版内。可以通过系统表 INFORMATION_SCHEMA 查看统计信息。

执行以下命令，查看表级统计信息。

```
SELECT * FROM INFORMATION_SCHEMA.TABLE_STATISTICS;
```

执行以下命令，查看列级统计信息。

```
SELECT * FROM INFORMATION_SCHEMA.COLUMN_STATISTICS;
```

5.4.3 湖仓一体优化器

数据湖对存取的数据没有格式的限制，可以按照数据的原始内容和属性直接存储到数据湖，无须在数据上传之前对数据进行任何的结构化处理。数据湖可以存储结构化数据（如关系数据库中的表）、半结构化数据（如 CSV、JSON 、XML、日志等）、非结构化数据（如电子邮件、文档、PDF 等）及二进制数据（如图形、音频和视频等）。

针对数据湖上的外部表，AnalyticDB MySQL 版的优化器建设了完善的统计信息维护方式，可以像内部表一样获取高质量的统计信息，并利用这些信息生成更好的联邦查询计划。可以通过动态采样、增量统计信息维护、直接读取外部表元数据库中的统计信息等方式维护外部表统计信息。

以增量统计信息维护模块为例。当用户通过 AnalyticDB MySQL 版将数据导出到数据湖上的外表时，也会动态地更新每个分区的统计信息，并且及时地更新整个表的全局统计信息。单个字段的统计信息，包括每个字段的 Count 值、Max 值、Min 值、NULL 值比例和 NDV 值（distinct 值）。这些统计信息可归纳为基础统计信息，需要做到自动收集和自动更新。内部存储和湖上存储的数据格式有较大的区别，所以 API 有不同的实现细节，但是大体方法一致。如图 5-23 所示，由各分区分别收集 Count 值、Min 值、Max 值、Null 值数量和 NDV 值（通过 HyperLogLog 算法计算得到的近似值），然后通过一个聚合模块计算得到全局统计数据。

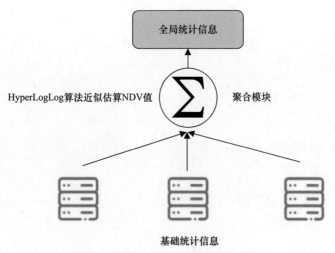

图 5-23 湖仓一体–增量信息统计实现

第6章

o—.06

数据仓库存储关键技术

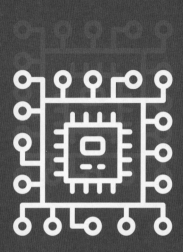

6.1 湖仓架构

湖仓一体是一种数据架构模式，旨在将数据湖和数据仓库的优势结合在一起，简化企业数据的基础架构，提升数据存储的弹性和质量，降低成本，减小数据冗余。传统的数据仓库和数据湖存在的不足之处在湖仓一体中得到了有效的弥补。

数据湖是一种存储和管理各种原始数据和未处理数据的传统架构，它通常建立在分布式文件系统之上。数据湖提供了一种无模式和无结构的原始数据存储方式，并支持大规模数据的采集、存储和批量处理。然而，数据湖在数据的一致性、质量和可信度方面存在诸多挑战，并且对实时查询和交互式分析的支持相对较弱。

相比之下，数据仓库是一种结构化的数据存储和管理系统，专注支持高性能的查询和分析。数据仓库通常采用列存储和索引等技术，以提供快速的数据访问和聚合能力。然而，传统数据仓库也存在一些限制，如固定的数据模式和严格的数据架构要求，这使它难以满足快速变化和不确定性的数据需求。

湖仓一体将数据湖和数据仓库结合起来，以克服各自的缺点，并提供统一的数据处理和分析平台。在湖仓一体中，数据湖作为数据存储层，可以容纳原始数据、结构化数据和半结构化数据，并提供数据采集和批处理能力。数据仓库层则建立在数据湖之上，提供数据模型、元数据管理、数据质量保证和高性能查询等功能，以支持交互式分析和实时查询。湖仓一体的优势包括：

- 统一的数据架构：通过将数据湖和数据仓库整合在一起，提供一种统一的数据架构，使原始数据和派生数据都可以在同一个平台上被处理和分析。
- 灵活性和扩展性：湖仓一体可以容纳多样化的数据类型和格式，支持半结构化数据和非结构化数据的存储和查询。同时，由于具备分布式存储和计算技术，湖仓一体可以轻松扩展，以适应不断增长的数据规模和工作负载。
- 数据一致性和质量：通过引入数据管理和质量控制机制，湖仓一体可以提高数据的一致性、可信度和质量，以确保分析结果的准确性和可靠性。

因此，湖仓一体架构是一种兼具创新性和实用性的数据管理模式，可以为企业提供更好的数据管理和分析服务，同时可以降低数据管理的成本和复杂度。本节将对现有的湖仓架构进行简要的介绍。

6.1.1　Azure、AWS 和 Open Data Lakehouse

1. Azure

Azure Data Lake Storage Gen2 基于 Azure Blob Storage 构建，专为大数据分析设计，能够轻松处理 PB 级别的数据量和 GB 级别的吞吐量。这个产品为 Azure 上的数据湖存储提供了一种可伸缩、安全且基于云的解决方案。

1）产品架构

Azure 提供了完善的湖仓产品，包括 Azure Data Lake Storage Gen1/Gen2。它们是一种大数据存储解决方案，支持 Hadoop 分布式文件系统和 Blob 存储，可用于存储各种类型的数据。Azure Data Lake Storage Gen2 还支持 Blob 存储的所有功能，如访问控制、命名空间、版本控制和元数据管理等，为用户提供了更全面和灵活的数据存储和管理功能。

Azure Data Lake Storage Gen1 于 2024 年 2 月 29 日停用，所以目前基本会使用 Gen2。Azure Data Lake Storage Gen2 基于 Azure Data Lake Storage Gen1 和 Azure Blob Storage 架构构建，支持 Hadoop 分布式文件系统和 Azure Blob Storage 的许多功能，如 ACL（访问控制列表）、命名空间、隔离、安全和多租户等。Azure Data Lake Storage Gen2 可与 Hadoop 生态系统和工具无缝集成，其架构包括命名空间、文件系统和 Blob 存储三个主要组件。命名空间是 Azure Data Lake Storage Gen2 的顶层容器，可以在其中创建多个文件系统，每个文件系统都是独立的命名空间，可以进行访问控制和配额管理。文件系统中的数据存储在 Blob 存储中，可以使用 Azure Blob Storage 管理和操作，让 Azure Data Lake Storage Gen2 不仅具备强大的大数据存储和分析功能，又具备 Blob 存储的灵活性和扩展性。

2）核心能力

首先，Azure Data Lake Storage Gen2 基于 Azure Blob 存储级别进行定价，利用 Blob 存储的功能（如自动生命周期管理和对象级分层）有效地管理大规模数据存储成本。这种架构提高了性能，因为在分析数据前，不必复制或转换数据，减少了对计算资源的需求，从而降低了数据访问的速度和成本，实现了成本更低、性能更强的数据处理。

其次，为了提供更精细的安全模型，Azure Data Lake Storage Gen2 支持 Azure 基于角色的访问控制（Azure RBAC）和 POSIX 访问控制列表，同时提供了特定于

Azure Data Lake Storage Gen2 的额外安全设置。权限可以在目录级别或文件级别上进行设置，所有存储的数据都采用 Microsoft 或客户托管的密钥进行静态加密。

最后，Azure Data Lake Storage Gen2 支持海量数据存储，并能够处理多种数据类型的分析，无论是账户大小、文件大小还是数据湖中的数据量都没有限制。单个文件的大小可以从几 KB 到几 PB 不等，且服务设计支持近乎实时的请求度量延迟处理，确保了无论当工作负载增加还是减少时，都能够快速灵活地纵向扩展或缩减，满足不同的需求。

3）场景定位

Azure Data Lake Storage Gen2 能够支持多种场景下的数据存储、处理与分析。

- 通过将 Azure Synapse SQL 池连接到启用了 Azure Data Lake Storage Gen2 的 Azure 存储账户，可以使用 SQL 语言在 Azure 存储中对数据进行 SQL 查询和分析。
- 通过将 Azure Databricks 集群连接到启用了 Azure Data Lake Storage Gen2 的 Azure 存储账户，可在本机上对数据运行查询和分析。
- 通过将 CSV 数据导入 Azure HDInsight 集群，并使用 Apache Hive 将其转换，最后使用 Apache Sqoop 将其加载到 Azure SQL 数据库中，实现 ETL 操作。
- 使用 Power BI 分析 Data Lake Storage Gen2 中的数据。

2. AWS

因为将异构数据、多源数据汇聚在一起并分析时，可以获得更深入、更丰富的洞察，所以企业需要能够轻松地在数据湖和专用存储之间移动数据。随着各类系统中数据量的持续增长，这些数据的迁移变得更加困难。为了解决这个问题，AWS 引入了湖仓一体方案。

1）产品架构

AWS 提供了各种数据管理工具和功能，包括数据读取、数据存储和数据处理等，用户能够快速构建可扩展的湖仓架构，将数据湖、数据仓库和专用存储集成在一起，实现统一的治理和轻松的数据管理，确保数据访问的一致性、安全性和合规性。图 6-1 所示为 AWS 湖仓架构，下面对架构中的几个主要部分进行简要的介绍。

（1）输入层。在此架构中，输入层由一系列专用的 AWS 服务组成，旨在高效地将不同来源的数据写入数据湖。这些 AWS 服务经过精心设计，与输入源数据的格式、结构和传输速率需求相匹配。这些服务包括：

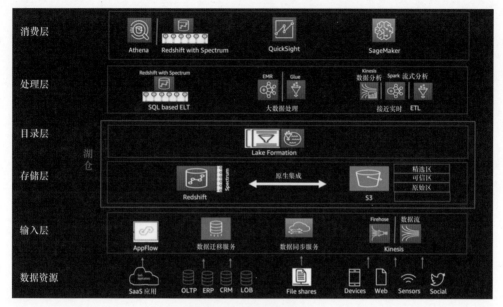

图 6-1　AWS 湖仓架构

- AppFlow：AppFlow 能够帮助用户轻松地将 Salesforce、Marketo 和 Google Analytics 等 SaaS 应用程序的数据写入数据湖。用户可以根据自己的需求设置触发规则，实现数据的自动写入，还可以在数据传输之前对其进行验证、过滤等处理，确保数据的质量和准确性。

- 数据迁移服务：数据迁移服务可以从关系数据库管理系统和 NoSQL 数据库获取数据，并将它们写入数据湖，或者直接存储在数据仓库中。

- 数据同步服务：数据同步服务可以将存储在网络连接存储阵列上托管的文件快速且可靠地复制到数据湖中。数据同步服务不仅能自动处理文件复制的脚本编写、调度和监视传输工作，还能验证数据完整性并优化网络利用率，用户可以轻松地管理文件传输过程。

- Kinesis：Kinesis 可以接收来自外部的流式数据，包括基础设施日志、监控指标、设备遥测和传感器读数等，并将其可靠地传输到存储层。

（2）存储层。本架构采用了 Redshift 和 S3 构成统一的存储层。Redshift 用于存储结构化数据，S3 提供了 EB 级别的数据湖存储，适用于不同类型的数据。高度结构化的数据存储在 Redshift 可支持交互式查询和可信的快速 BI 仪表板中。S3 存储的数据用于驱动机器学习、数据科学和大数据处理等领域。

在存储层中，Spectrum 是关键组件之一，它为 Redshift 提供了统一的 SQL 接口，用于接收和处理 SQL 语句。通过 Redshift，可以同时创建数千个 Spectrum 节点，以查询存储在 S3 中的 PB 级数据。它支持读取各种编码格式的数据，包括 JSON、CSV、Avro、Parquet 和 ORC 等。

（3）目录层。所有数据集的元数据（如表模式、分区信息、物理数据位置和更新时间戳）及用户定义的业务属性（如数据所有者、数据管理员和列信息敏感性）存储在 Lake Formation 中。Lake Formation 提供了一种便捷的方式管理数据湖中的数据库和表，可以设置细粒度的表级权限和列级权限。通过设置 Lake Formation 的权限，用户和组织只能使用 AWS 服务访问拥有权限的表和列。

（4）处理层。处理层提供了多种专用的组件，以实现对各种类型数据的处理。对于不同类型的数据集，可以选择一个专门构建的处理组件。每个组件都可以向 S3 和 Redshift 读取和写入数据。

2）核心能力

基于各种高性能、高灵活性的组件，AWS 的湖仓一体架构提供了如下核心能力。

- S3 提供了一种可靠的存储基础设施，能够安全地存储关键数据，并允许用户随时获取分布在多个地点的数据，提高了系统的灵活性。通过利用 S3 的高安全性、耐用性及扩展能力，企业能够更有效地维护其数据。
- Aurora 作为专为云端设计的关系数据库，支持 MySQL 和 PostgreSQL 兼容性，结合了传统企业级数据库的高性能与高可用性，以及开源数据库的简洁性与效率。
- 利用 CloudFormation 模板可以迅速部署包括 Lambda 微服务，提供可靠搜索服务的 Elasticsearch，进行数据转换的 Glue，以及执行数据分析的 Athena 在内的各种解决方案，实现自动化部署和数据模型构建。

3）场景定位

Amazon 的湖仓一体架构使用户能够更有效地处理不同类型的数据，实现结构化数据与非结构化数据的集中化存储。与传统数据管理系统相比，它具有更好的灵活性和敏捷性。其应用场景有：

- 使用 Hudi、Glue、DMS 和 Redshift 为智能湖仓数据复制管道创建数据源。
- 使用 Redshift 物化视图加快 ELT 和商业智能的查询速度。
- 基于 Redshift 联合查询构建简化的 ETL 和实时数据查询解决方案。

3. Open Data Lakehouse

Google Cloud Platform（以下简称 GCP）提供了 Open Data Lakehouse 解决方案，这是一种开放式数据湖架构。数据湖架构集成了存储、处理和分析大规模结构化数据和非结构化数据的方法。将数据以原始格式存储，提供了更好的灵活性和可扩展性。GCP 提供了云原生、高度可扩展且安全的湖仓解决方案，为用户提供更多的选择，降低企业成本并提高效率。

1）产品架构

图 6-2 展示了 Open Data Lakehouse 架构，该架构包括以下几个核心部分。

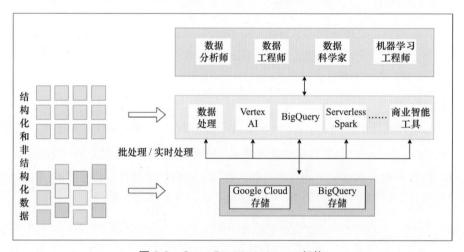

图 6-2　Open Data Lakehouse 架构

（1）存储部分。Open Data Lakehouse 提供两种存储选择：GCP 存储提供低成本的对象存储，BigQuery 存储提供高度优化的分析存储。

（2）计算部分。Open Data Lakehouse 为不同的工作负载提供不同的引擎，主要部分如下：

- 数据处理：其管理的 Hadoop 和 Spark 服务可以使用各种开源框架。
- Vertex AI：GCP 下统一的 MLOps 平台，可以用少量的编码建立大规模的机器学习模型。
- BigQuery：GCP 的 Serverless 云原生数据仓库提供兼容 ANSI SQL 的引擎，可以对 PB 级的数据进行分析。
- Serverless Spark：允许客户将他们的工作负载提交给管理服务，并负责执行。

（3）管理部分。Dataplex 在 Google Cloud 存储和 BigQuery 存储的数据中实现了以元数据为主导的数据管理结构。企业可以使用 Dataplex 创建、管理、保护、组织和分析数据。

2）核心能力

随着技术的持续成熟和数据湖仓采用率的增加，数据仓库的实现方式已经从将湖仓组件与特定数据湖紧密耦合的模式中转变出来。Google Cloud 统一了企业数据操作、数据湖和数据仓库的核心能力，将 BigQuery 的存储和计算能力放在了湖仓架构的核心位置。用户可以使用 Dataplex 和 Analytics Hub 实现统一的治理。这种架构不仅能与 Google Cloud 的生态无缝集成，还允许用户结合其他开源技术，将湖和仓的最佳能力结合在同一个系统中。

通过 Open Data Lakehouse，用户可以构建灵活、可扩展的数据湖架构，将各种来源的数据整合到一个中心化的存储库中，并通过强大的分析工具进行数据探索和洞察。这使用户能够更好地利用大数据，进行数据驱动的决策和创新。

3）场景定位

Google Cloud 提供了一个云原生、高度可扩展且安全的数据湖仓解决方案，为客户提供选择性和互操作性，帮助组织降低成本并提高效率。

这些湖仓解决方案通过结合高效的存储能力和计算能力，使大数据和机器学习工作负载的处理变得简单高效，同时确保了数据处理的安全性和可扩展性。

6.1.2　Hudi、IceBerg 和 Delta Lake

数据湖是一种以自然格式存储数据的方法，其主要思想是将企业中所有类型的数据都统一存储，并将其转换为各种任务所需的目标数据。数据湖的存储形式通常是对象块或文件，可以按照各种模式和结构形式对数据进行配置。数据湖可以存储结构化数据、半结构化数据、非结构化数据和二进制数据等，从而形成一个容纳大部分形式数据的集中式数据存储系统。

数据湖的优点在于可以提供较好的灵活性和可扩展性，因为它可以存储大部分类型的数据，而不需要事先定义数据模式。此外，数据湖可以支持复杂的数据分析和机器学习任务，并通过多个工具、框架和 API 等技术来提高数据处理的效率和质量。数据湖还可以为企业提供数据清洗和数据预处理等基础功能，使数据分析和数据应用的过程更加高效和准确。

在数据湖中，不同类型的数据可以在同一个存储库中被管理和处理，这种集中式的数据存储方式使企业可以更加方便地管理和维护数据，也可以更加容易地分析和应用数据。因此，数据湖作为一种集中式的数据存储方式，对于企业来说具有非常重要的意义。下面列举几个著名的开源数据湖。

1. Apache Hudi

Apache Hudi（以下简称 Hudi）是下一代流式数据湖平台，将核心的仓库和数据库功能直接引入数据湖中。Hudi 提供表格、事务、高效的插入/删除更新、高级索引、流式摄取、数据聚类/压缩优化及并发性，同时以开源文件格式存储数据。Hudi 不仅适合流式工作负载，还提供了高效的增量批处理管道机制。Hudi 的高级性能优化，使在包括 Spark、Flink 和 Hive 等在内的查询引擎上的分析型工作负载被执行得更加高效。

1）产品架构

Hudi 作为一种开源的数据湖解决方案，旨在简化流式和批量数据湖中的数据管理和分析过程。它提供了一套功能强大的工具和库，使数据湖的构建、更新和查询变得更加高效和可靠。Hudi 架构如图 6-3 所示，详情可参考 Hudi 官网。

图 6-3　Hudi 架构

（1）数据源

- 数据流：数据可以来自数据流，如 Kafka、Rocket MQ。
- 数据库：数据可以来自传统的数据库系统，如 MySQL、PostgreSQL。
- 云存储：数据可以来自不同的云存储，如阿里云 OSS、Amazon S3。

（2）Apache Hudi

- ACID 保证：确保数据库事务的原子性、一致性、隔离性和持久性。
- 增量管道：支持只处理自上次计算以来发生变化的数据。

- 托管表服务：便于更轻松地管理数据表。

- 多模态索引：允许以各种方式访问和查询数据，增强性能和灵活性。

（3）湖仓平台。数据被组织在一个数据湖仓平台中，利用 Apache Hudi 进行高效的数据处理和管理，支持各种数据分析和处理任务。

（4）数据分析和流程管理

- 商业智能分析：使用如 Presto 等工具进行商业智能分析。

- 交互式分析：使用 Apache Hive 等进行实时数据分析。

- 批量分析和流式分析：使用如 Spark、Flink 等工具实现数据流的实时分析。

- 编排：使用如 dbt 等工具管理数据工作流的调度和运行。

2）核心能力

Hudi 的设计目标是实现以下关键功能。

（1）表格与事务。Hudi 提供了一个表格抽象层，使数据湖可以像传统数据库一样支持事务和 ACID（原子性、一致性、隔离性和持久性）特性。开发人员能够以更直观的方式处理数据，简化数据湖的管理和操作过程。

（2）高效写入与删除数据。Hudi 支持高效的增量写入和删除操作，这意味着只有变更的数据会被写入，而不是整个数据集。这减少了数据写入的成本和时间，并且使数据湖的更新更加高效。

（3）高级索引。Hudi 提供了多种索引技术，包括布隆过滤器和倒排索引，以提高数据的查询性能。这些索引能够快速定位和访问特定的数据行，从而提供更快的查询响应。

（4）流式数据摄取服务。Hudi 支持流式数据摄取和处理，可以实时地将数据写入数据湖，并提供与流处理框架的集成，使流式数据的处理更加简便和可靠。

（5）数据压缩和聚类。Hudi 提供了数据压缩和聚类的优化技术，可以减少存储空间，提高查询性能。通过将相关数据分组和紧凑地存储在一起，可以减少磁盘访问的次数，从而加速查询操作。

（6）与多个查询引擎集成。Hudi 可以与多个查询引擎集成，包括 Spark、Flink、Presto、Trino 和 Hive 等，使用户可以根据需求选择最适合的查询工具，并在不同的查询引擎之间共享和访问数据。

3）场景定位

Hudi 在数据摄取方面具有诸多优势，特别是在合并分布式文件系统中的小文件方面，大幅度提高了查询效率。此外，Hudi 的原子提交功能保证了查询操作不会受到部分写入的影响。下面列举一些 Hudi 的典型使用场景。

（1）近实时摄取。Hudi 通过提供一种统一的方法解决来自各种外部源的数据被摄取到 Hadoop 数据湖中的挑战，优化了数据加载过程并提高了效率。对于关系数据库管理系统的摄取，Hudi 利用更新插入来加速数据加载，避免了成本高昂且效率低下的批量加载。对于 NoSQL 数据存储和 Kafka 等不可变数据源，Hudi 通过最小化文件大小和改善 NameNode 的健康来有效管理大量数据，同时通过原子提交向消费者发布新数据，确保数据的一致性和可靠性。

（2）近实时分析。实时数据集市通常依赖 Druid、MemSQL 或 OpenTSDB 等专业实时数据分析存储，适合处理需要亚秒级响应的小规模数据量，如系统监控或交互式实时分析。Hudi 提供了一种更有效的替代方案，通过提升数据新鲜度并支持更大规模数据集的实时分析，无须外部依赖，加速分布式文件系统上的分析，降低了操作成本。

（3）增量处理管道。Hudi 通过支持单记录粒度的数据消费，包括对延迟数据的处理，有效解决了传统 Hadoop 工作流在处理来自间歇性连接的移动设备和传感器产生的延迟数据时所面临的重复处理问题。这种机制不仅提高了数据更新的效率，还实现了对延迟数据的协调。通过流处理框架和数据库复制技术，Hudi 支持更频繁的调度，为下游数据集提供端到端 30 分钟的低延迟，提高了整个生态系统的效率。

2. Iceberg

Iceberg 是一种开源的数据表格式和查询引擎，它的中心思想在于简化云上数据湖的构建和管理。该项目最初由 Netflix 开发，现已成为 Apache 软件基金会的顶级项目。Iceberg 的设计目标是提供一种可靠、可扩展和易于使用的数据表格式和查询引擎，以支持复杂查询和大规模数据操作。

1）产品架构

Iceberg 是一种表格式，它作为计算层和存储层之间的中间层，定义了数据和元数据的组织方式，提供了统一的"表"的语义。它与底层的存储格式（如 ORC、Parquet）最大的区别在于 Iceberg 并不定义数据存储方式，而是提供了数据和元数据组织的方式。图 6-4 所示为 Iceberg 层次，它构建在数据存储格式之上，底层数据仍使用 Parquet、ORC 等进行存储。可以首先在 Hive 中建立一个 Iceberg 格式表，并使用 Flink 或 Spark 写入 Iceberg，然后通过其他方式（如 Spark、Flink 和 Presto 等）读取该表。

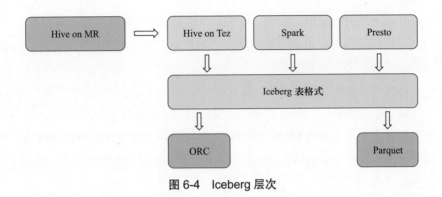

图 6-4　Iceberg 层次

2）核心能力

Iceberg 为事务性数据湖带来了多项关键优势，包括：

- 支持通用 SQL：结构化查询语言作为一种广泛使用的查询语言，便于与多种
  编程语言集成，且易于学习。Iceberg 使熟悉 SQL 的分析师和开发者能够无须
  学习新技术即可轻松构建和管理数据湖。

- 保证数据一致性：Iceberg 确保所有用户在读写数据时获得一致的数据视图，
  保障了数据的一致性和准确性。

- 数据结构：Iceberg 支持数据结构的灵活变更，允许用户添加、重命名或删除
  数据表中的列，而不影响现有数据，从而简化了数据管理。

- 数据版本控制：Iceberg 通过支持数据版本控制，允许用户追踪数据的历史
  变更，实现数据的时间旅行功能，便于访问历史数据版本并分析数据的变化
  过程。

- 跨平台兼容性：Iceberg 兼容多种存储系统和查询引擎，如 Spark、Hive 和
  Presto 等，支持在不同的数据处理环境中灵活使用。

- 增量处理：Iceberg 使用户可以高效地处理自上次查询以来发生变化的数据，
  即更改数据捕获，提高数据处理的效率和性能。

这些优势使 Iceberg 成为构建和维护事务性数据湖的强大工具，提高了数据处理
的灵活性、效率和可靠性。

3）场景定位

Iceberg 适合多种数据湖场景，具体包括：

- 支持数据隐私法要求的数据表：对于数据湖中需要频繁删除数据的场景，如
  满足数据隐私法规要求，Iceberg 提供了高效的数据删除能力。

- 允许记录级别更新的数据表：在需要对数据集进行频繁更新的场合非常有用，如销售数据在客户退货等事件发生后的更新。Iceberg 能够无须重新发布整个数据集即可更新单条记录。

- 不可预测变化的数据表处理：维度缓慢变化表包含可能会不定期变化的姓名、位置和联系信息。Iceberg 为这类数据提供了灵活的管理方式。

- 支持数据的历史版本查询：对于需要趋势分析、数据变更分析或因纠正错误而回滚到先前版本的场景，Iceberg 提供了数据版本控制和时间旅行功能。

3. Delta Lake

Delta Lake 是 Databricks 公司开源的、用于构建湖仓架构的存储框架，支持 Spark、Flink、Hive、Presto 和 Trino 等查询或计算引擎。作为一个开放格式的存储层，它在提供批流一体的同时，为湖仓架构提供可靠、安全和高性能的保证。

Delta Lake 提供了 ACID 事务、可扩展的元数据处理，并在现有数据湖（如 S3、ADLS、GCS 和 HDFS）的基础上统一了流数据和批数据处理。

1）产品架构

图 6-5 所示为 Delta Lake 架构。Delta Lake 允许在同一个数据源中无缝集成批处理和流处理，用户可以对相同的 Delta 表执行批处理查询和流处理查询，确保数据的一致性和实时性。Delta Lake 可以无缝集成到现有的数据湖基础设施中，提供了强大的数据管理能力，使数据湖能满足更高的数据一致性和可靠性要求。

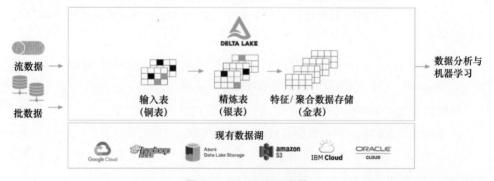

图 6-5　Delta Lake 架构

在 Delta Lake 中，数据表分为三类：铜表、银表和金表。这三类表代表数据处理的不同阶段：

- 铜表：输入的数据表被称为铜表，这部分数据通常是未经过处理的脏数据。同时，铜表也是整个数据湖中的事实表。

- 银表：对数据进行一定的清洗后得到的数据。银表的结构更加清晰和规范，能够支持一些机器学习或其他简单的分析场景。

- 金表：在银表的基础上，通过进一步的特征抽取和聚合得到的数据，可以进行更复杂的分析。

Delta Lake 处理完的数据不仅具备高度的一致性和可靠性，还能高效地支持各种数据分析和机器学习任务。这些数据经过 Delta Lake 的处理后，具备了 ACID 事务支持、模式演变等高级特性，使数据分析师和数据科学家能够更加便捷地进行复杂的数据查询、报表生成及深度数据挖掘。

2）核心能力

Delta Lake 能够提供以下几种数据处理流程中所需要的关键能力：

- ACID 事务：通过不同等级的隔离策略，Delta Lake 支持多条流水线并发读写。

- 数据版本管理：Delta Lake 通过 Snapshot 等管理、审计数据及元数据的版本，并支持 time-travel 的方式查询历史版本数据或回溯到历史版本。

- 开源文件格式：Delta Lake 通过 Parquet 格式存储数据，以此来实现高性能的压缩等特性。

- 批流一体：Delta Lake 支持数据的批量和流式读写。

- 元数据演化：Delta Lake 允许用户合并或重写 Schema，以适应不同时期数据结构的变更。

- 丰富的 DML：Delta Lake 支持 Upsert、Delete 及 Merge 来满足不同场景下用户的使用需求。

3）场景定位

Delta Lake 为用户提供了在分布式环境中进行高性能事务处理的能力，下面列举了三种典型的应用场景：

- 金融：Delta Lake 因对数据有较高的一致性和完整性而被广泛应用，如在处理高频交易数据、进行金融风险控制和信贷评估等方面。Delta Lake 通过提供 ACID 事务支持和数据版本控制，保障了金融数据的精确性和可信度。

- 电子商务：面对庞大且复杂的数据量，Delta Lake 能够高效地执行数据的分析、挖掘和查询等操作。ACID 事务和数据版本控制的特性确保了电商数据的准确性和一致性，从而优化了业务流程、提升了用户体验。

- 物联网：Delta Lake 适用于处理实时性高和数据量大的情况，使物联网数据能够被实时地分析和处理。通过版本控制和数据校验功能，Delta Lake 确保了物联网数据的精确性和一致性，提高了数据处理的质量和可靠性。

6.2 数据仓库存储架构

现代数据仓库通常可以被划分为四层架构，自下而上分为数据采集层、数据计算层、数据服务层和数据应用层。作为整个数据仓库的基础，数据采集层负责数据获取和存储，并为上层的复杂分析任务提供支持。

近年来，随着互联网的快速发展，企业需要存储的数据量呈指数级增长，从过去的 GB 级别，已经发展到 TB 级甚至 PB 级规模。为了提高数据仓库的处理性能和效率，从而帮助企业更快地获取结果并即时分析，合理的数据存储架构设计至关重要。

在数据仓库存储架构中，根据数据的物理存储方式和组织结构的不同，可以划分为单机存储架构和分布式共享存储架构。

（1）单机存储架构。所有数据都存储在一个中心化的存储系统中，由数据仓库管理员管理和维护。这种架构适用于规模较小的数据仓库，但可能面临单点故障和性能瓶颈等问题。

（2）分布式共享存储架构。数据仓库的数据分布在多个节点上，利用分布式计算和存储技术进行数据管理和查询。这种架构可以提高数据仓库的性能和可扩展性，但也增加了管理和维护的复杂性。

如何选择合适的架构取决于数据仓库的规模、性能需求和管理复杂性。选择正确的架构可以提高数据仓库的性能、可扩展性和灵活性，从而更好地支持数据分析和决策需求。

6.2.1 单机存储架构

单机存储架构是一种将所有数据使用一个中心化系统进行存储的架构。该架构通常使用多层介质来存储数据，包括内存层、固态硬盘层及机械硬盘层。这种架构充分利用了不同介质的优势，提高了数据访问速度和存储容量利用率，如图 6-6 所示。

（1）内存层。由于内存的读写速度非常快，内存层适用于存储经常被访问的热数据，提供较快的数据访问速度。

（2）固态硬盘层。固态硬盘的访问速度低于内存，但仍比传统机械硬盘快，适用于存储不经常访问但需要快速访问的温数据。

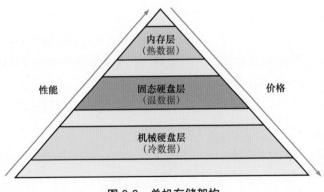

图 6-6　单机存储架构

（3）机械硬盘层。由于冷数据的访问频率较低，可以将其存储在机械硬盘中，以节省本地存储资源。

单机存储架构已成为当前数据存储和管理领域的重要技术之一。这种架构提高了数据访问速度和存储容量利用率，实现了数据的高效管理。然而，该架构也存在一些局限性，包括如何合理划分数据的冷热度、如何避免数据的丢失和损坏等问题。

6.2.2　分布式共享存储

为了避免单机存储架构中出现的单点故障和性能瓶颈问题，分布式共享存储可以将数据分布式地存储在多个节点上，并通过网络进行共享和访问。相较于单机存储架构，分布式共享存储提供了更高效的数据存储和访问服务，能够满足各种规模和复杂度的数据管理需求。下面介绍几种常见的分布式共享存储系统。

1. S3/OSS

在分布式架构中，S3 和 OSS（Object Storage Service）都是常见的分布式共享存储，用于存储和管理大规模数据。S3 和 OSS 具有高可用性、高扩展性和高安全性等特点，能够满足不同规模和复杂度的数据管理需求。具体而言，它们具备如下特点和优势。

（1）对象存储架构。S3 和 OSS 采用对象存储架构，以对象为基本存储单元。对象由数据、元数据和唯一标识符组成，可以是任意大小的文件。这种架构使存储和检索大规模数据变得更高效。

（2）可扩展性。S3 和 OSS 均支持横向扩展，可以根据需要增加存储容量和处理能力。它们能够处理大规模的数据，并自动平衡负载，以确保高性能和可靠性。

（3）高可用性。S3 和 OSS 通过多副本存储和数据冗余提供高可用性。它们会将数据复制到多个物理位置或数据中心，以防出现单点故障，并确保数据的持久性和可靠性。

（4）数据一致性。S3 和 OSS 采用了不同的模型来处理数据的一致性。在 S3 中，对于读取、写入、更改对象标签、访问控制列表或元数据的操作，都具有强一致性，这意味着对数据的修改将立即生效，确保操作的一致性。而 OSS 提供了"读写一致性"和"读写后一致性"两种模型，用户可以根据应用需求进行选择。

2. HDFS

HDFS 是 Hadoop 生态系统中的一种分布式文件系统，它的设计目标是将数据分布式地存储在多个节点上，并提供方便的数据管理接口。

HDFS 的高容错性、高可靠性和高可扩展性是其最显著的特点。通过将数据分割成小块并在多个节点上进行冗余存储，HDFS 可以轻松应对节点故障或数据损坏的情况。当某个节点出现故障时，系统可以自动将数据复制到其他节点上，以确保数据的可靠性和可用性。这种冗余存储机制使 HDFS 可以有效地应对硬件故障或网络问题，从而保证数据的安全性和连续性。HDFS 的另一个重要的特性是高可扩展性。HDFS 可以轻松地处理大规模数据集，支持 PB 级别的数据存储和访问，并进行数据的并行处理。

此外，HDFS 还提供了简单且强大的文件系统接口，使用户可以方便地对数据进行管理和操作。用户可以通过常用的文件操作命令管理存储在 HDFS 上的数据。这些特性使得 HDFS 成为可靠、高效、可扩展的分布式文件系统，为大数据处理提供了强大的支持。

3. 盘古文件系统

盘古是阿里云开发的高可靠、高可用、高性能的分布式文件系统。作为阿里云统一存储的核心组件，盘古 1.0 已经可靠且有效地支撑了阿里云多条业务线的快速扩展。在 2015 年以前，盘古 1.0 主要使用 HDD 作为存储介质，并通过传统的 Ethernet/IP 网络进行分布式连接。近年来，随着计算机硬件的飞速迭代，高速的 NVMe SSD 及日渐成熟的 RDMA 网络技术的出现，为盘古带来了新的机遇和挑战。在更高性能的业务需求驱动下，盘古运用新兴硬件和技术，成功推出了盘古 2.0[33]。

1）盘古 2.0 特点

（1）低延迟。盘古 2.0 利用高性能的 SSD 和 RDMA 硬件，在存算分离的架构下实现了 100μs 级别的 I/O 延迟。即使在网络抖动和服务器出现故障的情况下，仍能提供以毫秒级别计算的 P999 SLA 保证。

（2）高吞吐。充分发挥存储服务器的吞吐能力，提供高性能的数据传输和处理能力。

（3）统一的高性能。为所有使用盘古的上层服务提供一致的高性能服务，包括在线搜索、数据分析、EBS、OSS 和数据库等。

2）盘古 2.0 架构

盘古 2.0 架构如图 6-7 所示，主要包含了监控系统、主节点、客户端和块服务器。

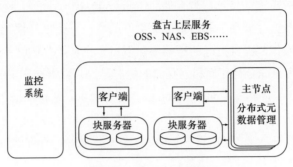

图 6-7　盘古 2.0 架构

（1）监控系统。监控系统为整个系统提供了实时的监控功能，同时提供了基于 AI 的根因分析服务。

（2）主节点。主节点在盘古 2.0 中负责管理所有的元数据，包括目录树、命名空间，以及文件到数据块的映射关系。为了提供高效、稳定的元数据服务，主节点使用了 Raft 协议维护数据一致性，避免因单点故障对集群服务造成的影响。

（3）客户端。客户端承担了多项任务，包括处理上层服务的请求、满足服务级别协议等。当上层服务向客户端发送任务请求时，客户端首先与主节点通信以获取相应的元信息。然后在读取操作时，主节点返回文件的存储位置；而在创建文件时，主节点选择多个副本的位置并将其返回给客户端。最后，客户端直接与存储服务器交互，完成数据的写入、读取和更新等操作。

（4）块服务器。块服务器是存储数据的节点。块服务器上运行了一个用户态操作系统。通过重新设计操作系统的基本功能，用户态程序可以绕过内核直接管理硬件，从而降低内核态和用户态的切换开销。此外，块服务器还采用了大内存页（Hugepage memory）和零拷贝（Zero-copy）等技术，进一步优化内存管理。

6.3　典型存储格式

作为数据仓库存储层的基石之一，数据存储范式也随着数据库的发展不断演变。

从最早的文档数据库、关系数据库到新兴技术，这些变化引发了存储范式的演变，涉及更广泛的概念和方法。存储范式的演变涉及多个方面，包括数据模型、数据结构和查询优化等。在早期，行存储（Row-based Storage）是最常见的存储方式，它将每行的数据存储在一起。这种存储方式适用于联机事务处理场景，但在分析查询时效率较低。随着数据分析需求的增加，列存储（Column-based Storage）逐渐受到关注。列存储将同一列的数据存储在一起，提供了更好的联机分析处理性能。它可以减少不必要的数据读取操作，提供更好的压缩率，但对于更新操作的性能有所影响，更适合于数据仓库。为了综合行存储和列存储的优点，提高数据仓库中的数据处理效率，行列混合存储（Hybrid Row-Column Storage）应运而生，它将数据划分为行组（Row Group），每个行组包含多个行，而每个行内的数据按列存储。行列混合存储在联机分析处理和联机事务处理之间取得了平衡，能够提供较好的查询性能和更高的更新效率。本章将逐一介绍这几种存储方式。

6.3.1 行存储

关系存储通常将数据组织成表格的形式，因此一种天然的存储方式就是按照多维数组的方式存储数据。这种模型被称为行存储，也称 N-Ary Storage Model（NSM）。在行存储模型中，每条数据的所有属性都会被连续地存储在磁盘页面中。例如，可以使用下面的 SQL 语句创建一个 useracct 表。图 6-8 简要展示了行存储模型下关系表在磁盘上的存储结构。

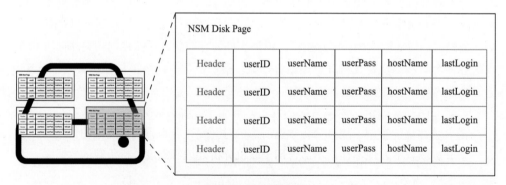

图 6-8　行存储模型

```
CREATE TABLE useracct (
    userID INT PRIMARY KEY,
    userName VARCHAR UNIQUE,
    userPass VARCHAR,
```

```
hostName VARCHAR,

lastLogin DATE

                    );
```

由于行存储模型中的数据是按照顺序追加写入的，因此该模型支持快速的插入、更新和删除操作。然而，该模型不适合对具有少量属性的大范围数据进行扫描，因为扫描过程中会读取大量无用的数据。如图 6-9 所示，行存储模型在扫描中读取了大量无用的数据，而 SQL 语句仅需要用到其中的少量列。此外，由于一个页面中存在多种不同类型，行存储模型不适合对数据进行压缩。因此，该模型通常在联机事务处理的场景下使用。

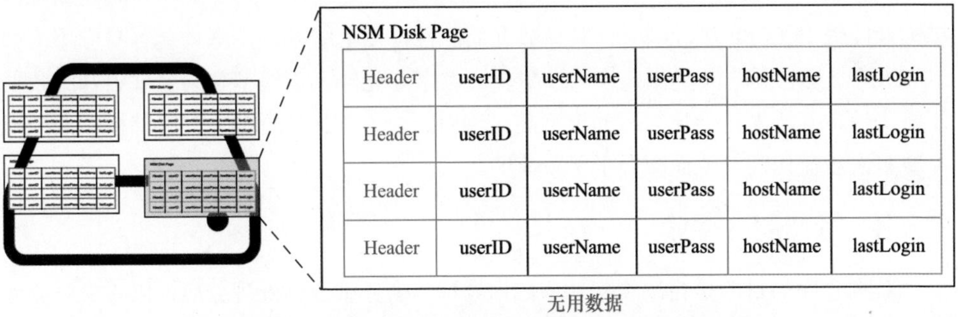

NSM Disk Page

Header	userID	userName	userPass	hostName	lastLogin
Header	userID	userName	userPass	hostName	lastLogin
Header	userID	userName	userPass	hostName	lastLogin
Header	userID	userName	userPass	hostName	lastLogin

无用数据

图 6-9　行存储模型在扫描中读取大量无用的数据

```
SELECT COUNT(U.lastLogin),
    EXTRACT(month FROM U.lastLogin) AS month
FROM useracct as U
WHERE U.hostName LIKE '%.gov'
GROUP BY EXTRACT(month from U.lastLogin);
```

6.3.2　列存储

随着数据量的激增，用户分析数据所需的时间变得非常漫长。传统的行存储模型在复杂分析场景下表现不佳，不适合用于联机分析处理等重度分析负载的数据库。因此，各类针对大数据量的分析引擎不断涌现，而这些引擎的核心之一就是列存储模型。

列存储又称 Decomposition Storage Model（DSM）[34]，最早由 Copeland 和 Khoshafian 在 1984 年提出。列存储模型将一个属性的所有值连续地存储在一个页面中。当用户查询时，系统会从存储层取出相应的列，并组装为元组返回给用户。这种存储模型对于数据范围限于几个属性的复杂查询非常友好。图 6-10 展示了一个列存储模型的实例，其中将所有元组的 hostName 属性都存储在了一个页面中。

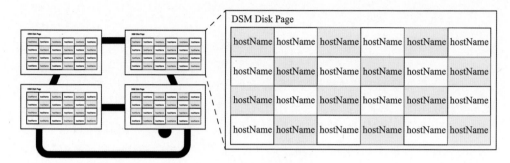

图 6-10　列存储模型

　　由于列存储模型在查询中只需要读取必要的数据，对于涉及少量列的查询可以极大地降低 I/O 访问量。同时，其高数据局部性提高了缓存利用率，更容易应用诸如 SIMD 指令集之类的向量化操作，提高查询效率。此外，该模型容易实现更好的数据压缩，通常其压缩比会比行存储模型高。然而，由于数据的拆分，列存储模型的插入需要多次磁盘访问，从而减慢了更新速度。

6.3.3　行列混合存储

　　数据仓库的目的是将决策支持型数据处理与事务型数据处理分离，以减少对业务系统的影响。传统的数据处理流程会将所有写入数据存储在 OLTP 数据库中。当需要分析时，会通过一个中间层 ETL 从源端的数据中提取和转换数据，并将其加载至目标端的 OLAP 数据库。在 OLAP 数据库中处理数据后，再返回结果，数据仓库处理过程如图 6-11 所示。

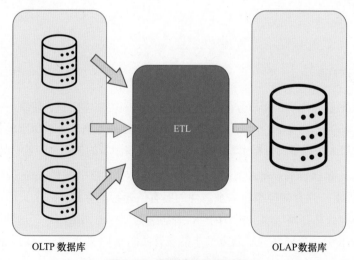

图 6-11　数据仓库处理过程

随着用户产生的数据量不断增加，出现了越来越多的业务场景，需要能够同时处理高并发的事务请求，并确保数据分析具有时效性。然而，上述解决方案实施的成本高昂且实施复杂，大量的系统和组件给企业的实际运维系统带来了挑战，该方案也无法完全解决为分析查询提供事务数据的时间滞后问题。因此，行列混合存储技术应运而生，这里以 AnalyticDB 为例来介绍其中的行列混存技术。

为了处理同时包含了单点查询与范围扫描的混合负载，通常会选择使用行列混合存储的方式，这种方式可以使数据文件同时高效地支持这两种类型的查询。在此基础上，AnalyticDB 的存储层设计了 Lambda 架构，将数据划分为基线数据和增量数据两部分，其中基线数据包含索引和数据两部分，而增量数据不包含索引。随着实时数据的不断写入，为了避免增量数据影响查询性能，AnalyticDB 会使用后台任务将基线数据和增量数据合并成一个新的基线数据，并基于新的基线数据构建全量索引。

图 6-12 展示了 AnalyticDB 行列混合存储模型，每个表分区中的数据都存储在单独的文件中。所有的元组被划分为多个行组，每个行组包含固定数量的行。在单个行组内，每列上的所有值都会被组成一个连续的数据块（Data Block），所有的数据块按

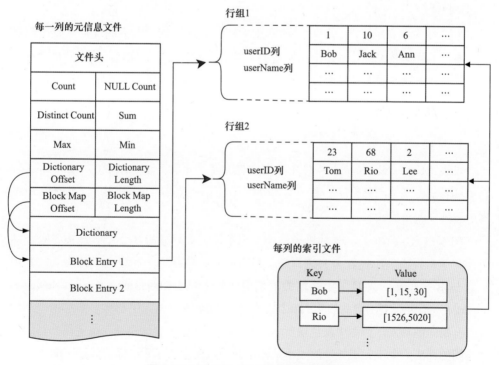

图 6-12　AnalyticDB 行列混合存储模型

照顺序存储。数据块是 AnalyticDB 中的读取、预取、缓存等操作的基本单元，有助于实现高压缩比，以节省存储空间。AnalyticDB 会为每列数据异步构建元数据及索引，其中元数据包括该列数据的统计信息、字典数据及物理映射等。在这种模式下，增量数据的写入只需要顺序构建行组，而点读查询也只涉及单个行组内的顺序查找，从而在引入一定开销的情况下实现 OLAP 和 OLTP 的平衡。

6.4 关键数据结构、索引与压缩技术

数据仓库作为企业数据管理的关键组成部分，在支持企业决策和业务方面发挥着重要作用。选择合理的数据结构、索引和压缩技术对提高数据仓库的性能和可用性至关重要。

在数据仓库中，数据结构和索引是优化数据访问的关键技术，可以加快数据查询和数据检索的速度。例如，B+ 树和 LSM 树分别适用于读密集和写密集的负载，位图索引适用于高基数列的查询和多维查询，而哈希索引适用于等值查询等。此外，采用压缩技术可以有效减少数据仓库中大量的存储空间，常见的压缩技术包括霍夫曼编码和字典压缩。

本节将详细介绍这些关键技术的常用方法，并深入探讨它们的优缺点及适用场景。通过了解这些关键技术并探索如何最大限度地发挥它们的优势，可以满足企业在数据管理和决策过程中日益增长的需求。

6.4.1 数据结构

1. 堆表

堆表（Heap Table）是数据库中存储数据的基本单元。通常来说，每张表都对应一个堆表。由于不同数据库厂商的堆表组织方式不尽相同，本节将基于 PolarDB 对堆表格式进行简单的介绍。

图 6-13 展示了 PolarDB 的堆表结构。每个堆表被划分为多个大小为 BLCKSZ 的页面，通常页面大小设置为 8KB。每个页面的开头包括一个固定大小的表头，其中包含与事务处理、数据恢复等相关的信息，如 LSN、Checksum、flag 等。lower 和 upper 标识了页面空闲空间的起始和终止位置。每个写入的元组都从页面空闲空间的终点开始向前写入，如图中灰色块所示，并将指向元组位置的指针（黄色块）写入空闲空间的开头。由于元组指针的大小是固定的，就实现了基于下标的数据查询。

表文件

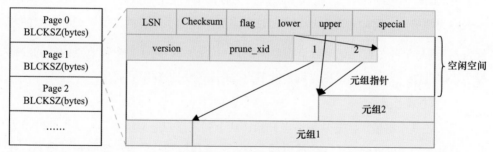

图 6-13　PolarDB 的堆表结构

2. B+ 树

B+ 树是一种平衡的多路搜索树，广泛用于数据库和文件系统等数据结构。B+ 树是为了提供高效的数据插入、删除和查找操作，同时保持树的平衡和存储利用率。

B+ 树由多个节点组成，图 6-14 所示展示了一棵 B+ 树的层次结构。对于一个 m 阶 B+ 树来说，每个节点最多可容纳 m 个键和 $m+1$ 个指向子节点的指针。这些节点在逻辑上可分为三类。

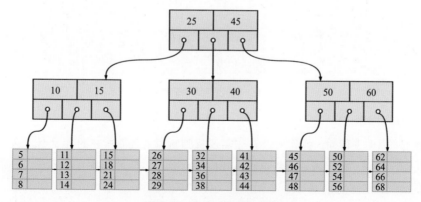

图 6-14　B+ 树的层次结构

（1）根节点。根节点是树的顶部节点，该节点可以是一个内部节点或叶节点。如果 B+ 树只有一个节点，那么这个节点就是根节点。除了树为空或只包含一个节点的情况，根节点至少有两个子节点。根节点可能包含从 1 个到 m 个键，以及相应的 $m+1$ 个指针。

（2）内部节点。处于根节点和叶节点之间的节点称为内部节点。所有的非叶节点都不存储数据，只记录子树上的最大键值，用于数据索引。每个内部节点至少包含 $\left\lceil \dfrac{m}{2} \right\rceil$ 个键和相应数量的指针，最多包含 m 个键和 $m+1$ 个指针。对于第 i 个指针来说，其子树上的键值范围为 $[k_{i-1},k_i)$，其中 k_{i-1} 为存储的第 i 个键值。

（3）叶节点。树的底层为叶节点，该节点类型存储了所有的键值。记叶节点的容量为 b，则每个叶节点的记录数量需要满足 $\left\lceil \dfrac{b}{2} \right\rceil \le n \le b$，同时每个叶节点内部的数据都会按键排序。为了方便范围查询，叶节点之间还会用指针串联起来。

1）查找操作

要查找某个键值，需要从根节点开始，从上到下递归地遍历树。在每个非叶节点上，通过比较键可以确定下一个搜索的节点，一直遍历到叶节点。如图 6-15 所示，在查找键为 15 的数据时，从根节点开始搜索。由于 15<25，因此下一次搜索在第一个子树上进行；在进行第二次比较时，发现 15 ≥ 15，确定数据在最后一个子树中；由于已经找到叶节点，因此只需要在叶节点上的有序数据中进行二分查找即可，最终查找成功。

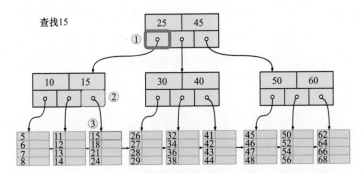

图 6-15　查找键为 15 的数据

2）插入操作

在 B+ 树中进行插入操作时，首先需要找到新写入键值所在的叶节点，这个过程与查找操作相同。接下来，将数据写入相应的叶节点。如果该叶节点已满，则需要进行分裂操作。如图 6-16 所示，在插入键为 60 的数据后，会进行分裂操作，将一半的数据移动到新的叶节点中，并将新叶节点的最小键值复制到其父节点中。如果该操作后父节点也已写满，则需要进行递归分裂操作。

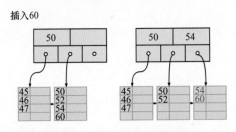

图 6-16　插入键为 60 的数据

3）删除操作

在 B+ 树中进行删除操作时，依然需要找到新写入键值所在的叶节点，并在叶节点中通过二分查找确定请求数据的位置，之后根据不同情况进行如下操作。

- 第一步，删除对应的记录。如果删除后叶节点的数据量依然大于或等于 $\left\lceil\dfrac{b}{2}\right\rceil$，则操作完成。

- 第二步，向有多余记录的兄弟节点（大于或等于 $\left\lceil\dfrac{b}{2}\right\rceil$）借一个记录，同时更新父节点中对应的键值。

- 第三步，在兄弟节点也没有多余记录的情况下，需要合并节点，将当前节点和兄弟节点合并为一个节点，之后在父节点中同样需要删除对应的记录，回到第一步进行递归操作。

图 6-17 展示了一次 B+ 树的删除操作，左图和右图分别对应了 B+ 树删除操作的第二步和第三步。

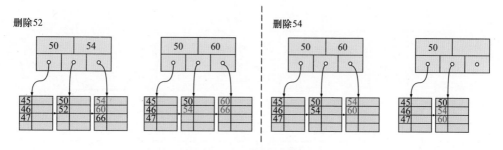

图 6-17 B+ 树的删除操作

3. LSM 树

使用 B+ 树作为数据库索引可以提供出色的查询性能，其时间复杂度仅为 $O(\log n)$。然而，由于磁盘的随机访问速度远远慢于顺序访问速度，旋转式磁性硬盘更是如此，其速度会相差一个数量级以上。因此，在执行更新操作时，B+ 树的随机访问可能会导致性能下降。

为了解决该问题，Patrick O'Neil 在 1996 年发表的论文[35]中引入了日志结构合并树（Log-Structured Merge Tree）的概念。该设计思想的核心是将大量的随机磁盘写入操作转化为按磁盘顺序追加写入，以提高性能。现今，在处理海量数据存储和检索场景时，常常选择各种强大的 NoSQL 数据库，如 HBase、Cassandra、LevelDB 和 RocksDB 等。这些 NoSQL 数据库共同的特点是它们都采用了 LSM 树结构作为底层存储结构。下面将介绍这种广泛应用的数据结构。

LSM 树的整体结构如图 6-18 所示，写入的数据首先会被顺序写入预写日志（Write Ahead Logging，WAL）中，以防止数据在断电等异常情况下丢失。然后这些数据会存储在内存中，使用有序数据结构（通常是跳表）进行存储，这个内存中的数据结构被称为 Memtable（内存表）。通过这两个步骤，LSM 树将数据的写入操作转化为顺序写入操作，从而确保了写入性能的提升。

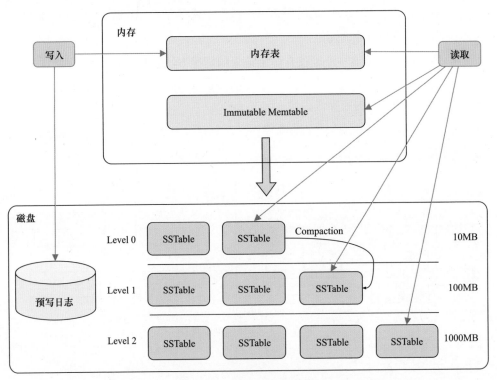

图 6-18　LSM 树的整体结构

然而，如果数据一直只存储在 WAL 和内存中，随着数据量的增加，断电等异常情况下的崩溃恢复过程所需的时间也会不断增加。为了避免这种情况发生，当内存中的数据量达到一定阈值时，需要定期将内存中的有序数据刷新到磁盘。在此过程中，内存表会被转换为不可变的 Immutable Memtable，并生成一个新的内存表。同时，后台线程会持续将 Immutable Memtable 写入磁盘，形成有序字符串表（Sorted String Table，SSTable），这是一种持久化、有序且不可变的键值存储结构。每当一个内存表被写入磁盘后，其对应的 WAL 数据就可以被丢弃。

SSTable 是一种持久性、有序且不可变的键值存储结构。图 6-19 展示了 SSTable

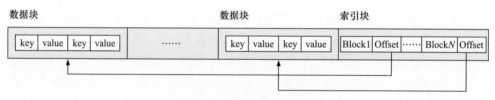

图 6-19　SSTable 基本结构

的基本结构，它将数据划分为一系列固定大小（通常为 64KB）的数据块（Block）。为了在查询中快速定位数据块，SSTable 会在文件尾部创建索引块，记录每个数据块的偏移量和第一个键。在查询时，可以通过二分查找索引块定位待搜索数据块，并根据偏移量读取相应的数据块，最后在数据块内再次进行二分查找，找到具体的键值对。

LSM 树的写入性能非常高，但由于每个 SSTable 都是不可变的，随着写入数据量的不断增加，磁盘会存在大量的 SSTable，同时多版本数据可能分布在多个 SSTable 中。为改善读取性能，LSM 树将 SSTable 按照不同的层级进行组织，其中较新的数据位于较高的层级，较旧的数据位于较低的层级。在图 6-18 所示的 LSM 树结构中，使用三层结构组织 SSTable，每层容量分别为 10MB、100MB、1000MB。

为了避免多版本数据影响性能和空间利用率，需要定期将多个 SSTable 合并为一个更大的 SSTable，该操作称为 Compaction，用于清理重复的数据，并将多个层级的 SSTable 合并为更高层级的 SSTable。Compaction 可基于数据量、SSTable 数量等条件触发，在后台线程中执行。图 6-20 展示了 LSM 树的两种 Compaction 策略——Leveling Compaction 与 Tiering Compaction。

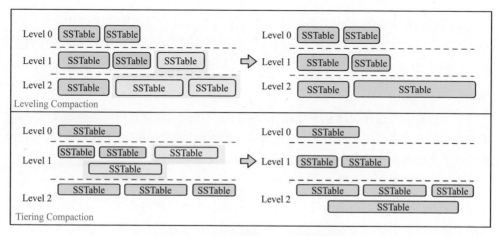

图 6-20　LSM 树的 Compaction 策略

- Leveling Compaction：在此策略中，每层的 SSTable 都是互不重叠的，保证了有序性。当某层的文件大小达到阈值时，会在该层选取若干文件，与下一层中有重叠的文件合并写入下一层，以维持每层文件之间的有序性。这种有序的 SSTable 可以提高读取性能，但是每次合并操作都需要读写大量的数据，会引起较高的写放大效应。

- Tiering Compaction：在此策略中，每个层级都包含了多个重叠的 SSTable。该策略在合并触发时不需要维持文件的有序性，从而减少了需要读取的数据量，降低了写放大效应，提高了写入性能。但与 Leveling Compaction 相比，其查询性能较低，因为需要在每个层级中读取多个文件进行搜索。

作为一种基于磁盘的数据结构，LSM 树通过数据批量顺序写的方式，有效提高了写入性能，实现高吞吐量，然而这也会牺牲一定的读取性能。由于其高效的写入能力，LSM 树在大数据领域广泛应用，如各种 NoSQL 数据库。

6.4.2　索引实现

索引作为一种重要的数据结构，被广泛应用于各种数据访问场景，如最近邻搜索（Nearest Neighbor Search）和范围查询等。使用索引可以避免对整个数据集进行扫描，从而提高查询效率，更加高效地处理大规模数据。

为了优化查询操作，通常会根据具体的应用场景选择不同的数据结构来实现索引。例如，K-D 树、R 树和 BK 树等结构适用于最近邻搜索，而 Zone map 和 Z-Ordering 等结构适用于范围查询。此外，还可使用布隆过滤器等技术预先过滤掉非结果数据，从而缩短查询时间、减少查询计算量。

通过合理地选择和使用索引，在处理大规模数据时能够更加高效地完成各种操作，极大地提高数据访问的效率和速度。当然，不同的数据结构和技术都有各自的优缺点，需要根据具体情况进行选择和权衡。本节将介绍几种常见的索引实现方法。

1. 最近邻搜索

如今，许多数据库应用程序需要用高效的方法进行相似性查询，其查询通常以最近邻查询的形式出现，如地理信息系统和网络搜索引擎等领域。为了快速地找到与目标数据点最接近的邻居，通常需要设计一个合适的索引结构。因此，最近邻搜索成了一种重要的基础算法，在计算机科学和统计学等领域中发挥重要作用。

在最近邻搜索中，查询的目标是找到与目标数据点最相似的邻居，这个邻居可以是单个数据点，也可以是多个数据点。数据之间的相似度通常使用欧几里得距离、曼哈顿距离等来度量。不同的距离度量方法适用于不同的场景，需要根据具体情况进行选择。除了距离度量方法，还可以使用其他相似性度量方法，如余弦相似度等。

在实际应用中，最近邻搜索被广泛应用于计算机视觉、自然语言处理和推荐系统等领域。例如，在计算机视觉中，可以使用最近邻搜索来寻找与给定图像最相似的图像；在自然语言处理中，可以使用最近邻搜索来寻找与给定文本最相似的文本。此外，最近邻搜索还可以与其他机器学习算法结合使用，如 K 最近邻分类器、最近邻回归等。通过选择适当的结构和优化技术，可以提高最近邻搜索的效率，加快查询速度，从而更好地处理大规模数据。

为了实现最近邻数据查询，通常有以下两种方式。

- 暴力搜索法（Brute-Force Search）：基本思想是对于每个查询点，在数据集中寻找与之距离最近的邻居，通常也称朴素算法。作为最简单的最近邻算法，虽然实现简单，但是其计算复杂度随着数据集大小的增加而呈线性增长，效率较低。

- 基于树结构来存储多维空间中的数据，通过将高维数据集分割为不重叠的区域，从而快速定位目标数据点的最近邻。这类方式的经典代表有 K-D 树等。

由于存在维数灾难问题，在高维空间中数据会变得非常稀疏，基于树的最近邻算法的效率通常会非常低。同时，在许多实际应用场景中，并不需要得到完全精确的结果。例如，在推荐系统或图片搜索系统中，用户通常可以接受多个相对接近的结果，或者少量不太理想的结果；在 Web 搜索引擎中，快速响应时间比等待确切结果的成本更高。为了解决这个问题，可以使用一些近似最近邻算法，虽然这些算法不能保证在每次查询中都返回精确的最近邻结果，但它们可以在牺牲一定准确性的情况下，获得更快的搜索性能或节省更多的内存。近似最近邻算法在实际应用中得到了广泛的应用。

一些常见的近似最近邻算法包括基于图的 HNSW 算法、基于哈希的局部敏感哈希及基于树的 Annoy 算法等。这里对其中的一种算法—— HNSW（Hierarchical Navigable Small World）[36] 算法，进行简要的介绍。

HNSW 算法是一种用在高维空间中的最近邻搜索的快速算法。该算法通过构建一个多层的图结构，将高维空间中的数据点映射到不同的层级上，并在每个层级上使用小世界图（Small World Graph）来维护数据点之间的连接关系。在搜索时，通过跳跃式地在图结构中导航，算法可以快速定位到目标数据点的近似最近邻。

HNSW 算法的思想最早可追溯至 1967 年，Stanley Milgram 提出了著名的六度分离理论。该理论指出：在现实世界中，存在普遍的短路径，并且人们能够有效地发现和利用这些短路径。基于该理论，Duncan J. Watts 和 Steven Strogatz 在 1998 年提出了小世界网络理论[37]。在这种网络中，点与点之间的关系可以分为两种类型。

- 同质性：相似的点会聚集在一起，并通过邻接边相互连接。
- 弱连接：每个节点都会随机地与网络中的其他节点建立一些边，这些节点是随机均匀分布的。

NSW（Navigable Small World）算法借鉴这种思想构建了一个小世界网络。如图 6-21 所示，黑色边表示相似的近邻边，红色长边（类似高速公路）连接了较远的节点。通过结合这些长边和短边，可以从任意起始点通过少量跳跃找到近似的最近邻节点。通过两次高速公路及近邻边，就实现了对绿色节点的近似最近邻搜索。

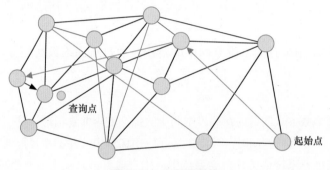

图 6-21　小世界网络

在 NSW 算法中，图的构建阶段通过节点之间的随机连接来建立一个小世界网络。尽管存在高速公路机制，但由于该算法的检索时间复杂度是多重对数级别的，随着数据量的增加，查询速度仍然会受到影响。

为了解决这个问题，HNSW 在该算法的基础上借鉴了跳表的思想，引入了分层图的概念。图 6-22 展示了 HNSW 结构，每个分层都构建了一个小世界网络。底层是一个完整的 NSW 结构，其余层的节点数量随着层数的增加按指数衰减定律逐渐减少。除了底层，节点都会存储指向下一层节点的指针。通过数据的分层设计，在查询时可以在上层通过少量的跳转快速接近目标点，在下层进行更精细的搜索，从而极大地提升整体查询效率，允许系统在较短的时间内找到最相关的结果。

2. 倒排索引

倒排索引（Inverted Index）是一种数据库索引方法，它通过将文档中的内容（单词或数字）映射到它们在表格、文档或文档集合中的位置，实现快速的全文搜索。相比

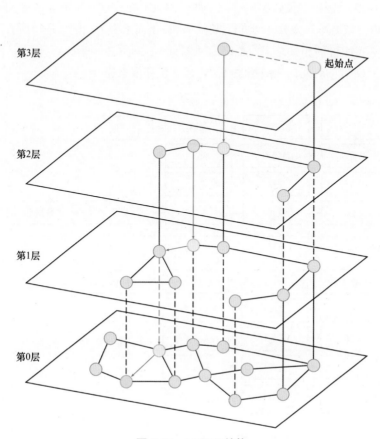

图 6-22　HNSW 结构

正向索引，倒排索引存储的是从内容到位置的映射，而不是从文件到内容的映射。因此，倒排索引也称倒排列表、倒排文件或反向文件。尽管在向数据库中添加文档时需要增加处理成本，但倒排索引仍然是文档检索系统中最流行的数据结构之一。

倒排索引是搜索引擎领域中最常见的应用之一。搜索引擎的目标是通过用户输入的关键词快速查询相应的网页。正向索引存储了从网页到关键词的映射。如果只有正向索引，当用户在主页上搜索关键词时，则需要扫描整个索引，找出包含关键词的所有网页，并根据打分模型进行排序，最后呈现给用户。然而，搜索引擎需要处理的网页数量非常庞大，这种索引结构无法满足实时查询的要求。因此，搜索引擎会将正向索引重建为倒排索引，将映射转换为关键词到网页的映射，每个关键词都对应一系列包含该关键词的网页。基于倒排索引，搜索引擎可以快速获取相应的网页。

以图 6-23 为例，假设数据库存储了四个网页，每个网页都有相应的关键词。当用户想要以"数据库"为关键词进行搜索时，在正向索引下，需要遍历所有网页并比较关键词，才能得到相关结果，最终返回网页 1、网页 2、网页 4。相反，使用倒排索引可以在 $O(1)$ 的时间内找到相关网页，显著提高搜索速度。

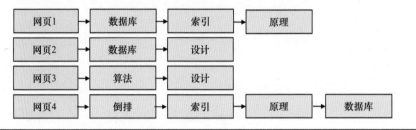

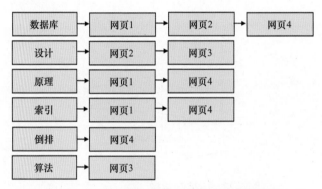

图 6-23　正向索引和倒排索引

3. Z-Order Index

在数据库中，为了提高查询性能，通常会选择为表创建多个索引。对于多列复合索引，数据会依次按照每列属性进行排序。当查询谓词出现在某个索引的第一列时，可以利用该索引加快查询速度。以如下表结构为例。

```
CREATE TABLE Employee(,

EmpID int PRIMARY KEY,

EmpName VARCHAR,

EmpSalary INT,

YOE int)
```

如果在 (EmpName, EmpSalary) 两列上创建了一个索引，则在该索引中的数据会按照 EmpName 的顺序进行物理存储，当 EmpName 相同时，再按照 EmpSalary 排序，这意味着相邻的姓名在物理层面上也是相邻的。下面的 SQL 查询就可以利用该索引进行搜索。

```
SELECT * FROM Employee WHERE EmpName = 'Dennis';
```

然而，下面的 SQL 查询无法利用该索引，因为查询谓词所对应的数据分散在所有的数据文件中。

```
SELECT * FROM Employee WHERE EmpSalary > 10000;
```

又如，在该表上查询"工作经验超过 5 年且工资超过 10000 元的员工"，在存储层面上，拥有相近 EmpSalary 和 YOE 数据的员工被存储在多个文件中，导致有更多的 I/O 操作。

Z 序（Z-ordering）是一种用于多维数据的线性化方法，它利用了空间局部性的特性，将相邻的多维数据映射到相邻的一维空间中，从而方便进行与空间相关的操作和数据压缩。

Z-ordering 的基本思想是将多维数据的坐标按照某种顺序排列，然后将排列后的坐标转换为一维的整数序列。具体来说，Z-ordering 将多维数据的坐标转换为二进制数，然后按照某种规则交错排列二进制数的各个位，从而得到线性化的一维整数序列。图 6-24 展示了二维 Z-ordering 序列，从右图可以看出，Z-ordering 能够将两个维度相近的数据聚集在一起。基于这一点，在数据库系统中可以使用 Z-ordering 将多个列上相似的数据聚集在一起，从而优化多维数据的查询和聚合操作。

图 6-24　二维 Z-ordering 序列

接上面案例，如果在 (EmpName,EmpSalary) 两列上创建了一个 Z-ordering 索引，如图 6-25 所示。这样建立索引后，可以综合地使用多个列的信息。

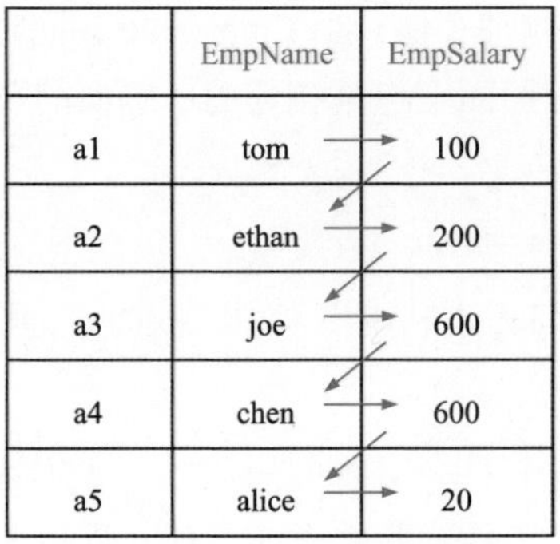

图 6-25　Z-ordering 索引

尽管 Z-ordering 是一种优化数据存储布局的数据库技术，但它也有一些缺点，例如该结构的排序操作较为耗时。在考虑使用该索引结构之前，需要仔细考虑以下几点：

- 如果有大量涉及多个维度的查询，则可以考虑使用 Z-ordering 进行优化。反之，如果大量查询仅涉及单个列，则常规索引已经足以优化查询性能。
- Z-ordering 最适合具有相似分布和范围的数据（地理坐标和物联网数据）。例如，Z-ordering 可以将经纬度接近的数据存储在同一个文件中，可有效跳过无用数据文件。

在低基数的列上不适合使用 Z-ordering。

4. Zone Map

Zone Map 又称 Small materialized aggregates，由 Guido[38] 在 1988 年提出，主要是为了增加关系数据库系统中的范围查询。

在关系数据库中，范围查询是一种常见的查询类型，它需要检索满足一定条件的一系列数据。这种查询通常需要扫描大量的数据块，其中一部分数据可能是无效数据，也就是不满足查询条件的数据。这些无效数据的存在会降低查询效率，因为它们增加了查询所需扫描的数据量。为了提高范围查询的效率，需要采取一些优化措施来尽可能过滤无效的数据。

Zone Map 按照固定大小对列数据划分，并将所有数据划分为一个个区域（Zone），每个区域都有一个元数据，记录了该区域中的最小值、最大值、平均值和数量等统计信息。如图 6-26 所示，这里对 Score 列创建 Zone Map 后，数据被划分为了两个区域，每个区域都有对应的统计信息。当查询包含对某个列的过滤条件时，Zone Map 可以利用查询谓词和元数据信息确定哪些区域中的数据不满足条件，从而有效减少 I/O 数据量，提高查询性能。例如，若查询条件为所有成绩大于 90 分的学生，Zone Map 可以跳过对第二个区域内元组的扫描，从而减少了不必要的数据读取和处理，提高了查询效率。

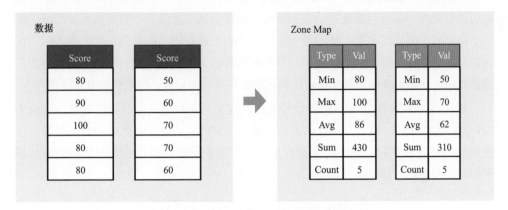

图 6-26　对 Score 列创建 Zone Map

Zone Map 的有效性取决于数据集的查询工作量和数据分布情况，它最适用于具有聚类或部分有序性的数据集。对于接近随机分布的数据集，Zone Map 无法通过统计信息高效地过滤数据。此外，对于 Zone Map，需要权衡过滤效率和区域的大小。过大的范围会降低过滤效率，过小的范围则会导致大量的 Zone Map 检查。因此，为了实现最佳性能，需要根据具体的查询工作量和数据分布情况适当调整区域的大小，以便在减少 I/O 数据量方面获得最大的收益。

5. 粗糙集索引

粗糙集是 AnalyticDB 的自研特性，类似于 PostgreSQL 中的 BRin 索引，主流的列存储数据库均提供了类似功能。该索引记录了列存表中每列数据的存储块中的最小值和最大值。在扫描时，将过滤条件与每个存储块的最大、最小值进行比较，过滤掉不包含该过滤条件的存储块。对于可能包含该过滤条件的存储块，进行后续的数据读取、解压、扫描和比较等操作。此外，AnalyticDB 还对该索引进一步优化，除了记录每个存储块的最大最小值，还记录了多个连续存储块整体的最大最小值，以进一步加快过滤速度。

对于粗糙集索引，必须依赖排序才能发挥作用，除非数据在写入时已经有序。在数据无序的情况下，每个存储块的最大、最小值范围可能包含过滤条件，能够过滤的数据块很少。AnalyticDB 目前只支持组合排序。组合排序类似于多列索引，按照排序键中列出的所有列的顺序进行排序，当查询涉及的列是组合索引排序键的前缀时，组合排序效果最好。

6. 位图索引

位图索引（Bitmap Index）是在 OLAP 系统中常用的一种数据查询技术，用于快速定位数据库中某些列的数据。它的基本原理是为某个属性列上的所有可能取值生成一个由 0 和 1 组成的向量，该向量的长度与元组数量相同。向量的每个位置表示对应元组在该列上是否等于该值，从而将该列数据转换为一系列位图。使用位图索引能够快速查询，并根据查询谓词快速定位到满足某些条件的记录，从而提高查询速度。

例如在图 6-27 中，为性别和区号分别创建了一个位图索引。当需要找出区号为 021 的男性数据时，可以利用这两个位图索引得到对应的位图，然后进行与运算，以快速找出符合条件的元组。在实际应用中，位图索引通常与其他索引结构（如 B 树索引）结合使用，以提高查询性能。

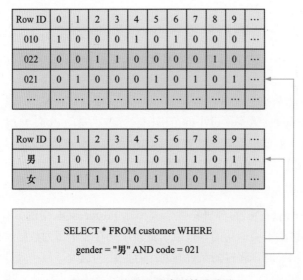

图 6-27　使用位图索引快速查询

与其他索引技术相比，位图索引的优点在于它可以有效地处理低基数列（Low-Cardinality Column），即具有相对较少不同属性值的列，如上述例子中的性别、区号等。对于这些属性，传统的 B 树或哈希索引可能会消耗大量的存储空间和计算资源，而位图索引只需要存储一组位图，因此可以显著减少存储空间。

然而，位图索引也有一些缺点。首先，位图索引对于高基数（High-Cardinality）列来说不太适用，因为需要为每个不同的属性值创建一个位图，这会导致位图变得非常大，从而影响查询和索引维护的性能。其次，位图索引的更新和删除操作比较困难，因为需要同时修改多个位图，这可能导致性能下降。

由于位图索引中存储的数据十分稀疏，只有少部分元素为1，针对这一点，介绍几种针对位图索引的优化技术，以降低存储代价。

1）范围编码

范围编码（Range Encoding）与常规位图索引的不同之处在于，它将多个取值生成的位图合并为一个，从而降低了对较高基数列创建的位图数量。例如，在图 6-28 中，为每个省份的电话区号而非每个市创建了一个位图。然而，范围编码可能会产生假阳性问题，因此在查询时可能需要读取原始数据并再次校验。

Row ID	0	1	2	3	4	5	6	7	8	9	...
北京市	1	0	0	0	1	0	1	0	0	0	...
山东省	0	0	1	1	0	0	0	0	1	0	...
福建省	0	1	0	0	0	1	0	1	0	1	...
...	...	...	...	...	...	...	...	...	...	...	...

图 6-28　对每个省份创建一个位图

2）层级编码

层级编码（Hierarchical Encoding）[39] 也是位图索引的一种扩展形式，它在原始位图索引的基础上增加了层次结构。

层次位图索引通常由多层组成，如图 6-29 所示。使用层级编码创建位图索引后，原始的位图被划分为多个子位图，并存储在树的叶节点中。对于树的非叶节点，其子位图的每位记录了对应子树的信息。如果该位为1，则表示子树中存在值为1的记录；反之，则为0。

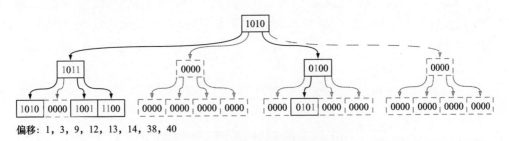

偏移: 1, 3, 9, 12, 13, 14, 38, 40

图 6-29　使用层级编码创建位图索引

例如，图中根节点的子位图为1010，表示其中两棵子树，也就是第5~8个、第13~16个叶节点的位图不存在值为1的记录。在查询时，可以通过逐层遍历位图中为1的位来找到存在有效数据的叶节点，并获取满足条件的记录。由于只需要存储存在 1 的位图，因此该结构极大地缩小了存储空间。例如，在图 6-29 中只需要存储 7 个节点对应的位图。然而，这种结构的缺点在于，节点的遍历过程可能会导致较多的缓存未命中，从而影响整体的性能。综上所述，层次位图索引是一种高效的位图索引改进技术，可以显著缩小存储空间。

7. 布隆过滤器

布隆过滤器（Bloom Filter）[40] 是一种基于概率的数据结构，由 Burton Howard Bloom 于 1970 年提出，用于快速判断给定元素是否属于集合。与哈希表类似，布隆过滤器使用哈希函数来判断元素存在性。相比哈希表，布隆过滤器具有更低的空间复杂度。然而，高效利用空间带来了一定代价：在判断元素是否属于某个集合时，有可能会将不属于该集合的元素误判为属于该集合，这类情况称为假阳性。因此，查询结果是"可能在集合中"或"一定不在集合中"。在允许低错误率的应用场景下，布隆过滤器通过极低的错误率缩小了存储空间。

布隆过滤器使用一个大小为 m 的数组及 k 个相互独立的哈希函数来实现快速数据过滤。每个哈希函数都将元素均匀地映射到 m 个数组位置上。在初始化时，数组中所有的位都被置为 0。在添加元素时，使用哈希函数计算得到 k 个值，并将数组中对应的位置为 1。在查询某个元素的存在性时，同样通过哈希函数计算得到 k 个位置。如果数组对应的位置中有任何一个值为 0，则元素不在集合中。反之，如果所有位都为 1，则该元素可能在集合中，此时可能存在假阳性。由于布隆过滤器不需要存储原始数据项，因此相比哈希表和搜索树等数据结构，它具有更低的空间消耗。同时，可以发现向布隆过滤器添加或查询元素的时间复杂度都是固定的常数 $O(k)$，与集合中已有的数据量完全无关。

以图 6-30 为例，布隆过滤器的大小 m 被设置为 16，哈希函数的数量 k 为 3，集合中已经插入了三个元素 X、Y 和 Z。当查询元素 W 时，三个哈希函数得到的数组位的值分别为 1、0、0，表示 U 不在集合中。然而，在查询元素 U 时，三个哈希函数

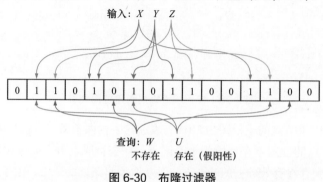

图 6-30　布隆过滤器

对应的数组位的值都为 1，这时就会出现假阳性。

在布隆过滤器中，无法删除集合中的元素，因为该算法无法确定元素对应的每个位是否添加了多个元素。将这 k 个位置为 0 也会删除任何其他映射到该位的元素，从而导致假阴性。例如，在图 6-30 中，将 X 对应的 2、5、13 位置的值设置为 0 将导致无法查询到 Y 元素。

对于一个集合大小为 n 的布隆过滤器来说，计算得到对应的假阳率：

$$P = \left(1 - \left(1 - \frac{1}{m}\right)^{kn}\right)^k$$

在实际应用中，通常根据预期的假阳率并结合该公式，确定布隆过滤器的参数：

$$m = \frac{n \ln P}{(\ln P)^2}$$

$$k = \frac{m}{n} \ln 2$$

布隆过滤器作为一种在时间和空间上都具有显著优势的数据结构，被广泛用于各种系统，包括：

- Medium 使用布隆过滤器防止向用户推荐已阅读过的文章。
- Chrome 浏览器曾使用布隆过滤器来识别恶意 URL。
- BigTable、HBase、Cassandra 和 PostgreSQL 等数据库使用布隆过滤器来过滤查询，减少不必要的磁盘访问次数。

6.4.3　典型压缩算法

在信息论中，数据压缩是指使用比原始数据更少的比特对信息进行编码的过程。压缩算法通常分为两大类：无损压缩和有损压缩，前者能够无失真地从压缩后的数据中重构出原始数据，后者则不能准确复原出原始数据。为了提高数据库的存储性能，一种常用的方法是使用压缩算法。这种技术的直接效果是能够减小数据占用的存储空间，并且提高 I/O 密集型查询的性能。无损压缩算法广泛应用于数据库领域，各种压缩算法都有其优缺点，因此通常会根据数据的特性来选择。下面选取其中三种典型的算法进行介绍。

1. 统计编码

在信息论中，香农信源编码定理表明了任何无损数据压缩方法的预期编码长度必须大于或等于原始数据的熵。统计编码在信息论中也称熵编码（Entropy coding），代表了一类无损数据压缩方法，旨在接近香农信源编码定理宣布的下限。此类编码有两种常见的编码方式。

1）霍夫曼编码

霍夫曼编码是一种前缀编码（Prefix Coding）方式，由霍夫曼[41]于1952年提出。在前缀编码系统中，每个码字都具备前缀性质，即编码中的每个码字都不是任何其他码字的前缀。因此，前缀编码系统能够确保每个生成的数据都有唯一的解码方式，图6-31就展示了一个前缀编码生成的数据的示例。

编码表：{a = 0, b = 110, c = 10, d = 111}
解码：01101100 = 01101100 = abba

图 6-31　前缀编码生成的数据都有唯一的解码方式

霍夫曼编码使用变长编码表对源数据进行编码，其变长编码表是通过计算源数据不同符号出现的概率生成的，高概率出现的符号会被分配较短的编码，低概率的符号则被分配较长的编码。这种编码系统的优点在于，它可以在保证编码效率的同时，最大限度地减小编码后的数据长度。

霍夫曼编码的过程可以分为两部分：霍夫曼树的构建和编码的创建。

首先，根据字符集 A 中每个字符的出现频率，按照以下步骤生成霍夫曼树。

- 从字符集 A 中选出频率最低的两个字符 x 和 y，创建一棵以它们为子节点的子树，将新的根节点称为 z，其频率为 $p(z)=p(x)+p(y)$。

- 将 A 更新为 $A \cup z-\{x,y\}$，并回到第一步。

- 重复该过程，直到 A 中只剩余一个元素，最终的结果即霍夫曼树，每个字符都对应树上的一个叶节点。

接下来，通过遍历霍夫曼树，给每个字符赋予唯一的编码：每个字符的编码由根节点到其对应叶节点路径的编码拼接而成。图6-32展示了一个霍夫曼编码的示例。

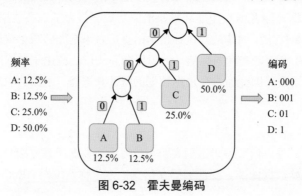

图 6-32　霍夫曼编码

虽然霍夫曼编码可以高效地压缩数据，但是它并不能达到编码的极限长度。以字符串 "AABABCABAB" 为例，根据编码定理，该字符串中每个字符的最短编码长度应为

$$H(X) = -\sum_x P(x)\log_2 P(x)$$
$$= -[0.5 \times \log_2(0.5) + 0.4 \times \log_2(0.4) + 0.1 \times \log_2(0.1)]$$
$$= 1.361$$

也就是理论上的极限压缩长度为 $1.361 \times 10 = 13.61$（位），然而使用霍夫曼编码时，需要用到 15 位编码长度。这是因为霍夫曼编码对每个字符采用整数进行符号编码，使编码长度不够精确。例如，在该字符串中，字符 B 和 C 的出现概率分别为 0.4 和 0.1，但霍夫曼编码为其分配了相同的编码长度。

2）算术编码

算术编码（Arithmetic Coding）是一种应用于无损数据压缩的熵编码形式。与霍夫曼编码一样，其本质思想是对于高频字符使用更短的编码。不同于霍夫曼编码对于输入的字符串使用固定数量的比特位来表示每个字符，算术编码与其他形式的熵编码的差异在于，算术编码是将整个信息编码为一个单一的数值，通常是一个 0 到 1 的小数。相比霍夫曼编码，算术编码通常能够达到更高的编码率。

下面通过一个例子来说明算术编码的过程，这里仍然使用字符串 "AABABCABAB"，以便更好地展现其与霍夫曼编码的差异。

统计字符串中每个字符的概率：$P(A)=0.5$，$P(B)=0.4$，$P(C)=0.1$。在遍历字符串时，会不断地基于概率对区间进行切分以得到新的区间。例如，当前区间为 $[l, r)$，在遇到字符 B 时，就会将该区间切分，得到新的区间 $[l+0.5(r-l), l+0.9(r-1))$，。初始时区间范围为 $[0, 1)$。

查看字符串的第一个字符，A 对应了 $[0, 0.5)$ 区间，因此将 $[0, 1)$ 区间使用该范围切分，得到 $[0, 0.5)$。

字符串的第二个字符依然是 A，所以继续对 $[0, 0.5)$ 区间使用 $[0, 0.5)$ 切分，得到区间 $[0, 0.25)$。

依次类推，遍历字符串并对区间不断分割，就可以得到最终的结果。在本例中，获得的区间范围为 $[0.1686, 0.16868)$，在这个区间内选择一个长度最短的数即可作为最终的编码结果。在这里可以选择 0.16864013671875，对应的二进制编码为 00101011001011，整个过程如图 6-33 所示。

算术编码的本质在于，将更高频率的字符映射到更大的区间，因为更大的区间代表了更低的精度和更短的二进制编码，从而实现对高频字符的压缩。通过增大最终的

目标区间，在保留字符排列顺序的同时，实现更短的编码长度。

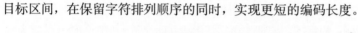
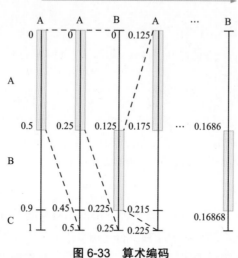

图 6-33　算术编码

2. 字典压缩

统计编码方法需要掌握编码数据的统计特性，然而在实际应用中，往往无法获取这些信息。因此，人们提出了其他数据压缩方法，旨在没有先验知识的情况下尽可能获得最大的压缩比，此类方法被统称为通用编码技术。字典压缩（Dictionary compression）就是其中之一。

字典压缩是一种利用字典或引用表来减小数据的压缩技术，其主要思想是通过用较短的表示或引用替换重复的序列来实现压缩。在字典压缩中，字典用于存储数据中以前遇到的模式或短语。初始字典可以为空，也可以预先填入常见的短语。当发现重复的短语时，压缩器会用一个指向字典中相应条目的引用来替代该短语，从而实现压缩。

举例来说，以性别为例，假设该列只包含两个值，使用单字节的"f"和"m"进行表示，存储 80 亿人口需要约 8GB 的存储空间。若使用位进行存储，则只需要约 1GB，压缩率为 12.5%。通常情况下，类似姓名、国籍等数据通过字典编码可以获得 5 倍以上的压缩比。

上面描述的例子通常被称为静态字典（Static Dictionary），即将所有可能出现的字符串都预先存储在字典中，并在编码时直接替换。在特定场合下，静态字典非常有效，如对电话号码区号编码。静态字典编码的优点是编码效率高，但是无法对新出现的字符串进行编码。与之相反的是自适应字典（Adaptive Dictionary），在编码过程中根据出现的字符串动态地更新字典。自适应字典主要可以分为两类。

- 隐式字典：查找正在压缩的字符序列是否在历史输入数据中出现过，如果出现过，则用已经出现过的字符串替代重复部分，输出指向之前出现过的字符串的"指针"。这类编码算法通常以 Abraham Lempel 和 Jacob Ziv 在 1977 年研究发表的 LZ77 算法[42] 为基础。
- 显式字典：对输入的数据创建一个"短语字典"（dictionary of the phrases）。在编码数据过程中，当遇到已经在字典中出现过的"短语"时，编码器就会输出这个字典中的短语的"索引号"。典型的压缩算法有 LZ78 和 LZW。

1）LZ77

LZ77 算法的基本思想是通过查找数据中的重复片段来实现压缩。该算法的核心在于运用一个固定大小的滑动窗口进行数据的匹配和替换，其中滑动窗口由一个固定长度的字典区和一个前向缓冲区组成，字典区用于搜索，前向缓冲区包含待匹配的字符串。在初始化阶段，前向缓冲区的左端与字符串左端对齐，同时设定字典区为空。在搜索过程中，系统会在字典区中寻找与前向缓冲区相对应的字符串，同时使滑动窗口向前移动。每次搜索的结果以一个三元组 (d, l, c) 表示，其中 d 和 l 分别为匹配子串的偏移量和长度，c 为匹配子串后的下一个字符。记录每次匹配得到的三元组，组合起来就构成了编码结果。在解码阶段，可以通过这些三元组来恢复原始字符串。

算法：LZ77压缩算法

Input：输入字符串S，前向缓冲区长度lb，字典区长度ld

Output：编码结果

```
1    cursor=0;
2    C=∅;
3    Dict=∅;
4    forward_buffer=S[0:lb];
5    while cursor < len(S) do
         //寻找起点在字典区中的最长匹配
6        prefix:=Find(Dict, forward_buffer)
7        if prefix exists then
             //记录最长匹配的起始位置和长度
8            d:=distance starting from the prefix;
9            l:=len(prefix);
```

```
10          c:=character after the prefix;
11      else
12          d:=0;
13          l:=0 1314
14          c:=s[cursor];
15      end
16      C+=(d,l,c);
        //移动前向缓冲区、字典区
17      cursor+=l+1;
18      Dict=S[cursor-ld:cursor];
19      forward_buffer=S[cursor:cursor+ lb];
20  end
```

图 6-34 给出了一个 LZ77 编码示例，进一步说明了该算法的工作原理。

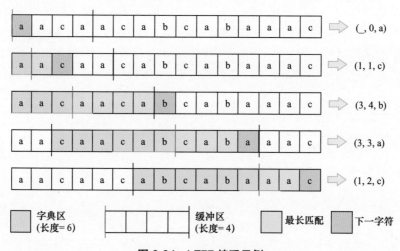

图 6-34　LZ77 编码示例

- 开始时，缓冲区为 "aaca"，此时字典区为空，因此第一次匹配结果为（_,0,a），表示未找到匹配结果，并将滑动窗口前移一位。

- 此时缓冲区为 "acaa"，字典区为 "a"，匹配到了字符串 "a"，匹配结果为（1,1,c），滑动窗口前移两位。

- 缓冲区为 "aaca"，字典区为 "aac"，匹配到了字符串 "aaca"，匹配结果为（3,4,b），缓冲区前移五位。注意：匹配的字符串长度可以超过字典区长度。

- 缓冲区为 "caba"，字典区为 "caacab"，匹配到了字符串 "cab"，匹配结果为 (3, 3, a)，缓冲区前移四位。
- 缓冲区为 "aac"，字典区为 "abcaba"，匹配到了字符串 "aa"，匹配结果为 (1, 2, c)，缓冲区前移四位。此时滑动窗口已移动到末尾，匹配结束。
- 最终的编码结果即这五个三元组组成的字符串：(_, 0, a)(1, 1, c)(3, 4, b)(3, 3, a)(1, 2, c)。

2）Zstandard

Zstandard（或缩写为 ZSTD）是一种快速无损压缩算法，旨在实现类似 zlib 的实时压缩场景，并提供更好的压缩比。该算法由 Yann Collet 开发，并于 2016 年 8 月 31 日发布了第 1 版。自 2017 年 11 月以来，Linux 内核已将 ZSTD 作为 btrfs 和 squashfs 文件系统的一种压缩方法。此外，该算法已被集成至许多流行数据库系统内，如 RocksDB、MySQL 和 PostgreSQL 等。

ZSTD 能够提供与 DEFLATE 算法相当的压缩比，并且拥有更快的压缩与解压缩速度。ZSTD 提供了可调节的压缩级别，范围从 −7（最快速度）到 22（压缩比最好但速度最慢），最快和最慢级别的压缩速度可以相差 20 倍以上。在最大压缩级别下，其压缩比接近于 LZMA、LZHAM 和 PPMd，甚至比 LZA 或 Bzip2 表现得更出色。此外，ZSTD 还支持"自适应"模式，可以根据 I/O 情况动态调整压缩级别。

对于小文件，字典对数据压缩比起着相当重要的作用。为了解决这种问题，ZSTD 提供了一种训练模式，可用于调整算法以适应所选数据类型。ZSTD 通过用户提供的样本进行训练，将训练结果存储在一个名为"字典"的文件中，在压缩和解压缩之前必须加载该文件。使用字典可以显著提高小数据的压缩比。

3. 物化视图

在数据库领域，物化视图（Materialized View）是一个包含查询结果的实体。例如，它可以是数据的本地副本，也可以是表或连接结果的行和（或）列的子集，还可以是使用聚合函数进行汇总的结果，如图 6-35 所示。

在关系数据库系统中，视图（View）是一种虚拟表，用于记录数据库查询结果。当针对普通视图进行查询或更新时，数据库将它们转换为针对原始表的查询或更新。因此，除了简化用户的查询语句，视图并不能确保性能的提升。与之不同的是，在定义了物化视图后，数据库会立即执行查询并将结果以普通表的形式写入磁盘。后续涉及物化视图的查询内容可以直接从磁盘上的物化结果中读取，查询优化器也可以基于物化视图查询改写，提高查询效率。

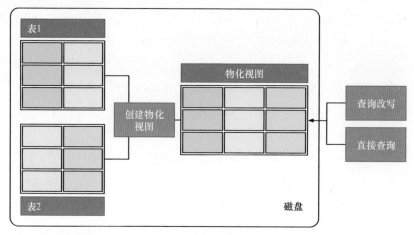

图 6-35　物化视图

为了保证数据的时效性，物化视图需要基于原始表定期更新，更新方式分为全量更新和增量更新。不同的数据库对于物化视图及其更新的支持度也不同。

6.5　数据分区技术

在数据库系统中，数据分区（Data Partitioning）是一种常见的方案，即将数据库中的数据划分成多个部分或分区，分别存储、访问和管理。将数据进行分区可以帮助应用程序实现更高的可扩展性和性能，但也带来了更大的挑战。

利用数据分区可获得许多优势。单机数据库的性能存在限制，即使通过垂直扩展（添加、升级硬件）也会遇到递减的性能收益。相反，数据分区（又称水平扩展，即添加额外的服务器）通常是应对增长需求的更经济的方法，可以确保全球用户享受低延迟的数据访问。因此，数据分区可以提高可扩展性和性能，并且更加灵活和经济。

数据分区还可以提高服务的可用性。在单服务器场景下，如果数据库服务器崩溃，则整个系统都将进入不可服务状态。通过数据分区，每个分区的数据可以存储在单独的服务器上，同样的数据也可以复制到多个服务器上。即使某个服务器出现故障，整个系统仍然可以保持对用户的可用性。因此，数据分区能够提高系统的弹性和可靠性，减少系统因单点故障而导致的停机时间。

数据分区通常可以划分为两种方式：水平划分和垂直划分。如图 6-36 所示，垂直划分（Vertical Partition）就是根据列进行划分的，会得到若干 Schema 不同的表，而水平划分（Horizontal Partition）是根据行进行划分的，每个划分出来的数据集都是原始数据的一个子集。

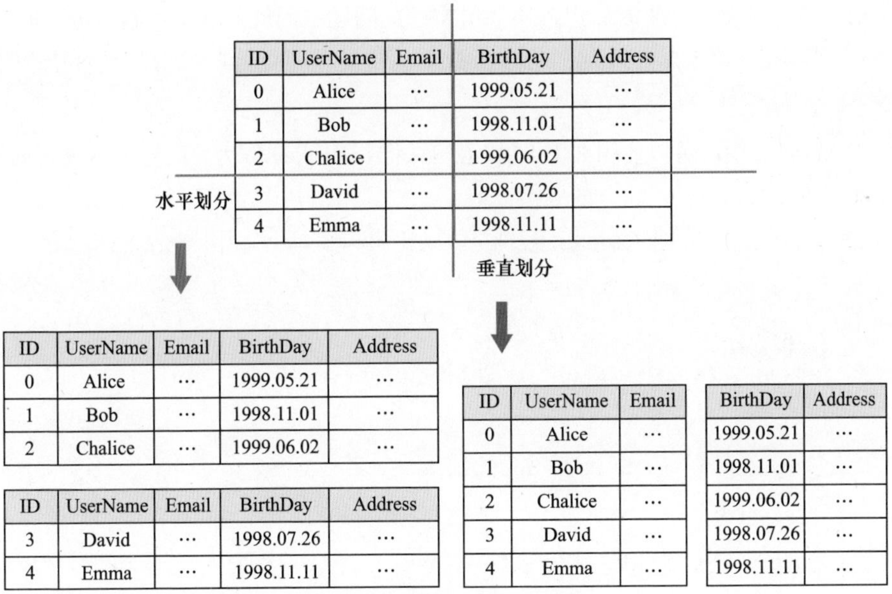

ID	UserName	Email	BirthDay	Address
0	Alice	…	1999.05.21	…
1	Bob	…	1998.11.01	…
2	Chalice	…	1999.06.02	…
3	David	…	1998.07.26	…
4	Emma	…	1998.11.11	…

水平划分

垂直划分

ID	UserName	Email	BirthDay	Address
0	Alice	…	1999.05.21	…
1	Bob	…	1998.11.01	…
2	Chalice	…	1999.06.02	…

ID	UserName	Email	BirthDay	Address
3	David	…	1998.07.26	…
4	Emma	…	1998.11.11	…

ID	UserName	Email		BirthDay	Address
0	Alice	…		1999.05.21	…
1	Bob	…		1998.11.01	…
2	Chalice	…		1999.06.02	…
3	David	…		1998.07.26	…
4	Emma	…		1998.11.11	…

图 6-36　数据分区的两种方式

下面将会介绍一些常用且有效的分区策略。

6.5.1　哈希分区

哈希（Hash）分区是一种将数据划分为多个分区的技术，通过使用哈希函数将每个数据行分配到单独的物理位置上，如磁盘或集群节点，从而提高数据仓库的性能和查询效率。如果查询中包含分区键，则数据仓库可以使用哈希函数快速定位包含该查询的分区，而不必扫描整个表，从而大大减少查询开销和时间。

通过合理地使用哈希分区，可以更好地管理和处理大量数据，并提高数据仓库的性能。在选择分区键时，应该选择能够将数据分散到不同分区的列，而不是集中在少数几个值上的列。例如，对于订单表，订单日期可能是一个更好的分区键，因为它可以将数据均匀地分散到不同的时间段上，而不是集中在少数几个日期上，通过哈希函数可以将表中的数据划分为多个均匀的分区。对于分布规则不明显的数据，可以尝试使用哈希分区将数据分散到不同的分区上。但是，如果表中的数据分布不均匀，某些分区可能会比其他分区更大，导致查询性能下降。此外，分区的数量应该与数据仓库中的节点或磁盘的数量相匹配，以避免数据偏斜。

当表采用哈希分区后，更改、修改哈希函数或分区键是一件相当困难的工作。对于大规模数据仓库，修改分区键往往涉及在众多节点或磁盘间迁移大量数据，不仅会加剧网络带宽和磁盘 I/O 的负担，还会引发性能问题。因此，在使用哈希分区时，基于特定的应用场景选择分区键和哈希函数至关重要，以保障哈希分区的性能和可维护性。

在 MySQL 中，可以使用如下 SQL 语句，将 c_custkey 作为分区键，为表 customer 创建 4 个哈希分区。

```
CREATE TABLE 'customer' (
  'c_custkey' int(11) NOT NULL,
  'c_name' varchar(25) DEFAULT NULL,
  'c_address' varchar(40) DEFAULT NULL,
  'c_nationkey' int(11) DEFAULT NULL,
  'c_phone' char(15) DEFAULT NULL,
  'c_acctbal' decimal(10, 2) DEFAULT NULL,
  'c_mktsegment' char(10) DEFAULT NULL,
  'c_comment' varchar(117) DEFAULT NULL,
    PRIMARY KEY ('c_custkey'),
    KEY 'i_c_nationkey' ('c_nationkey')
)ENGINE=InnoDB
PARTITION BY HASH(c_custkey)
(PARTITION p1, PARTITION p2, PARTITION p3, PARTITION p4);
```

6.5.2　Range 分区

Range 分区是一种将表格或索引数据分割成不同的区间范围的技术，每个区间范围对应一个分区。与哈希分区不同，Range 分区用边界定义了表或索引中分区的范围和分区间的顺序。

在 Range 分区中，需要选择一个或多个列作为分区键，并根据这些键的值范围来划分数据。例如，如果表格是按时间序列组织的，可以选择时间序列作为分区键，并将数据按照时间范围划分成多个区间。与哈希分区不同，Range 分区可以更容易地管理和维护分区，因为每个分区都对应一个明确的值范围，可以轻松地添加和删除分区，而不必重新计算哈希值或迁移数据。此外，Range 分区还可以更好地支持数据仓库中的基于范围的查询。例如，如果表格按照年份划分，而且数据仅包含 2010 年到 2022 年的订单，则可以选择订单日期列作为分区键，并根据日期的年份值将数据划分成 11 个分区，那么查询"查找 2021 年的数据"只需要访问 2021 年对应的分区。

这种优化方法被称为分区修剪（Partition Pruning），可将扫描的数据量减少到可用数据总量的一小部分。

Range 分区也适用于定期加载新数据和清除旧数据的场景，如保留一个滚动的数据窗口，保持过去 36 个月的数据在线。使用 Range 分区可以使这个过程更简单。在添加新月份的数据时，只需要先将其加载到一个单独的表中，清理和建立索引，然后将其合并到 Range 分区表中，同时保持原始表在线状态。在添加新分区后，可以删除最后一个月的分区。这种方法可以避免在整个表中加载和清理数据，而只需在单个分区上操作，提高了数据加载和清理的效率。

因此，可以考虑在以下场景中使用 Range 分区：

- 存在需要经常在部分列上进行大范围扫描的表（如订单表 ORDER），在这些列上对表进行分区可以实现分区剪枝。
- 用户希望通过滚动窗口维护数据。
- 对于大型表的管理操作（如备份和恢复），在指定的时间内可能无法完成。此时可以通过使用分区范围列将它们划分成更小的逻辑块来解决。

在部分数据库中，还支持创建 Range-哈希分区，其一级分区为 Range 分区，二级分区为哈希分区，这样的组合分区类型可以更好地发挥两种分区策略的优势。

6.5.3 其他数据分布模式

除了常见的哈希分区和 Range 分区，在数据存储中还存在一些不太常见的分区方案。下面对其中的两种分区技术进行简要的介绍。

1. Round-robin 分区

Round-robin 分区作为最基础的分区策略之一，其主要优点在于确保数据在各分区间的均衡性。具体而言，对于 N 个分区，第 i 条数据将被写入第 $i\%N$ 个分区。此策略不仅保证了数据的均衡性，还能并行处理分区表的顺序访问。然而，数据查询通常需要遍历表中的所有分区。

2. List 分区

List 分区是根据枚举值对数据进行分区的。每个分区都与一个枚举值列表相关联，写入的数据会根据分区键所在列表来确定分区位置。

例如，下面的 SQL 语句创建了一个使用 List 分区策略的客户账户表，其中第一个分区存储了北京、天津、内蒙古和河北的所有客户。在这种分区模式下，可以方便地按区域进行分区修剪，以便在管理账户时进行分析。

```
CREATE TABLE accounts
(id INT,
account_number INT,
customer_id INT,
branch_id INT,
region_id INT,
region VARCHAR(5),
status VARCHAR(1)
)
PARTITION BY LIST COLUMNS(region)
(PARTITION p_cn_north VALUES IN ('BJ','TJ','HB','NMG'),
 PARTITION p_cn_south VALUES IN ('GD','GX','HN'),
 PARTITION p_cn_east VALUES IN ('SH','ZJ','JS')
 );
```

6.5.4 数据冷热分层及生命周期管理

面对不断增加的历史数据量，数据分层存储是一种关键的数据管理方式，通过将不同类别的数据分配到适当的存储介质中，能够降低总体存储成本并提高关键业务性能。在数据分层存储中，通常会根据数据的价值进行层次化分类，并将其存储在特定的存储层级中。每个存储层级都具有不同的性能、可用性和介质成本。

在数据分层中，重要数据的访问频率更高且需要更快的响应速度，因此会被存储在速度最快、成本最高的第一层存储介质中，如内存中；而访问频率较低的数据则被存储在速度相对较慢但成本更低的存储介质中，如由闪存固态驱动器组成的第二层；长期保存但访问频率非常低的归档数据可以存储在成本更低的云存储平台上。

在早期，数据需要通过手动方式进行分层存储。如今，已经出现了数据自动化分层技术，它可以确保只有最重要的数据被保存在昂贵的高速存储介质中，而其他的冷数据则被存储在成本较低的存储层中。自动分层技术能够进一步提升数据生命周期管理的效率和灵活性。

企业通常将需要频繁访问的 CRM、ERP 等数据归类为热数据，而访问频率较低的审计日志或数天前的订单数据归类为冷数据。同时，随着时间的推移，热数据的访问频率会逐渐降低，变为冷数据，如一些日志数据在数天后很少再被访问，因此分层存储需要将这些数据从热数据层迁移到冷数据层。

以 AnalyticDB 为例，用户可以创建冷热混合表，以确保将业务上的冷热数据准确关联到分层存储中的冷热存储位置。图 6-37 展示了这种混合表的使用方式，用户指定了热数据的生命周期为三天，以满足高性能在线查询的需求，而三天前的数据属于冷数据。在 0304 这一天，最新的三个分区会被标记为热分区，当 0305 这一天的数据到达时，0302 的数据则会被自动迁移至冷分区。

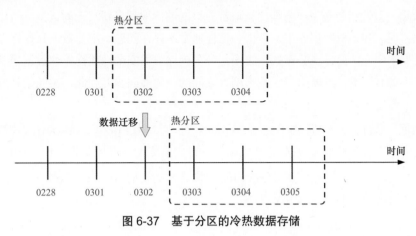

图 6-37　基于分区的冷热数据存储

6.6　数据一致性和可用性

数据一致性和可用性是现代数据库系统中至关重要的概念。数据一致性确保了数据在各节点的状态是相同的，这对分布式系统中的数据交互和共享至关重要。可用性则确保了系统在面对各种异常情况时仍能继续正常工作，从而避免了系统故障对用户和业务的影响。数据一致性和可用性的平衡是数据库系统设计的核心问题之一，因为它们之间往往存在一定的权衡关系。在实际应用中，数据一致性和可用性的需要根据具体的业务需求和应用场景进行选择。因此，对于数据库系统的设计、开发和管理人员来说，深入理解数据一致性和可用性的概念及其在系统中的应用非常重要。

例如，考虑一个由多节点组成的在线商城系统，当用户下单时，订单数据需要被写入多个节点上的数据库，以保证订单数据的可靠性和高可用性。一方面，如果在写入订单数据时发生了网络故障或节点故障，那么可能会导致部分节点的数据与其他节点不一致，从而导致订单数据的错误或丢失，这就是数据一致性问题。另一方面，可用性也是非常重要的。如果在线商城系统出现故障或不可用，用户将无法下单购买商品，这将直接影响在线商城的业务和收益。因此，为了保证商城系统始终可用，必须采取一系列措施，如故障切换、负载均衡等，以确保系统在发生故障时能够快速恢复并保持可用状态。

综上所述，只有通过合理的架构设计和技术手段来保证这两方面的平衡，才能确保数据库系统的正常运行和用户体验。

6.6.1 数据一致性概念与分级

数据一致性指的是每次数据库读取都应该能够读取到最新写入的数据，否则可能会导致错误。在单机数据库中，数据一致性通常不存在问题，因为数据只保存在磁盘的一个副本中。然而，在分布式系统中，为了确保数据安全性或性能，数据通常在多个节点上都有副本，这就引发了数据副本之间的一致性问题。因此，关注的是分布式系统中的数据一致性。

数据一致性是 CAP 原则中的一个重要概念，它是由 Eric Brewer 在分布式系统领域提出的一个著名理论。根据 CAP 原则，分布式系统无法同时满足以下三个属性。

- 数据一致性（Data Consistency）：每次客户端读请求都必须读取最新写入的数据副本，否则视为读操作失败。
- 可用性（Availability）：即使一个或多个节点出现故障，任何请求数据的客户端仍然能得到响应，但并不保证数据正确性。
- 分区容错性（Partition Tolerance）：即使节点之间出现任意数量的消息丢失或高延迟，系统也仍能正常运行。

由于分布式系统与单机系统不同，涉及多个节点之间的网络通信和交互，并且在网络交互过程中不免存在延迟及数据丢失，因此节点间的分区故障是很有可能发生的。为了保证系统正常运行，容错性是分布式系统必须保证的特性之一。当分布式系统因为网络问题被割裂成多个分区时，每个分区只能在数据一致性（C）和可用性（A）之间做出选择：

- 取消操作并拒绝提供服务，这虽然能确保数据一致性，但会降低数据的可用性。
- 继续处理请求，虽然确保了可用性，但数据一致性无法保证。

在实践中，一致性和可用性并不是二选一的问题，而是涉及一定的权衡。强调一致性并不意味着牺牲可用性，如 ZooKeeper 只有在主节点出现故障时才可能短暂不可用，而在其他时候，ZooKeeper 会采取各种手段确保系统的可用性。同样地，强调可用性也并非意味着放弃一致性，通常会采用各种技术手段来确保数据最终是一致的。因此，一致性和可用性之间并非绝对的矛盾关系，而是需要根据实际情况取舍。

下面对常用的几种一致性模型进行简要的介绍。

1. 强一致性

强一致性（Strong Consistency）指的是分布式系统中副本之间的数据一致性要求非常严格。在强一致性模型中，所有数据操作都必须按照全局顺序执行，副本之间的数据一致性是强制性的，节点之间不存在任何的时间偏差和数据不一致性。

强一致性模型通常适用于对数据一致性要求极高的应用，如金融、电商交易系统等。在这些应用中，数据一致性至关重要，因为任何数据的不一致性都可能导致严重的后果。

2. 顺序一致性

顺序一致性（Sequential Consistency）是分布式系统中的一种数据一致性模型，它保证了在任何时刻，所有节点对系统中事件发生的顺序都是一致的。

顺序一致性模型的核心思想是，对于任何一个节点，系统中的所有操作都必须按照它们在全局时间轴上的顺序执行。也就是说，在顺序一致性模型中，系统必须保证每个操作的执行顺序与它们在全局时间轴上的顺序一致。这样，每个节点就能够观察到一致的系统行为，无论它们在何时何地观察系统。

例如在图 6-38 中，X 和 Y 的初始值为 0，服务器 S2 两次都读取到了 $X=0$，即没有读取到 S1 对 X 的写入，然而 S2 读取到了 S1 对 Y 的写入，所以这个系统不具备顺序一致性。

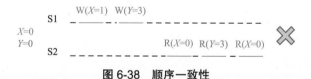

图 6-38　顺序一致性

3. 弱一致性

弱一致性（Weak Consistency）是一种数据一致性模型，对副本之间的数据一致性要求较弱。在弱一致性模型中，数据操作的顺序和副本之间的一致性是松散的，节点之间可能存在一定的时间偏差和数据的不一致性。

4. 最终一致性

最终一致性（Eventual Consistency）是一种弱数据一致性模型。在该模型中，系统保证在没有后续更新的前提下，系统最终一定返回上一次更新操作的值。在没有故障发生的前提下，不一致窗口的时间主要受通信延迟、系统负载和复制副本的个数影响。

最终一致性要求分布式系统中的数据副本最终达到一致状态，但并不要求数据访间的顺序是一致的。也就是说，在最终一致性模型中，不同节点可能会观察到不同的数据操作顺序，但最终所有节点都会达到相同的数据状态。

5. 因果一致性

因果一致性（Causal Consistency）是分布式系统中的一种数据一致性模型，它强调数据之间的因果关系。具体来说，如果两个数据之间存在因果关系（即一个数据的变化会影响到另一个数据），那么在分布式系统中，这两个数据的副本必须满足因果一致性。如图 6-39 所示，S2 服务器上的写入是基于它读取的结果计算出来的，同时读取结果 1 又是由 S1 写入的，因此认为 S1 写入 1 和 S2 写入 3 具有因果关系。由于在 S4 没有观测到这种因果关系，因此这个系统不具备因果一致性。

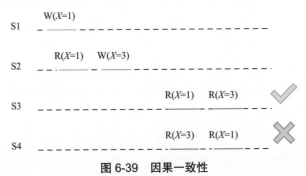

图 6-39　因果一致性

因果一致性是一种弱数据一致性模型，它允许在不同节点的副本之间存在一定的时间偏差，但保证了副本之间的因果关系。因此，因果一致性可以容忍一定的延迟和网络分区，同时保证了分布式系统的可用性和性能。

6.6.2　二阶段提交

二阶段提交（Two-Phase Commit，2PC）是一种分布式系统中实现事务一致性的协议。其基本思想是将分布式事务分为两个阶段，分别是投票阶段和提交阶段，通过投票和协调的方式来保证事务的一致性。

二阶段提交包括协调者（coordinator）和参与者（participant）两种角色。协调者负责协调参与者是需要提交事务还是终止事务，而参与者接受协调者的指令，并回复协调者是否能够参与事务提交。当参与者接收到协调者提交事务的命令时，它们会执行相应的操作，如提交事务等。

1. 准备阶段（投票阶段）

- 当一个事务需要在多个参与者节点上执行时，协调者会向所有参与者发送准备请求，并等待接受所有参与者的回复。

- 每个参与者都会执行相应的事务，写入必要的 Redo 日志和 Undo 日志，但是并不会进行提交操作并将修改提交至本地数据库。

- 每个成功完成操作的参与者都会回复一个"同意"消息（表示参与者同意提交事务），而执行发生错误的参与者则会回复一个"放弃"消息（表示参与者无法提交事务）。

2. 执行阶段（提交阶段）

如果协调者收到了所有参与者的同意消息：

- 协调者向所有参与者发送"提交"请求。

- 参与者收到"提交"请求后，就会正式执行本地事务提交操作，并在完成提交之后释放整个事务执行期间占用的事务资源。

如果有任何一个参与者回复了"放弃"消息：

- 协调者向所有参与者发送"回滚"请求。

- 参与者收到"回滚"请求后，就会正式执行本地事务回滚操作，并在完成提交之后，释放整个事务执行期间占用的事务资源。

一个简单的 2PC 应用场景是电商支付，当用户在电商网站上完成订单并支付时，电商网站需要将订单信息和支付信息同时插入订单数据库和支付数据库。作为 2PC 协议的协调者，电商网站会将请求同时发送给订单数据库和支付数据库。只有当两个数据库都成功执行时，才能真正提交，从而避免数据不一致。

二阶段提交协议确保了在所有参与者节点上事务执行的顺序和结果都是一致的，从而保证了分布式系统中的事务一致性。然而，该协议也存在一些缺点，例如，需要协调者节点一直在线，否则会影响整个系统的可用性。此外，在第二阶段提交之前，所有参与者节点都不能释放所持有的资源，因此在高并发的情况下可能存在性能瓶颈。

6.6.3 多版本并发控制

多版本并发控制（Multi-Version Concurrency Control，MVCC）是一种常用的数据库并发控制方法，用于提供对数据库的并发访问。如果没有并发控制，当一个用户向数据库写入数据时，另一个用户读取到的数据可能是未完成写入或不一致的数据。例如，在银行系统中，如果用户在线从原始账户提取并存入目标账户之前读取银行余额，就会发现钱消失了。MVCC 通过保留每个数据项的多个历史版本来解决该问题，使每个连接到数据库的用户都可以看到数据库在特定时刻的快照。在更改完成之前，其他用户不会看到写入者所做的任何更改，从而实现了并发控制。

MVCC 的基本思想是为数据保存多个历史版本的副本。当数据库需要更新一条数据时，它不会用新数据覆盖原始数据，而是创建一条新版本的数据。这样，当一个事务进行查询操作时，就可以通过比较版本号来判断哪个版本对当前事务可见。具体可观察到哪些版本的数据取决于系统采用的隔离级别，最常见的隔离级别是使用MVCC 实现的快照隔离。在快照隔离级别下，每个事务在运行期间观察到的数据状态与事务开始时的状态一致。通过 MVCC，可以实现读写互不阻塞，即读不阻塞写，写不阻塞读，从而提升事务并发处理能力。

在 MVCC 中，数据库通常会为每个数据项添加一个指针字段，用于创建一个版本链，它本质上是一个按时间戳排序的版本列表。数据库的索引总是指向链的头部，使得数据库可以通过遍历版本链查找特定版本的数据。

如图 6-40 所示，版本链存储模型通常有三种实现方式。

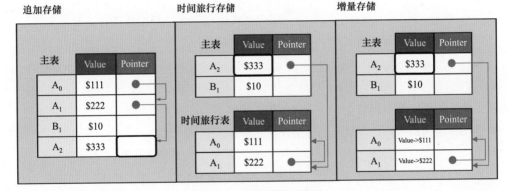

图 6-40   版本链存储模型

- 追加存储：在追加存储（Append-Only Storage）中，数据项的所有版本数据都存储在同一个表空间中。当每次更新数据时，数据库会将数据项的新版本追加写入该表中，并将新版本数据的指针指向旧版本数据。这样，旧版本数据依然保留在表中，新版本数据则成为表中的最新版本。
- 时间旅行存储：数据库通常会维护一个独立的数据表，称为时间旅行表（Time-Travel Table），用于存储数据项的旧版本。每次更新数据时，数据库会将数据项的旧版本数据复制到时间旅行表，并在主表中使用新版本覆盖对应的数据项，使主表中的数据项指向时间旅行表。这样，时间旅行表中的数据项成为历史版本的记录，而主表中的数据项包含最新的数据。

- 增量存储：增量存储（Delta Storage）与时间旅行存储类似，不同的是增量存储只存储数据的变更部分，而不是整个元组。相对于时间旅行存储，增量存储可以提高写入速度，但在读取数据时需要根据增量变化重构得到元组，降低了读取速度。

由于 MVCC 总是使用追加写入的方式存储数据，因此引入了数据回收的问题。为了避免数据膨胀，数据库需要定期删除可回收的旧版本数据，即不会被任何活跃事务读取到的版本。一般来说，数据回收有两种实现机制。

- 元组级别的垃圾回收（Tuple-level GC）：在这种模式下，数据库通常会在后台遍历并检查数据项的可见性来清理旧版本数据。
- 事务级别的垃圾回收（Transaction-level GC）：在这种模式下，数据库不再对所有数据项进行扫描。每个事务都会维护自己的读 / 写集，并在提交事务时将这些信息交给数据库的垃圾回收系统。垃圾回收系统通过分析所有事务的信息来确定可以回收的数据项。

作为数据库管理系统中常用的并发控制技术，MVCC 通过为每个事务创建一个独立的版本，使多个事务可以互不干扰地并发读写数据库，提高了数据库系统的并发性和性能。主流的数据库系统，如 Oracle、MySQL 和 PostgreSQL 等，都采用了 MVCC 技术。

6.6.4　分布式一致性协议

本节将介绍两种在分布式系统中具有重要意义的一致性算法——Paxos 和 Raft。这两种算法被广泛应用于构建高可用性和容错性的分布式系统，并在解决一致性问题方面发挥着关键作用。

1. Paxos算法

Paxos 算法[43] 由 Lamport 提出，旨在使分布式系统中各参与者逐步达成一致意见。该算法的命名灵感源于 Lamport 设想的一个名为 Paxos 的希腊城邦，该城邦通过民主的提议和投票方式选出最终决议，所有参与者按照少数服从多数的原则最终达成一致意见。

Paxos 算法能够容忍消息丢失、延迟、乱序及重复。通过多数派机制，Paxos 算法可以保证系统具备 $2F+1$ 的容错能力，即在最多 F 个节点同时出现故障的情况下仍能正常运行，因此它被广泛应用于各种分布式系统和数据存储系统中。

Paxos 算法包含提案者、决策者和学习者三种角色，每个角色的职责如下：

（1）提案者（Proposer）。负责提出提案（Proposal）。每个提案包括提案编号（Proposal ID）和提案的值（Value）。

（2）决策者（Acceptor）。负责参与决策并回应提案者的提案。若提案得到多数决策者的接受，则称该提案被批准。

（3）学习者（Learner）。不参与提案的决策，而是被动地从提案者/决策者学习最新达成一致的提案（Value）。

Paxos中可以有一个或多个提案者发起提案。在实际的系统中，在某个时间点上，一个节点可能会同时扮演上述三种角色。

在Paxos中执行一个修改操作，主要分为准备阶段和接受阶段，图6-41展示了算法的两个阶段。

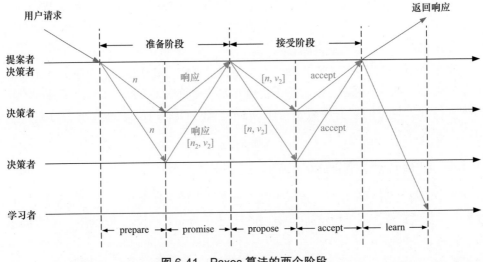

图6-41　Paxos算法的两个阶段

- 提案者选择一个提案编号 n 并向超过半数的决策者节点发送prepare请求，其中 n 是一个唯一且递增的序号。

- 对于每个决策者，当接收到提案者编号为 n 的prepare请求时，决策者需要做出承诺：保证不再接收编号小于 n 的提案。同时，如果决策者曾经接收过某个提案 N，它需要将相应的 $[n,v]$ 同时返回给提案者，其中 v 为对应提案的值。

- 如果提案者收到了半数以上决策者的响应，它将向超过一半的决策者发送一个针对提案 n 的accept请求 $[n,v]$，其中 v 为收到的所有响应中编号最大的提案的值。如果所有的响应中都不包含值，则提案者可以自行指定该值。如果响应数量未超过半数，则提案者选择一个新的提案号，并从prepare阶段重新开始。

- 决策者收到 accept 请求后，如果未收到任何编号大于 n 的 prepare 请求，则接收该提案，并在节点内记录对应的 $[n, v]$ 值。

在这两个阶段后，如果提案者收到了大多数决策者的响应，就认为提案通过，并将结果同步给学习者，使未响应的决策者达成一致，因此 Paxos 算法可以保证在分布式系统中的一致性。需要注意的是，由于不同的提案者可能会提出不同的值，可能需要多次尝试后才能达成一致。

2. Raft 算法

由于 Paxos 算法的正确性证明较为复杂，为了提供一种更易于理解的一致性算法，Raft 算法应运而生。其设计目标是使分布式一致性算法更加可理解，并且在教学和实际系统中获得更广泛的应用。相比 Paxos 算法，Raft 算法的协议规范更加清晰和模块化，降低了理解和实现的难度。这种简化和易理解性使得 Raft 算法在分布式系统的课程教学、学术研究及实际应用中受到了广泛的关注。

Raft 算法基于多副本状态机进行设计，将一致性分解为多个子问题，包括领导者选举、日志复制、成员变更等。在 Raft 算法中，在任意一个时间点上，每个节点都会处于三种状态之一——领导者、跟随者或候选者，如图 6-42 所示。

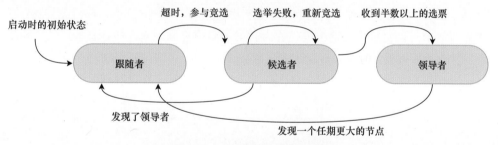

图 6-42　Raft 算法的状态转换

- 领导者：接受客户端请求，并向跟随者发送日志，当日志同步到大多数节点上后，通知跟随者提交日志。
- 跟随者：每个节点启动后的默认状态。跟随者不对客户端请求做出响应，只对来自领导者或候选者的请求做出响应。接受并持久化领导者同步的日志。
- 候选者：领导者在选举过程中参与竞选的节点。

Raft 算法的主要流程包括领导者选举和日志复制两个阶段。

初始时，所有节点都处于默认的跟随者状态。每个跟随者在等待一定时间后，会转变为候选者并发起一次选举，为了减少多个节点同时竞选的情况，每个节点的等待时间都是不同的。候选者首先会开始一个新的任期（term）并为自己投票，随后向其他服务器发送请求投票的消息。每次选举都可能有以下三种结果：

- 如果候选者获得了大多数服务器的选票，则它将成为新的领导者。
- 如果候选者收到了来自新领导者的心跳，则它将重新回到跟随者状态。
- 如果在选举时间内尚未选出新的领导者，则候选者将再次开始新一轮的选举。

例如，在图 6-43 中，前两个任期内都成功地选出了一个领导者，而在第三个任期内选举失败。

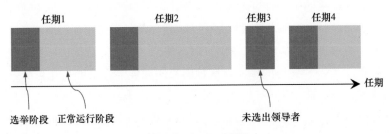

图 6-43 Raft 任期

每当某个节点成功竞选为领导者时，它就需要负责处理客户端的请求，并将这些请求以日志的形式追加到自己的日志条目中。随后，领导者会将这些日志复制到其他跟随者节点的日志中，这个过程称为 Raft 的日志复制。当这些日志条目被成功复制到大多数服务器上时，该日志就被认为是已提交的，可将该日志安全应用于状态机上，并向客户端返回执行结果。在图 6-44 中，前 7 条日志都已经被复制到了超过半

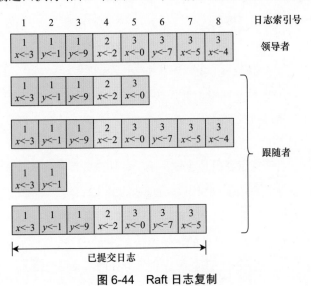

图 6-44 Raft 日志复制

数的节点上，这些日志就是可被安全应用的，而第 8 条日志目前只复制到了两个节点上，因此是不安全的。

同时，领导者通过定期向所有跟随者节点发送心跳信息来维持其领导者地位。如果一个跟随者在一段时间内未收到领导者的心跳，则它将认为领导者可能已经失效，然后再次发起领导者选举。

Raft 算法通过引入一种比其他共识算法更强的领导者机制（日志条目仅从领导者流向其他服务器节点），简化了对复制日志的管理。这种设计在确保算法正确性的同时，使算法更易于理解。

6.6.5　数据可用性

高可用性（High Availability）是分布式系统架构设计的核心要素之一，其主要目标是通过减少因突发系统崩溃导致的停机时间，这是防止企业系统因故障停机的重要策略。

高可用性对于企业关键业务极为重要，能确保关键系统和服务始终在线和可用，大幅减少停机时间和中断，维持业务连续性。许多行业对系统高可用性都有着严格的规定，高可用性能帮助企业满足这些规定，免受处罚。同时，高可用性为企业提供竞争优势，保障系统和服务始终对客户可用，提升客户满意度，将系统故障的风险降至最低。

可用性通常用百分比表示，表示给定时间内系统可正常运行的时间。例如，99.9% 的可用性表示系统在一年内最多可以有 0.1%，即约半天的停机时间。虽然保证系统在 100% 时间内正常运行通常无法实现，但高可用性可以让企业更接近这个目标。在互联网行业中，高可用性的黄金标准是 99.999%，又称"五个九"可用性，相当于每年有约 5.26 分钟的停机时间。

为实现高可用性，系统需要采用确保服务连续运行和保持可用的策略与技术手段。常见的实现方法如下：

- 冗余与故障转移：通过运行系统或服务的多个实例，当一个实例失败时，其他实例可以接管工作，处理流量。

- 数据复制：将数据复制到多个系统或服务中，以确保当一个系统出现故障时，其他系统能获取到最新的数据集合。

- 负载均衡：在多个服务器之间均衡地分配进入的流量，以避免某个服务器负载过重而导致失败。

通过上述方法，可以确保即使在出现故障或停电期间，系统或服务也总是可用的。

6.6.6　数据实时性

在信息时代，数据实时性已成为企业成功的关键之一。在某些场景下，数据的价值会随着时间的推移而逐渐减小，如实时推荐、精准营销、广告投放效果和实时物流等，因此数据时效性在企业运营中的重要性日益凸显。及时获取与处理数据，并进行实时分析和响应，可以帮助企业更好地了解客户需求和市场变化，快速做出决策。为此，大数据实时数据仓库应运而生。实时计算具有三个主要特征：

- 无限数据：相对于有限数据集，不断增长的数据集通常被称为"流数据"。

- 无界数据处理：能够克服有限数据处理引擎的瓶颈，重复处理无限数据。

- 低延迟：随着时间的推移，数据的时效性会降低。

为了满足企业对实时数据计算的需求，数据仓库通常需要具备高并发性、快速响应和高效处理等关键技术。具体来说，数据仓库需要满足以下技术要求：

- 高并发能力：满足未来实时数据对不同用户的需求。在用户数量增加的情况下，实时数据仓库依然能够提供稳定、可靠的服务。

- 快速响应：数据仓库需要能够在毫秒级别内返回数据，以便在用户推荐等应用场景中快速响应。

- 高效处理：数据仓库需要具备极强的处理能力和低延迟性，尤其是在促销期间和流量峰值时。

随着对数据实时性要求的不断提高，传统的大数据离线数据仓库架构已经无法胜任，因此发展出了如图 6-45 所示的两种实时架构。

- Lambda 架构：Lambda 架构的核心理念是"流批一体化"，即数据进入系统后，基于两条数据流向分别进行流式计算和批式计算。用户无须关注底层的运行方式，只要能按照统一的模型返回结果即可。许多应用程序（如 Spark 和 Flink）都支持这种结构。由于在该架构下需要维护两个复杂的分布式系统，并且一份数据需要被多次处理，因此成本非常高。

- Kappa 架构：Kappa 架构通过仅使用一个流处理层实现数据的流式采集，将实时计算结果放入数据服务层，以供查询，并基于流计算的"时间窗口"实现逻辑上的批处理操作，使用单一架构解决了 Lambda 架构的局限性。

实时数据仓库可适用于多种应用场景，如在电商领域中，能够处理海量的在线

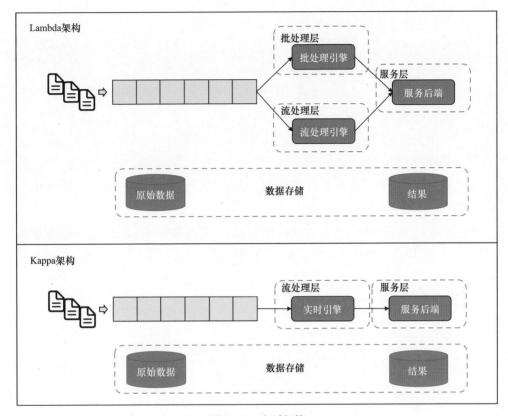

图 6-45　实时架构

交易和用户数据，实时计算各维度的统计数据可以有效指导运营决策。此外，实时数据仓库可实时监控用户行为数据，广告系统的实时反作弊和美团等平台实时反"薅羊毛"，也是实时计算的典型案例。在金融领域，各种欺诈现象屡见不鲜，传统反欺诈手段不足。为此，需要用实时计算来判断欺诈指标并实时拦截交易流水，实时数据仓库计算技术可在毫秒内完成各类指标计算，从而减少经济损失。

6.6.7　备份恢复

在数据库管理中，PITR（Point-In-Time Recovery）是一种非常重要的技术，它可以在数据库遭受灾难性故障时，使数据库恢复到某个特定的时间点。PITR 技术的作用是防止数据丢失和数据不一致性的问题，同时帮助数据库管理员轻松地恢复数据库。

实现 PITR 通常需要以下几个主要步骤：

- 启用归档模式：在数据库中开启归档模式，以便数据库可以将事务日志文件

221

归档到外部存储，用于恢复。

- 备份数据库：在启用 PITR 之前，需要对数据库进行完整备份。这样可以确保在恢复时可以从备份开始进行恢复。

- 生成恢复点：生成恢复点是指在数据库中创建一个标记，以便在需要时可以将数据库恢复到该标记所在的时间点。

- 创建备份文件副本：将生成的恢复点之后的所有事务日志文件复制到外部存储。

- 恢复数据库：在需要进行 PITR 恢复时，将备份文件和存档日志文件一起使用，将数据库恢复到指定的时间点。

在使用 PITR 技术时，需要注意保留期限较长的数据库（尤其是经常覆盖数据的数据库）会使用更多的系统资源。当实例未提供足够的计算容量时，可能会影响数据库的性能。

第7章

07.

资源管理与调度

7.1 云上资源调度的挑战与机遇

随着越来越多的公司选择将数据迁移到云端，云数据服务呈现爆炸式的增长。一方面，激增的工作负载给云资源调度带来了巨大的挑战；另一方面，为了应对这些挑战，云数据库提出了很多创新性的设计。本节将分别从这两个方面进行讨论。

7.1.1 Serverless 的服务级别协议

传统的基础设施即服务模型提供的服务类似于租赁服务器，为用户提供底层的基础计算资源，但需要用户预先购买始终可用的服务器组件，并自行管理这些服务器的部署与运行。这给用户带来了极高的维护成本，因为他们需要在高需求时扩展服务器容量，在高峰期后缩减容量以节约成本。即使在应用闲置时，该应用所需的云基础架构也要保持就绪。为了降低用户的运营成本，云服务提供商提出了 Serverless 模型，即云服务提供商负责置换、维护和扩展服务器等管理性工作，能够按需自动扩展计算资源和存储资源，而开发人员可将代码直接打包到容器中并部署。用户的应用仅在需要时启动，当有事件触发应用代码运行时，才会被分配资源，在结束后资源自动回收，不再收费。在这个过程中，用户除了支付所消耗的资源，还需要为资源调度的速度付费，即要求的延迟越低收费越高。然而，如今的云数据库系统无法告知用户资源自动扩展的速度，服务级别协议不透明，无法将自动扩展资源的延迟所对应的成本定量化。为了更好地满足自动扩展和按需付费的要求，云服务提供商需要从根本上改变云数据服务的架构。

7.1.2 多租户系统

在多租户（multi-tenant）系统中，单个服务实例会为多个用户提供服务，这些共享服务实例的租户间能够高效地共享基础设施与计算资源。

1. 多租户系统架构的优势

（1）降低成本。随着计算规模的增加，成本也随之降低，而多租户系统还能够有效整合和分配资源，从而降低运营成本。从个人用户的角度来看，使用云数据服务通常比购置和维护单独硬件和软件更加经济实惠。

（2）提高灵活性。如果用户选择自行购置硬件和软件，那么在需求高峰期可能会难以满足需求，而在需求低谷期可能存在资源闲置的情况。多租户云可以根据用户的需求来灵活地扩展和缩减资源池。作为公共云提供商的客户，可以在需要时获得额外容量，而在不需要时无须付费。

（3）降低维护成本。多租户免除了单个用户管理基础架构、处理更新和维护的必要，每个租户都可以依托云服务提供商来处理日常维护工作。

2. 多租户系统面临的挑战

在节约成本和简化管理的同时，多租户系统也面临许多挑战，开发人员必须在确保效率、安全性和可扩展性的同时，平衡多个租户的需求。主要的挑战有以下几点。

（1）数据隔离。由于租户间共享计算与存储资源，不当的设计可能导致租户可以访问其他租户的数据，当存在高度敏感数据时，会带来灾难性的后果。因此，需要保证租户的数据独立，而这需要实施严格的权限控制、面向租户的数据访问和加密来保护敏感信息。

（2）保持性能稳定。多租户应用程序需要为所有租户提供一致的性能，而当共享时租户间会不可避免地抢占资源。因此，需要设计一个可扩展且稳健的架构，能够处理可变的工作负载并按需调整资源。为了保障系统顺畅运行，需要监控资源的使用情况，并运用负载均衡和缓存等优化技术。

（3）合理管理资源。为了合理分配和管理计算资源、存储资源，开发人员必须采取限流、资源配额和监控等策略，以避免单个租户占用大量资源。

7.1.3 预测模型

云数据服务的租户工作负载随时变化，具有多种模式，并且许多云数据应用程序并没有使用适当的配置及设计模式，没有单一的资源分配策略适用于所有的场景，因此自动调优功能至关重要。资源自动调优的关键是要通过一个预测模型指导资源配置的设置及资源的重新分配。云服务的遥测日志丰富，分析该日志可以帮助训练预测模型。然而，为了保护数据的隐私与安全，云服务提供商不能访问租户的数据对象，因此遥测日志只能记录租户的边界，不能干扰租户应用的运行。

7.2 典型资源调度框架

7.2.1 Yarn/Yarn2

Yarn 最初是为 MapReduce 设计的一种资源管理器，后来逐渐成为一种通用的资源管理系统，可为上层应用提供统一的资源管理和调度。

图 7-1 所示为 Yarn 架构图，它采用主从架构，包括主节点运行的资源管理、从节点运行的节点管理及提交主应用程序的客户端。其中，资源管理和节点管理是 Yarn 的常驻进程，而从节点中的主应用程序是用于某一应用（如 MapReduce、Spark 等）管理的进程，容器表示可以用于执行该应用中具体任务的资源。

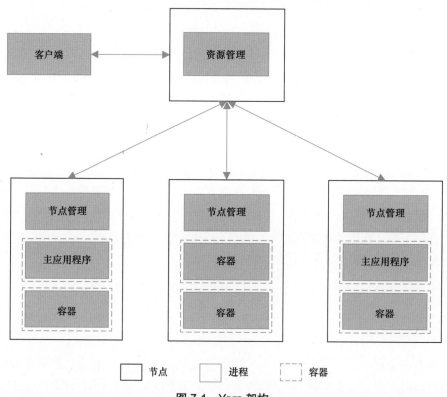

图 7-1　Yarn 架构

（1）资源管理。资源管理负责系统全局的资源管理和分配，包含调度器和应用管理器两个组件。调度器为程序分配容器，而应用管理器管理系统中运行的所有应用，包括程序提交、与调度器协商获取资源、监控主应用程序运行状态等。

（2）节点管理。节点管理负责节点内部资源和任务管理，主要承担以下两个职责：一是定期向资源管理报告资源使用情况和容器运行状态，二是处理主应用程序的容器启动和停止请求。

（3）主应用程序。主应用程序管理用户提交的应用程序，与资源管理协商以获取容器资源，并将这些资源分配给同一应用下的不同工作进程。同时，还负责与节点管理通信，以启动或终止任务进程、监测进程状态及恢复故障进程。

（4）容器。包含计算资源与存储资源，如CPU、内存等，是所有资源的抽象表示单位。

Yarn执行流程如图7-2所示。

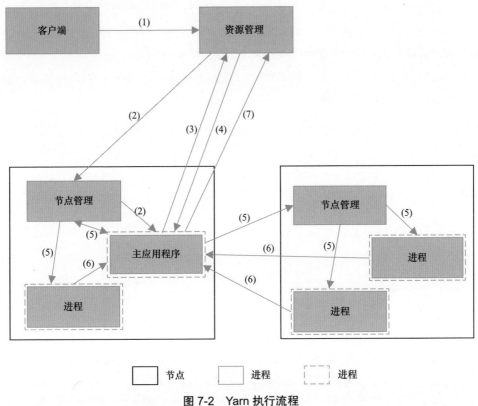

图7-2　Yarn执行流程

（1）客户端向Yarn提交待执行的程序。

（2）资源管理为该程序分配初始容器，在此容器上启动主应用程序，负责程序的执行。

（3）主应用程序向资源管理发起注册，将应用程序解析为作业并进一步分解为多个进程，然后为进程申请执行所需的资源。

（4）资源管理向主应用程序分配资源，再由主应用程序决定如何为工作进程分配资源。

（5）待主应用程序确定资源分配方案后，与工作进程所在的节点管理通信，在对

227

应的容器中启动相应的进程以执行任务。

（6）各工作进程向主应用程序汇报状态与进度。

（7）任务执行完成后，主应用程序逐步释放所占用的资源，并向资源管理发起注销并关闭任务。

资源管理的调度器维护了一个或多个应用队列，对于用户提交的应用，调度器会将其分配到其中的一个队列中，同一队列中的应用共享该队列所拥有的资源。Yarn 资源分配的任务是决定如何将资源分配给队列及其中的每个应用。

Yarn 调度器是一个可插拔的组件，可修改配置文件选择不同的调度策略，有FIFO、Capacity 和 Fair 三种策略，如图 7-3 所示。

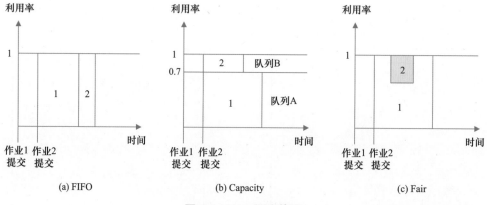

图 7-3　Yarn 调度策略

FIFO 只维护一个队列，包含集群中的所有资源，用户先提交的应用先获得全部资源并执行，但是这将导致其他进程的阻塞。如图 7-3（a）所示，应用 2 在应用 1 执行后才提交，它只有等待应用 1 执行完毕后才会被执行。如果为这两个应用同时分配一些资源，那么总的执行时间可能会缩短。假设应用 1 是一个长进程，它将一直占用所有的资源，应用 2 会长期等待，所以 FIFO 是一种简单但低效的分配方式。

将一个队列拆分成多个队列可以改进 FIFO 策略，每个队列都拥有一定的资源，某个应用最多只会占用其中一个队列所拥有的资源，而不会抢占集群中的其他资源。基于这种思想，Capacity 调度器设计了分层队列，集群中的资源被划分给这些队列，用户指定提交的应用在哪个队列中运行，而队列内部的资源分配方式是 FIFO。如图 7-3（b）所示，Capacity 调度器维护了 A、B 两个队列，应用 1 使用队列 A 的资源，应用 2 因为被指定到队列 B，而队列 B 此时空闲，所以应用 2 可以直接得到所需的资源并执行。所以，Capacity 避免了 FIFO 策略中的长进程一直占用集群资源而导致的短进程饥饿问题。但是这种策略也存在弊端，在应用 1 提交后到应用 2 提交前，队列 B 的资源处于闲置状态，如果这部分资源能提供给应用 1，那么总的运行时间会缩短。

更进一步的改进措施是允许队列间共享资源，即在 Capacity 调度器的层级式队列的基础上，允许这些队列共享资源，在逻辑上可以看作一个共享队列，这也是 Fair 调度器的设计思想。当集群中只有一个应用在运行时，此应用可以占用集群中的全部资源，如果有其他应用提交到集群，则将空出部分资源给新的应用，最终所有的应用都会根据所需使用内存大小得到分配的资源。如图 7-3（c）所示，Fair 调度器维护一个共享队列，初始状态只有应用 1 在运行，此时它可以独占整个集群的资源，当应用 2 提交后，Fair 调度器根据二者所需内存的大小要求应用 1 将部分资源分配给应用 2。在应用 2 执行结束后，应用 1 又可以使用集群中的所有资源。

上述应用可以由不同的用户提交，利用 Yarn 可以实现多用户共享物理集群。此外，利用上述队列可以实现多租户的资源共享，其中租户可以看作一组特定用户的集合。换言之，用户将被划分为若干组，组内用户所提交的应用放置在同一个队列中，调度器相应地分配资源。例如，有 A、B 两个项目，可将其指定到 Yarn 中某两个队列 1、2 中，A、B 项目的用户提交的应用分别放置在队列 1、2 中。若项目 A 中有若干子项目，可以将队列 1 进一步细分成不同的队列，达到资源隔离的目的。

7.2.2　Mesos

Mesos 是一个开源的分布式资源管理框架，最初由加州大学伯克利分校的 AMPLab 开发。Mesos 通过动态共享、隔离资源，可以处理分布式环境下的工作负载，适用于大规模集群环境中的应用部署和管理。Mesos 通过将集群中的资源汇集到单一的资源池中并由所有的工作负载共享，避免为不同的工作负载分配特定的资源。如今，Twitter、Airbnb 和 Xogito 等公司都采用了 Mesos。

1. Mesos 架构

Mesos 架构如图 7-4 所示，每台 Mesos 的从节点都会定时向主节点汇报节点资源状态，主节点将资源提供给框架，执行作业时框架会指派一个从节点执行任务。

（1）主节点。负责协调集群中所有的从节点，接收从节点所汇报的当前资源使用状态，并汇总跨节点计算得到的所有可用资源信息，指定的框架资源包括每个节点的可用资源，如 CPU、内存、磁盘和网络等，以供运行应用程序。在同一时刻，只会有一个活跃的主节点，其他主节点都处于待机状态。只有在当前的主节点发生故障时，ZooKeeper 才会选举出新的主节点。

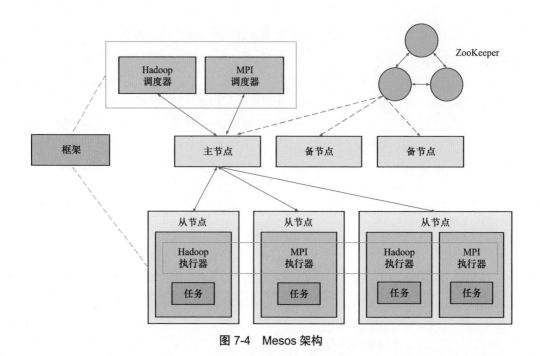

图 7-4　Mesos 架构

（2）从节点。从节点定时向主节点汇报本节点的资源使用情况，启动框架的执行器，并执行所指派的任务。

（3）框架。框架由调度器和执行器两个组件组成。调度器向主节点注册，用来接收主节点提供的资源，并决定哪些资源用来执行任务，当获得所需的资源后，就向主节点提交待执行的任务信息；执行器部署到从节点上，用来执行任务。

（4）ZooKeeper。当前主节点宕机后，ZooKeeper 负责从备节点中选出一个新的主节点。

Mesos 使用两级调度架构来分配资源并启动不同框架下的任务。在第一级调度中，主节点进程管理集群中每个从节点进程，检查并汇总节点上的空闲资源，根据设置的分配策略给相应的框架提供资源。在第二级调度中，注册在主节点中的框架选择接受或拒绝主节点提供的资源，如果资源被接受，框架的调度器会发送待执行的任务信息，以及每个任务所需的资源量给主节点。之后，主节点将任务转移到对应的从节点上，从节点给框架的执行器组件分配必要的资源，由执行器组件管理所有任务的执行。当任务完成后，资源将被释放给其他任务。

图 7-5 展示了 Mesos 执行流程，描述了框架如何通过调度来运行一个任务。

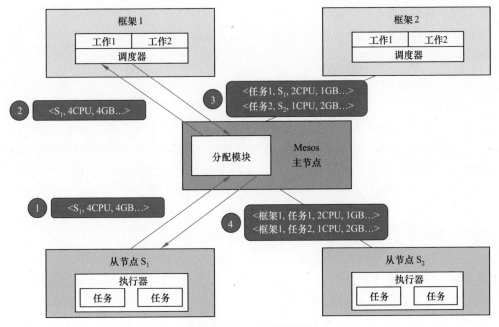

图 7-5　Mesos 执行流程

- 从节点 S_1 向主节点报告自身的资源量，如在图 7-5 中有 4 个 CPU 和 4GB 内存可供使用。
- 主节点给框架 1 发送一个资源信息，告知从节点 S_1 有多少可用资源。
- 框架 1 中的调度器答复主节点，显示该框架下有两个任务需要在从节点 1 上运行，任务 1 需要 2 个 CPU 和 1GB 内存，任务 2 需要 1 个 CPU 和 2GB 内存。

最后，主节点给从节点 S_1 发送任务 1 和任务 2，此时从节点还有 1 个 CPU 和 1GB 内存空闲，它会将这个信息发送给主节点，而主节点又可将此资源信息提供给框架 2。

当任务完成或有新的空闲资源时，系统会循环执行资源提供（resource offer）的过程。由于 Mesos 的可扩展性，允许框架独立参与，因此 Mesos 无法了解框架中任务的具体限制，例如，某个框架任务所需的数据只存储在从节点 S_1 上，即该任务只能在从节点 S_1 上运行。为了解决这个问题，Mesos 赋予了框架拒绝接受资源提供的权力。这意味着，如果某个资源提供不满足任务的限制条件，则框架可以直接拒绝接受该资源提供。

2. 资源分配策略

分配策略决定了主节点如何为每个框架分配什么类型、数量的资源。与 Yarn 类似，Mesos 支持用户实现自定义分配策略，如 fair sharing、priority 等。这些策略支持细粒度的资源共享，并且能根据应用场景解决具体的需求。此模块需要确保不同的框架能公平地获取资源。由于共享策略的选择对集群性能至关重要，本节介绍其中两个被广泛使用的分配策略。

（1）Max-min Fairness。该策略假设一共有 m 个 sources$(1, 2, \cdots, m)$，每个 source 所需的资源分别为 $(x_1, x_2, \cdots, x_m)$，资源总量为 $\{R\}$。初始时，为每个 source 都分配 R/m 的资源，随后从所需资源最少的 source 开始，比较分配给该 source 的资源与实际所需资源的差距。如果初始分配的资源（R/m）比该 source 实际所需的资源少，则将多余的资源均匀地分配给其余的 source。重复此过程，直到所有 source 分配到的资源均少于或等于其实际所需。这个算法保证如果某个 source 分配到的资源少于其实际所需，则其他 source 所分配的资源都少于或等于该 source 所得资源。

（2）Dominant Resource Fairness。Max-min Fairness 适用于对资源要求同质的应用场景，即不同竞争用户所需的资源成比例，资源可以整合成一类分配。然而，当不同框架对资源的需求类别不同时，该算法表现不佳。例如，用户 A 运行的每个任务都需要 1 个 CPU 和 4 GB 内存，用户 B 运行的任务都要求 3 个 CPU 和 1 GB 内存，显然用户 A 的任务是内存密集型，用户 B 的是 CPU 密集型，RAM 和 CPU 无法整合为一类在这两个用户间调度。

为了解决这一问题，Dominant Resource Fairness 算法提出主导资源（Dominant Resource）概念。在上述例子中，假设资源总量为 {9 CPU, 18GB RAM}，对于用户 A 来说，其 CPU 需求占总 CPU 资源的 1/9，而内存为 2/9，其 Dominant Resource Share 为 2/9。类似地，B 的 Dominant Resource Share 为 1/3。该算法的优化目标是让所有用户的 Dominant Resource Share 值尽可能相等。在这个例子中，假设在资源池中启动 x 个 A 用户的任务、y 个 B 用户的任务，那么该问题就转换为以下两个方程：

- $x+3y \leqslant 9$ 及 $4x+y \leqslant 18$：分配的资源不能超过资源池中的资源总量。
- $2x/9=y/3$：Dominant Resource 在资源池中占比尽可能相等。

由此可得：$x=3$，$y=2$，即启动用户 A 的 3 个任务、用户 B 的 2 个任务。

此算法维护当前用户的 Dominant Resource 的占比大小，每次从中挑选占比最小的用户，只要有充足的资源就启动一个此用户的任务，并更新所有用户的占比。

7.2.3 Kubernetes

Kubernetes 源于谷歌内部的 Borg，为应用提供了一个面向容器的集群部署和管理系统。其旨在减轻应用程序运营商和开发人员在编排物理 / 虚拟计算、网络和存储基础设施方面的负担，使他们能够将注意力集中在以容器为核心的自助运营上。同时，Kubernetes 提供了稳定且兼容的基础平台，用于构建定制化的工作流和更高级的自动化任务。该平台具备完善的集群管理能力，包括多层次的安全防护和准入机制、多租户应用支持、透明的服务注册和发现机制、内建负载均衡器、故障发现和自我修复能力、服务滚动升级和在线扩容、可扩展的资源自动调度机制和多粒度的资源配额管理能力。此外，Kubernetes 还提供全面的管理工具，涵盖开发、部署、测试、运维和监控等各个环节。

1. Kubernetes 架构

Kubernetes 使用了图 7-6 所示的架构，以及不同组件间的通信方式。

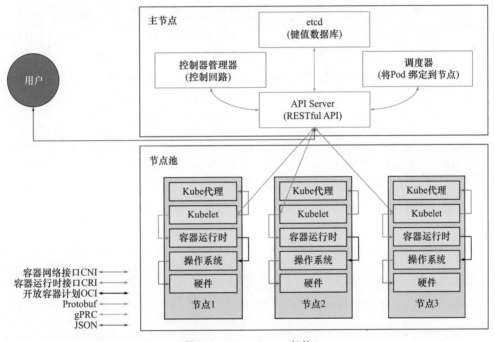

图 7-6　Kubernetes 架构

（1）etcd。etcd 是一个键值存储数据库，用于存储配置数据及有关集群状态的信息。

（2）API Server。API Server 提供资源操作的唯一入口，并提供认证、授权、访问控制、API 注册和发现等机制。

（3）控制器管理器。控制器管理器负责维护集群的状态，如故障检测、自动扩展和滚动更新等。

（4）调度器。调度器负责资源的调度，按照预定的调度策略将 Pod 调度到相应的机器上。

（5）Kube 代理。在每个计算节点中，包含一个名为 kube-proxy 的网络代理，其功能是优化 Kubernetes 网络服务。Kube 代理负责处理集群内部和外部的网络通信，并可通过操作系统的数据包过滤层或自身进行流量转发。

（6）Kubelet。每个计算节点还包含一个名为 Kubelet 的微型应用程序，用于与主节点通信。Kubelet 主要负责确保容器在容器集群内的正常运行。当主节点需要在特定节点上执行某个操作时，Kubelet 负责执行该操作。

（7）容器运行时。负责镜像管理、Pod 和容器的实际运行时接口。

Kubernetes 是一个集群管理器，主节点作为管理者，包含 etcd、API Server、调度器和控制器管理器四个组件。节点作为副本部署的载体，包含多个 Pod（Pod 是 Kubernetes 资源调度的最小单位），每个 Pod 又包含多个容器。用户通过 Kubelet 给主节点中的 API Server 下部署命令。命令主体是以 ".yaml" 结尾的配置文件，包含副本的类型、副本个数、名称、端口和模板等信息。API Server 接收请求后，会依次进行以下操作：权限验证（包括特殊控制）、获取需要创建的资源，并将副本信息保存至 etcd。控制器管理器通过 etcd 获取需要创建资源的副本数，并将其交由调度器进行策略分析。调度器根据设定的策略，将待调度的 Pod 绑定到节点上，Kubelet 获取所需资源，并负责创建最终的 Pod 和加载容器。在完成资源调度后，Kubelet 进程会在 API Server 上注册节点信息，并定期向主节点汇报节点信息，同时，监控容器和节点资源。

2. Kubernetes 分层架构

图 7-7 展示了 Kubernetes 分层架构，与 Linux 的分层设计类似。

（1）核心层。Kubernetes 最核心的功能，对外提供 API 来构建高层应用，对内提供插件式应用执行环境。

（2）应用层。应用层负责部署（如无状态应用、有状态应用、批处理任务和集群应用等）和路由（如服务发现、DNS 解析等）。

（3）管理层。管理层负责系统度量（如基础设施、容器和网络的度量）、自动化（如自动扩展、动态 Provision 等）及策略管理（如 RBAC、Quota、PSP 和 Network Policy 等）。

（4）接口层。包括客户端库和使用工具，如 Kubelet 命令行工具、客户端 SDK 及集群联邦。

图 7-7　Kubernetes 分层架构

（5）云原生生态系统。位于接口层上的庞大容器集群管理调度的生态系统，可分为两个范畴：Kubernetes 外部，包括日志、监控、配置管理、CI/CD、Workflow、FaaS、OTS 应用和 ChatOps 等；Kubernetes 内部，包括 CRI、CNI、CSI、镜像仓库、Cloud Provider、集群自身的配置和管理等。

3. Pod 创建流程

如图 7-8 所示，Kubernetes 创建 Pod 有如下几个阶段。

- 用户通过 Kubelet 接口给 API Server 提交创建 Pod 的 yaml 配置文件，请求资源分配。

- API Server 检查信息并将元数据信息写入 etcd 中，初始化 Pod 资源。

- 调度器通过 list-watch 监听机制，查看要创建的 Pod 资源，API Server 通知调度器创建 Pod，调度器检查 Pod 属性中的 Dest Node，如果为空，则触发调度流程进行资源调度。资源调度的步骤如下：调度器首先使用一组预设规则过滤不满足条件的主机，如果不存在符合条件的主机，则 Pod 一直处于 pending 状态并不断重试调度，直到存在满足条件的节点；随后，对符合要求的主机

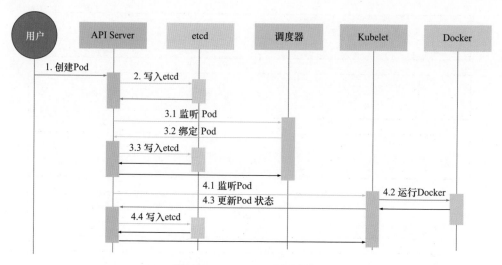

图 7-8　Kubernetes 创建 Pod

打分，按照优先级（如请求资源的多少等）大小对节点排序，最后选择得分最高的主机，进行 binding 操作，将 bound pod 信息返回到 API Server，由 API Server 将结果写入 etcd 中。

- Kubelet 根据调度结果创建 Pod，在绑定成功后，启动容器运行，container、Docker run、调度器会调用 API Server 接口并在 etcd 中创建一个 bound pod 对象，其描述了工作节点上绑定并运行的所有 Pod 信息。每个节点上的 Kubelet 会定期与 API Server 同步 bound pod 信息，如果发现在该节点上运行的 Pod 对象没有更新，则调用 Docker 创建并启动 Pod 内的容器。

- Kube-proxy 为新创建的 Pod 注册动态 DNS 至 OS，并为 Pod 的 Service 添加对应的 iptables 规则，用于服务发现和负载均衡。

4. 调度器的调度策略

如 Pod 创建流程所述，调度器的资源调度会经历两个阶段：过滤阶段和优选阶段。

1）过滤阶段

在部署应用时，如果申请的 Pod 一直处于 pending 阶段，则表示没有满足调度条件的节点，此时需要不断地检查节点资源是否可用。在 Kubernetes 中，默认的过滤策略有如下三类。

（1）GeneralPredicates。GeneralPredicates 过滤规则主要负责最基础的调度策略。

- podFirstResources。判断备选节点资源是否满足 Pod 需求。检测过程如下：计算备选 Pod 和节点中已经存在的 Pod 的所有容器的需求资源总和。获得备选节点的状态信息，包括节点的资源信息。如果备选的 Pod 和节点中已存在 Pod 的所有容器的需求资源的总和超过了备选节点拥有的资源，则返回 false，表示备选节点不适合备选 Pod；否则返回 true，表示备选节点适合备选 Pod。

- PodSelectorMatches。判断备选节点是否包含备选 Pod 的标签选择器指定的标签。检测过程如下：根据备选节点的标签信息，判断节点是否包含备选 Pod 的标签选择器所指定的标签。如果节点包含这些标签，则返回 true；如果节点不包含这些标签，则返回 false。

- PodFitsHost：判断备选 Pod 的 spec.nodeName 域所指定的节点名称和备选节点的名称是否一致。如果二者一致，则返回 true；否则返回 false。

- PodFitsPorts：判断备选 Pod 所用的端口列表中的端口是否在备选节点中被占用，如果被占用，则返回 false，否则返回 true。

- PodFitsHostPorts：判断节点上已经使用的 port 是否和 Pod 申请的 port 冲突。

（2）与 Volume 相关的过滤规则。负责容器持久化 Volume 相关的调度策略。

- NoDiskConflict：用于判断备选的 Pod 中的 GCEPersistentDisk 或 AWSElasticBlockStore 与已经存在于备选节点上的其他 Pod 是否存在冲突。检测过程如下：读取备选 Pod 的所有的 Volume 信息，对每个 Volume 执行步骤进行冲突检测。如果该 Volume 是 GCEPersistentDisk，则将该 Volume 和备选节点上的所有 Pod 的每个 Volume 进行比较。如果发现相同的 GCEPersistentDisk，则返回 false，表示存在磁盘冲突，检测结束，并向调度器反馈该备选节点不适合作为备选的 Pod。如果 Volume 是 AWSElasticBlockStore，则将该 Volume 和备选节点上的所有 Pod 的每个 Volume 进行比较。如果发现相同的 AWSElasticBlockStore，则返回 false，表示存在磁盘冲突，检测结束，并向调度器反馈该备选节点不适合作为备选的 Pod。

- 检查备选 Pod 的所有的 Volume，若均未发现磁盘冲突，则返回 true，表示不存在磁盘冲突，反馈给调度器该备选节点适合作为备选 Pod。

- MaxPDVolumeCountPredicate：判断一个节点上某种类型的持久化 Volume 是否已经超过了一定数目，如果已超过，则声明使用该类型持久化 Volume 的 Pod 不能再被调度到这个节点。

- VolumeZonePredicate：检查持久化 Volume 的区域标签，以确定是否与待考查节点的区域标签匹配。如果匹配，则认为该节点适合放置该 Pod，否则认为该节点不适合。

（3）与宿主机相关的过滤规则。这组规则主要考查待调度的 Pod 是否符合节点本身的某些条件。其中，PodToleratesNodeTaints 规则用于检查节点的"污点"机制。只有当 Pod 的 Toleration 字段与节点的 Taint 字段能够匹配时，该 Pod 才能被调度到该节点上。这样可以确保只有在 Pod 能够容忍节点上污点的情况下，才会将 Pod 调度到该节点上。

2）优选阶段

完成过滤后，Priorities 阶段为这些节点打分，得分范围为 [0, 10]，Pod 会绑定得分最高的节点。常用的打分规则有如下几种：

（1）LeastRequestedPriority。从备选节点列表中选出资源消耗最小的节点。具体来讲，就是计算出节点上运行的 Pod 和备选 Pod 的 CPU、内存占用量，选择空闲资源最多的宿主机。

（2）CalculateNodeLabelPriority。如果用户在配置中指定了该策略，则调度器将使用 registerCustomPriorityFunction 方法注册该策略。该策略用于判断在备选节点中是否选择具有策略列出的标签。如果备选节点的标签在优选策略的标签列表中，并且优选策略的 presence 值为 true，或者备选节点的标签不在优选策略的标签列表中，并且优选策略的 presence 值为 false，则备选节点的得分为 10，否则得分为 0。这样可以根据用户指定的标签和 presence 值，决定是否优先选择具有特定标签的备选节点。

（3）BalancedResourceAllocation。从备选节点列表中选出各项资源使用率最均衡的节点，即在调度完成后，所有节点里各种资源分配最均衡的那个节点，从而避免某些资源大量剩余。

7.3 AnalyticDB 资源调度实践

7.3.1 云库存调度

为了实现 Serverless 资源弹性分配，AnalyticDB 在架构上进行了基础建设，包括细粒度资源单位的设定，以及引擎调度、资源调度和资源库存端到端的池化调度架构。

AnalyticDB 将最小资源单位定义为 1ACU（1ACU=1 核心 4GB 内存），度量计算弹性资源的使用量。1ACU 的资源单元大小可以较好地支持 AnalyticDB 做到最细粒度的弹性，并显著降低用户的使用成本。

为了满足弹性且高效的库存保障、资源分配需求，AnalyticDB 改进了传统的基于 ECS 独占部署的架构，创新性地提出了三层端到端池化调度架构，如图 7-9 所示。

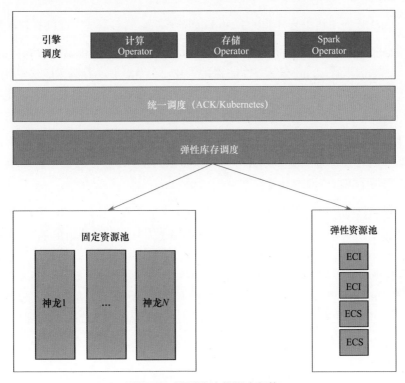

图 7-9　端到端池化调度架构

（1）引擎调度。引擎调度负责不同引擎的弹性资源编排，如离线计算的按需弹性、在线计算的分时弹性资源申请等。

（2）统一调度。基于 ACK/Kubernetes 的能力，构建多引擎的混部调度，同时管理包括存储、计算、网络基础设施。

（3）弹性库存调度。AnalyticDB 配置了两级资源池，分别提供不同特点的设备，保障库存供给，而弹性库存调度就是用来管理供给的两级资源池，从而保障弹性过程中的资源供给，以及弹性效率的优化。

为了保障资源调度的成功率，并尽可能降低用户的使用成本，AnalyticDB 使用了两级库存保障。无论是离线负载的 Query 弹性，还是在线实例级别节点的弹性，都需要有库存的保障。如果为了满足弹性需求而采购大量机器，在用户资源缩减时，将给 AnalyticDB 服务带来巨大的库存成本负担。为了既满足离线的弹性资源供给，又最小化 AnalyticDB 的成本，提供了基于画像运营的两级弹性库存供给能力。

7.3.2 资源利用率

AnalyticDB 使用阿里云开源的 Koordinator 云原生混部系统，可以有效帮助企业客户改进云原生工作负载运行的效率、稳定性和计算成本。

从节点层面来看，混部是指多个容器部署在一个节点上。容器包括三种形态，分别为多个在线容器、多个离线容器、多个在线和离线容器，而不仅是离线容器。一个节点是指能够运行容器的最小单位，包括物理机、ECS 等。

从集群层面来看，混部是指在同一集群中自动部署多种不同类型的应用程序。这些应用程序的特性经过预测和分析后，可以使业务在资源使用方面呈错峰填谷的状态，从而提高了集群资源的有效利用率。

结合以上理解，可以明确混部的核心目标和技术方案，其实质在于优化数据中心资源的利用。根据埃森哲报告，2011 年公有云数据中心的机器利用率平均不到 10%，这意味着企业在资源方面面临极高的成本压力。与此同时，随着大数据技术的迅速发展，计算作业对资源的需求也越来越大。事实上，大数据通过云原生方式上云已成为必然趋势。根据 Pepperdata 在 2021 年 12 月的调查报告，相当数量的企业的大数据平台已经开始向云原生技术迁移。因此，选择批处理类型任务与在线服务类型应用混合部署成了业界通用的混部方案选型。公开数据显示，通过混部技术，技术领先企业的资源利用率得到了显著提升。

针对混部技术，不同角色的管理人员关注的问题各有不同。对于集群资源管理者，他们希望能够简化集群资源的管理流程，实现对各类应用的资源容量、分配情况和使用情况的清晰洞察，以提高集群资源的利用效率，从而降低 IT 成本。而在线应用的管理员更加关注混合部署时可能出现的相互干扰问题。混部可能导致资源竞争，进而影响在线应用的响应时间，产生长尾延迟问题，从而降低应用的服务质量。

离线类型应用的管理员则更期望混部系统可以提供分级可靠的资源超卖，满足不同作业类型的差异化资源质量需求；并且及时识别干扰源，避免影响离线应用。

针对以上问题，Koordinator 提供了以下机制：

- 面向混部场景的资源优先级和服务质量模型；
- 稳定可靠的资源超卖机制；

- 细粒度的容器资源编排和隔离机制；

- 针对多种类型工作负载的调度能力；

- 复杂类型工作负载的快速接入能力。

Koordinator 采用图 7-10 所示的架构，绿色部分描述了 Kubernetes 系统的各个组件，蓝色部分代表 Koordinator 的扩展功能。从系统架构的角度来看，Koordinator 可以分为中心管控和单机资源管理两个维度。在中心管控方面，Koordinator 在调度器内外都增强了相应的扩展能力。在单机资源管理方面，Koordinator 提供了 Koordlet 和 Koord 运行时代理（Runtime Proxy）两个组件，用于实现对单机资源的精细化管理和 QoS 保障。

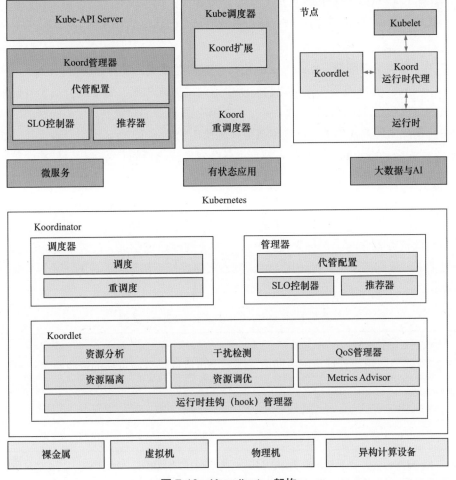

图 7-10　Koordinator 架构

1. Koordinator 组件的功能

（1）Koord 管理器。SLO 控制器用于提供资源超卖、混部 SLO 管理、精细化调度增强等核心管控能力。推荐器围绕资源画像为应用提供相关的弹性能力。代管配置用于简化 Koordinator 混部模型的使用，为应用提供一键接入的能力，自动注入相关优先级、QoS 配置。

（2）Koord 扩展。面向混部场景的调度能力增强。

（3）Koord 重调度器。提供灵活可扩展的重调度机制。

（4）Koord 运行时代理。作为 Kubelet 和运行时之间的代理，满足不同场景的资源管理需求，提供插件化的注册框架，提供相关资源参数的注入机制。

（5）Koordlet。在单机侧负责 Pod 的 QoS 保障，提供细粒度的容器指标采集，以及干扰检测和调节策略能力，并支持一系列的运行时代理插件，用于精细化的隔离参数注入。

为了解决混部问题，Koordinator 定义了四种资源优先级，分别为 Product、Mid、Batch 和 Free。Pod 需要明确指定它们所申请的资源优先级，调度器会基于各资源优先级的总量和已分配量进行调度决策。不同优先级资源的总量受高优先级资源的请求和使用情况的影响，例如，已经申请但尚未使用的 Product 资源可能会被重新分配给 Batch 优先级。Koordinator 会将各节点上各个资源优先级的具体容量以标准的扩展资源形式更新到节点信息中。

如表 7-1 所示，Koordinator 使用了 Kubernetes 标准的 PriorityClass 来定义不同资源请求的优先级，表示 Pod 请求资源的优先级。在多优先级资源超卖的情况下，当单台主机的资源紧张时，低优先级的 Pod 可能会被推迟或驱逐。此外，Koordinator 还提供了 Pod 级别的子优先级，用于在调度器层面进行更精细化的控制，如排队和抢占等操作。

表 7-1　Koordinator 的 PriorityClass 类别

PriorityClass	范围	描述
Koord-prod	[9000, 9999]	典型的在线应用，特征是对响应时间敏感
Koord-mid	[7000, 7099]	流式计算、近似计算和 AI 类型应用
Koord-batch	[5000, 5999]	离线批处理应用，例如大数据作业、OLAP 类查询
Koord-free	[3000, 3999]	低优先级的离线任务，常用于研发人员的测试场景

Koordinator 设计中的另一个核心概念是服务质量（Quality of Service，QoS）。如表 7-2 所示，Koordinator 在 Pod 注释级别扩展了 QoS 模型的定义，它代表了 Pod 在单机运行过程中的资源质量。这主要体现在不同的隔离参数上，当单机资源紧张时，高等级 QoS 的需求会被优先满足。Koordinator 将 QoS 分为三个整体类别：System（系统级服务）、Latency Sensitive（延迟敏感的在线服务）和 Best Effort（资源消耗型的离线应用）。另外，根据应用性能敏感程度的不同，Latency Sensitive 进一步细分为 LSE、LSR 和 LS。

表 7-2 Koordinator QoS 模型

Koordinator QoS	描述	Kubernetes QoS
System	系统级服务	
Latency Sensitive（LS）	延迟敏感型应用，与其他 LS 应用共享 CPU 资源，弹性较高，能够满足突发的资源需求	Guaranteed/Burstable
Latency Sensitive Exclusive（LSE）	敏感程度极高，要求独享 CPU 资源，不与其他 Pod 共享 CPU 核心	Guaranteed
Latency Sensitive Reserved（LSR）	敏感程度介于 LS 和 LSE 之间，轻易不与其他 Pod 共享 CPU 核心。与 LS 相比，对 CPU 的确定性要求更高；与 LSE 相比，在自身资源空闲时，允许 BE 类型 Pod 临时使用	Guaranteed
Best Effort（BE）	敏感程度较低的资源消耗型 Pod	Best Effort

2. Koordinator 的关键技术

（1）资源超发。在使用 Kubernetes 集群时，用户常常面临难以精确评估在线应用的资源使用情况的问题，因此不确定如何更好地配置 Pod 的请求（Request）和限制（Limit）。为了确保在线应用的稳定性，通常会设置较大的资源规格。在实际生产环境中，大多数在线应用的实际 CPU 利用率通常较低，导致大量已分配但未使用的资源被浪费。

Koordinator 通过资源超发机制来回收和再利用已经分配但尚未被使用的资源，它会根据指标数据来评估在线应用的 Pod 中有多少资源可以被回收。这些可回收的资源可以被超发分配给低优先级的工作负载，如某些离线任务。为了使低优先级的工作负载能够方便地利用这些资源，Koordinator 会将这些超发的资源更新到 NodeStatus

中。当在线应用需要处理突发请求并需要更多资源时，Koordinator 通过强大的 QoS 增强机制，有助于在线应用重新获取这些资源，以确保服务质量。

（2）负载感知调度。通过超发资源以提高集群的资源利用率。然而，这也会凸显出集群中节点之间资源利用率不平均的问题。这个问题在非混合部署环境下同样存在，由于 Kubernetes 原生不支持资源超发机制，节点上的资源利用率相对较低，因此在一定程度上掩盖了这个问题。在混合部署情况下，资源利用率会上升到较高的水平，从而暴露出问题。

资源利用率的不均匀通常表现为节点之间的差异及出现局部的负载热点。局部的负载热点可能会影响工作负载的整体性能。此外，在高负载的节点上，在线应用和离线任务之间可能会出现严重的资源冲突，从而影响在线应用的运行质量。

如图 7-11 所示，为了解决这个问题，Koordinator 的调度器提供了一个可配置的调度插件来控制集群的资源利用率，实现负载均衡。该调度能力主要依赖于 Koordlet 上报的节点指标数据，调度器在进行调度决策时会过滤掉负载高于某个阈值的节点，这样可以防止 Pod 在高负载的节点上无法获得足够的资源保障，并且有助于避免负载

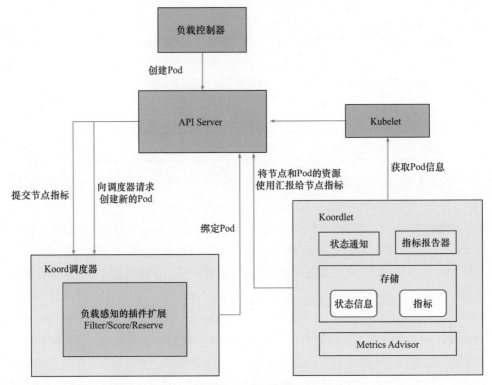

图 7-11　负载均衡

载较高的节点继续恶化。在评估阶段，调度器会选择利用率更低的节点来部署 Pod。此外，该插件还会基于时间窗口和预估机制来规避因为一时调度过多的 Pod 到冷节点而导致冷节点过度热化的问题。

（3）CPU 动态压制。在线应用通常在大部分时间内不会完全利用其申请到的 CPU 资源，这会导致有大量的空闲 CPU 资源。这些空闲资源除了可以通过资源超发给新创建的离线任务来利用，还可以在节点上没有新的离线任务需要执行时，尽可能地共享给已经运行的离线任务。通过这种方式，可以增强单个节点上的 QoS。

如图 7-12 所示，当 Koordlet 检测到在线应用的资源处于空闲状态，并且离线任务使用的 CPU 资源尚未达到安全阈值时，安全阈值内的空闲 CPU 资源可以供离线任务共享使用，从而加快离线任务的执行速度。因此，在线应用的负载水平直接影响了可供 Best Effort（BE）Pod 使用的总 CPU 数量。当在线负载增加时，Koordlet 会通过 CPU 动态压制机制来限制 BE Pod 的资源使用，以便重新给在线应用分配共享的 CPU 资源。

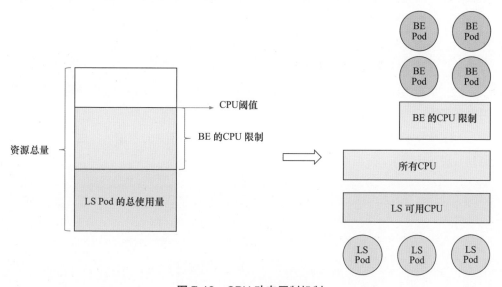

图 7-12　CPU 动态压制机制

7.3.3　按需弹性

AnalyticDB 对在线负载和离线负载使用了不同的资源按需弹性分配技术。

1. 离线负载解耦按需弹性技术

在使用 AnalyticDB MySQL 版时，混部负载场景既包含在线分析，也包含 ETL

离线分析，采用"离在线负载不解耦"的架构。允许在线查询和离线分析的执行任务混用计算节点可能会引发以下两个问题：

（1）稳定性低。离线任务通常需要消耗较多的资源，而在线任务对节点的抖动比较敏感，容易出现在线业务抖动的问题。

（2）成本高。为了保证离线查询运行时有足够的资源，需要提前启动常驻资源。当离线查询运行完成后，这些资源会空跑，用户需要承担空跑的成本。

为了解决这两个问题，AnalyticDB MySQL 版引入了离线查询级别的弹性资源分配机制。离线查询所需的资源与在线负载完全隔离，因此在线负载不会受到影响。离线查询的资源根据需求进行动态申请和使用，用户无须承担资源闲置的成本。

2. 在线负载按需弹性技术

离在线负载解耦后，离线负载可以按照查询的粒度进行资源的弹性分配。对于在线查询及响应时间的要求较高，更适合通过实例节点的弹性来适应负载的变化。AnalyticDB MySQL 版的在线负载按需弹性是通过构建负载感知、库存供给、实例弹性的闭环反馈链路来实现的。

（1）负载感知。包括用户设定的定时弹性规则和 ADB 负载管理器自动感知业务负载进行弹性两种模式。

（2）库存供给。负载感知模块实现具体资源扩缩容后，库存供给模块会提前或实时准备资源。

（3）实例弹性。当资源就绪后，实例弹性模块对实例进行扩缩容，满足业务负载感知对资源的需求。

AnalyticDB云上
应用实践

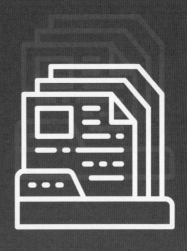

8.1　实例创建

本章介绍如何在云原生数据仓库 AnalyticDB MySQL 版控制台上创建 3.0 版集群。读者需要注意，创建集群的前提条件为已在阿里云官网注册阿里云账号；若需要创建按量付费的集群，请确保账号内至少有 100 元的余额。

在满足前提条件下，具体操作步骤如下。

（1）登录云原生数据仓库 AnalyticDB MySQL 版控制台。

（2）如图 8-1 所示，在页面中选择集群所在地域。

图 8-1　阿里云 AnalyticDB MySQL 版控制台

（3）在左侧导航栏中，单击"集群列表"按钮。

（4）如图 8-2 所示，单击右上角的"创建集群"按钮，进入创建集群页面。

（5）选择商品类型。用户可以根据自己的需求选择最合适的付费方式。对有短期需求的用户，按量付费是理想的选择。这种方式属于后付费模式，即根据实际使用的小时数进行扣费，在需求完成后立即释放集群，从而节省费用。包年包月则适合那些有长期需求的用户，需要用户在新建集群时就支付相应的费用。与按量付费相比，包年包月价格更实惠，而且购买的时长越长，用户能享受到的优惠也就越多。

（6）设置集群参数后，单击"立即购买"按钮。集群设置参数见表 8-1。

图 8-2　创建集群页面

（7）在确认订单页面确认订单信息，阅读并选中服务协议，即可开通服务。对包年包月类型，还需要支付额外费用。

表 8-1　集群设置参数

参数	说明
版本	选择 AnalyticDB MySQL 版
地域	集群所在的地理位置，购买后无法更换地域。建议选择离业务最近的地域，以便于提升集群的访问速度
可用区	可用区是地域中的一个独立物理区域，不同可用区之间没有实质性区别
网络类型	固定为专有网络，无须选择。专有网络也称为 VPC（Virtual Private Cloud），它是一种隔离的网络环境，安全性较高 如果已创建符合网络规划的 VPC，则直接选择。例如，如果用户已创建 ECS，且该 ECS 所在的 VPC 符合规划，那么选择该 VPC 如果用户未创建符合网络规划的 VPC，则可以使用默认 VPC 和交换机 如果默认 VPC 和交换机无法满足要求，则用户可以自行创建 VPC 和交换机
专有网络	确保 AnalyticDB MySQL 版与需要连接的 ECS 创建在同一个 VPC 上，否则无法通过内网互通，发挥最佳性能
版本升级策略	集群将在可维护时间段内自动升级到最新版本，默认版本升级时间窗口为 10:00—11:00。可以在购买集群后，设置可维护时间
计算预留资源	计算预留资源用于数据计算，可分配给 Interactive 型和 Job 型资源组。增加计算资源可以提高数据查询速度。计算预留资源的取值为 0~512 ACU，步长为 16 ACU 当计算预留资源为 0 ACU 时，仅支持创建 Job 型资源组 当计算预留资源大于 0 ACU 时，支持创建 Interactive 型和 Job 型资源组

续表

参数	说明
默认分配行为	计算预留资源是否全部分配给 default 资源组。加载数据集期间会占用 user_default 资源组中的计算预留资源，如果需要加载内置数据集，请选择"是"
存储预留资源	存储预留资源用于数据存储，最大支持的热数据空间为 4 TB。存储预留资源的取值为 0 ~ 4800 ACU，步长为 24 ACU。内置数据集需要占用约 10 GB 的热数据空间，请至少购买 24 ACU（1 组）的存储预留资源

8.2 数据接入

8.2.1 Serverless 的服务级别协议

AnalyticDB MySQL 版支持丰富的数据源，包括：

- 数据库，如 RDS、MongoDB 和 Oracle 等。
- 大数据计算存储服务，如 MaxCompute、HDFS 和 Flink 等。
- 文本存储和表格存储，如 OSS、Tablestor 等。
- 消息队列，如 Kafka。

AnalyticDB MySQL 版提供多种数据导入方案，可满足不同场景下的数据导入需求。

8.2.2 数据导入方式介绍

为满足多样化的数据导入需求，云原生数据仓库 AnalyticDB MySQL 版提供了多种数据导入方式，包括：通过外表导入数据、通过 DataWorks 导入数据、通过 JDBC 使用程序导入数据。

本节介绍各种导入方式的特性及适用场景。

1. 通过外表导入数据

AnalyticDB MySQL 版内置了不同数据源的访问链路，支持通过创建外部表来映射外部数据源，并发地读取外部数据并导入 AnalyticDB MySQL 版。通过外部表导入数据可以最大限度地利用集群资源，实现高性能的数据导入。

1）特性

- 适合大批量数据：导入链路支持批量操作，适用于需要进行大量数据导入的场景。

- 资源消耗大：利用集群资源进行高性能导入，建议在业务低峰期使用。

- 批量可见：在数据导入任务完成前，导入的数据不可见；在导入任务完成后，导入的数据批量可见。

- 分区覆盖：通过外部表导入的数据分区会覆盖表中已存在的同一分区。

- 构建索引：通过外部表导入数据时，会同步构建索引；在导入任务完成后，会生成索引，从而提升查询性能。

2）常见的使用场景

- 数据仓库初始化：当需要将 TB 级别的数据初始化导入 AnalyticDB MySQL 版进行分析时，建议先将数据存放在 OSS 或者 HDFS 上，然后通过外部表进行高效的导入。

- 离线数据仓库加速：离线数据存储在 MaxCompute 等离线数据仓库中，每天的数据增量可以达到几十 GB 甚至 TB 级别，需要将数据每天导入 AnalyticDB MySQL 版中进行数据加速分析。

AnalyticDB MySQL 版支持多种外部表数据源，包括 MaxCompute、HDFS、OSS 和 RDS MySQL。

2. 通过 DataWorks 导入数据

DataWorks 提供了可视化的数据导入方式，可以将多种数据源导入 AnalyticDB MySQL 版。相较于通过外表导入数据的方法，DataWorks 导入数据更为轻量化，适合数据量相对较小的数据导入场景。其常见使用场景包括：

- 分钟 / 小时级数据导入：需要每分钟或每小时抽取少量数据到 AnalyticDB MySQL 版进行数据分析。

- 多种异构数据源导入：需要将 OTS、Redis 和 PostgreSQL 等多种数据源的数据导入 AnalyticDB MySQL 版。

下面对其使用方式进行介绍，主要分为 3 个步骤：

1）配置源端数据源

DataWorks 支持的数据源包括 RDS MySQL、Oracle、SQL Server、OSS、MaxCompute 及 HDFS。

2）配置 AnalyticDB MySQL 3.0 数据源

- 进入数据源管理页面。

- 在图 8-3 所示的数据源管理页面，单击"新增数据源"按钮。

图 8-3　数据源管理页面

- 在图 8-4 所示的对话框中，选择数据库名称为 AnalyticDB MySQL（V3.0）。

图 8-4　数据源设置对话框

- 在新增 AnalyticDB for MySQL（V3.0）数据源对话框中，配置各项参数。
- 选择资源组的连通性类型为数据集成。
- 在"连接配置"中，单击相应资源组后的"测试连通性"按钮。
- 在同步数据时，一个任务只能使用一种资源组。用户需要测试每个资源组的连通性，以保证同步任务使用的数据集成资源组能够与数据源连通，否则将无法正常执行数据同步任务。如果需要同时测试多种资源组，请选择相应资源组后，单击"批量测试连通性"按钮。
- 测试连通性通过后，单击"完成"按钮。

3）配置同步任务中的数据来源和去向。

- 登录 DataWorks 控制台。

- 在左侧导航栏选择"工作空间列表选项",选择"数据开发"选项,如图 8-5 所示。

图 8-5　DataWorks 工作空间管理

- 在"数据开发"选项卡下,右击"业务流程",在弹出的快捷菜单中选择"新建业务流程",如图 8-6 所示。

图 8-6　业务流程管理页面

- 输入业务名称后,单击"新建"按钮。
- 在"全部"业务流程页面,选择所需的业务流程名称。
- 单击"数据集成"按钮,选择同步类型,以离线同步方式为例新建数据同步节点。
- 双击节点名,配置数据同步任务的数据来源、数据去向、字段映射及通道控制信息。
- 单击"保存"和"提交"按钮,然后进行调度配置。

- 在完成同步任务的调度配置后，先保存和提交节点，然后单击"运行"按钮，开始同步数据。
- 登录 AnalyticDB 控制台。
- 使用 DMS 连接云原生数据仓库 AnalyticDB MySQL 版，查看已同步的 RDS MySQL 数据。
- 成功将数据导入 AnalyticDB MySQL 版后，即可使用 AnalyticDB MySQL 版分析数据。

3. 通过 JDBC 使用程序导入数据

在数据清洗或复杂的非结构化数据场景下，当外表和 DataWorks 导入无法满足定制化导入需求时，可以通过 JDBC 使用程序导入数据。常见的使用场景包括：

- 数据预处理后导入，业务端实时产生日志文件，需要对日志文件进行自动化解析并实时导入 AnalyticDB MySQL 版。
- 非云上数据导入，当数据无法上传到 OSS、HDFS 或 MaxCompute 时，需要将本地数据导入 AnalyticDB MySQL 版。

当使用该种方法时，有如下建议：

- 在应用程序连接 AnalyticDB MySQL 时，需要配置支持的 JDBC 驱动。
- 在导入数据量大且需要长时间操作时，建议配置连接池。
- 支持批量导入和并发导入，以获得更高的导入性能。
- 关于流式数据导入，可以通过开源 Flink 将数据导入 AnalyticDB MySQL 版。
- 对于非定制化本地数据导入，可以使用 LOAD DATA、AnalyticDB MySQL 版导入工具导入。

8.2.3 数据导入性能优化

云原生数据仓库 AnalyticDB MySQL 版提供了多种数据导入方法，可满足不同场景下的数据导入需求。然而，数据导入性能依然受各种各样的因素影响，如表的建模不合理导致长尾、导入配置低无法有效利用资源等。本节介绍不同场景下的数据导入调优方法。

1. 通过外表导入数据

1）检查分布键

分布键（Distributed Key）决定着数据导入的一级分区，每个表在导入时以一级分区为粒度并发导入。当数据分布不均匀时，导入数据较多的一级分区将成为长尾节点，影响整个导入任务的性能，因此要求导入时数据均匀分布。

首先，在导入数据前，可以根据导入数据所选分布键的业务意义判断是否合理。例如，对某张表选择某个唯一值较少的列作为分区键，会导致较多相同的数据会分布到同一个分区，造成严重倾斜，导入会有长尾，影响性能。此外，在导入数据后，如数据建模诊断显示分布字段倾斜，则说明选择的分布键不均匀。

2）检查分区键

INSERT OVERWRITE INTO SELECT 导入数据的基本特性为分区覆盖，即导入的二级分区会覆盖原表的同名二级分区。每个一级分区内的数据会再按二级分区定义导入各个二级分区。导入时需要避免一次性导入过多的二级分区，多个二级分区同时导入可能引入外部排序过程，影响导入性能。因此，需要判断分区键的合理性。

在导入数据前，用户应当根据业务数据需求及数据分布判断分区键是否合理。例如，对某张表选择某个时间列进行二级分区，数据范围横跨 7 年，按年进行分区有 7 个分区，按日进行分区有 2000 多个分区，单分区约有 3000 万条记录，选择按月或者按年分区则更合适。同样地，在导入数据后，如果数据建模诊断中发现不合理的二级分区，则表示选择的分区键不合适。

3）检查索引

在 AnalyticDB MySQL 版中，在创建表时默认会生成全列索引，然而，在构建宽表并导入数据时，全列索引会占用一定的资源。为了优化数据导入的性能，建议在宽表导入数据时使用主键索引。主键索引通常用于去重操作，但如果主键列数量过多，可能会影响去重性能。可以根据如下准则判断索引的合理性。一方面，在离线导入场景中，数据通常已经通过离线计算去重，无须指定主键索引。另一方面，用户可以在监控信息页面的表信息统计页查看表数据量、索引数据量和主键索引数据量。当索引数据量超过表数据量时，需要检查表中是否有较长的字符串列，此类索引列需要大量的构建时间及存储空间。

4）增加 Hint 加速导入

在导入任务前，增加 Hint（direct_batch_load=true）可以优化导入任务。

```
submit job /* direct_batch_load=true */ insert overwrite adb_table
select * from adb_external_table;
```

2. 通过 DataWorks 导入数据

1）任务配置

（1）优化批量插入条数。批量插入条数表示单次导入的批大小，默认为 2048。通常情况下，单条记录的大小不应超过硬盘的扇区大小，一般是 4KB。如果单条数据量过大达到数百 KB，则建议将批量插入条数修改为 16，将单次导入量控制在 8MB 内，防止占用过多节点内存。

（2）优化通道控制。数据同步性能与任务期望最大并发数配置项大小成正比，可以尽可能地增加任务期望最大并发数。

2）常见问题及解决方法

当客户端写入工作负载较轻时，可能会导致集群的 CPU 使用率、磁盘 I/O 使用率及写入响应时间保持在较低的水平。尽管数据库服务器端能够及时地处理客户端发送的数据，但由于总的数据发送量较小，因此写入每秒事务数可能无法达到预期水平。当遇到这种问题时，用户可以调整单次数据导入的批量插入条数并增加任务的最大并发数。通过这种方式，可以随着导入压力的增加，线性提高数据导入性能，更充分地利用资源。

当导入的目标表存在数据倾斜时，集群部分节点负载过高，影响导入性能。此时，集群 CPU 使用率、磁盘 I/O 使用率处于较低的水平，但写入响应时间较高。可以在诊断优化一栏中，查看数据建模诊断页面的倾斜诊断表。用户可以选择重新设计表结构后再导入数据。

3. 通过 JDBC 使用程序导入数据

1）客户端优化

（1）应用端批量操作，多条数据批量导入。在使用 JDBC 导入数据时，为了降低网络和连接的开销，建议采用批量导入的方式。除非有特殊需求，否则应尽量避免逐条导入单条数据。

（2）应用端并发配置。应用端在导入数据时，可使用多并发同时导入数据。单个进程通常无法完全利用系统资源，同时，客户端需要进行处理数据、批量导入等操作，难以跟上数据库的导入速度，通过多并发导入可以加快导入速度。导入并发受多种因素的影响，包括批量处理、数据源和客户端机器负载等。因此，没有一个通用的最佳并发数，用户可以通过测试和试验来确定合适的并发处理能力。

2）常见问题及解决方法

当通过程序将数据导入 AnalyticDB MySQL 版性能不佳时，用户可从以下几个方

面排查客户端性能是否存在瓶颈:

- 确保数据源的数据生产速度足够快,如果数据源来自其他系统或文件,则排查客户端是否有输出瓶颈。
- 确保数据处理速度,排查数据生产与消费是否同步,保证有足够的数据等待导入 AnalyticDB MySQL 版。
- 确保客户端机器负载,检查 CPU 使用率或磁盘 I/O 使用率等系统资源是否充足。

8.3 数据类型和基本操作

8.3.1 数据类型

对比 MySQL,AnalyticDB MySQL 版仅支持以下简单的数据类型。

- 数值类型:boolean、tinyint、smallint、int、bigint、float、double 和 decimal。
- 字符类型:varchar、binary。
- 时间类型:date、time、datetime 和 timestamp。
- 空间类型:point。

在处理复杂数据类型方面,AnalyticDB MySQL 版支持以下类型:Array、Map 和 JSON。

8.3.2 系统函数

AnalyticDB MySQL 版支持表 8-2 所示的系统函数。

表 8-2 系统函数

名称	定义
控制流函数	CASE、IF、NULLIF、IFNULL
数值函数和运算符	+、-、*、/、COS、LOG 等
日期和时间函数	ADDDATE、DATEDIFF 等
字符串函数	INSTR、RIGHT 等
正则函数	REGEXP_INSTR、REGEXP_MATCHES 等
位函数和操作符	|、>>、<< 等

名称	定义
GEO 函数	ST_Boundary、ST_Difference 等
JSON 函数	JSON_ARRAY_CONTAINS 等
窗口函数	RANK、FIRST_VALUE 等
聚合函数	MIN、AVG 等

8.3.3　物化视图

物化视图是数据仓库领域的核心特性之一。不同于逻辑视图，物化视图会持久化视图的查询结果，可用于加速分析，并能简化 ETL，适用于报表类业务、大屏展示等多种场景。

1. 创建物化视图

在创建物化视图时，需要具备以下权限：拥有数据库或表级别的 CREATE 权限；拥有数据库或表级别的 INSERT 权限；拥有物化视图所涉及的所有表的相关列（或整个表）的 SELECT 权限；如果在创建物化视图时指定物化视图为自动刷新模式，需要拥有通过服务器本地或者任意 IP 刷新视图的权限。

创建视图的语法如下。

```
CREATE [OR REPLACE] MATERIAL VIEW <mv_name>
[MV DEFINITION]
[REFRESH [COMPLETE|FAST] [ON [DEMAND | OVERWRITE] [START WITH date]
[NEXT date]]]
AS
<QUERY BODY>;
```

创建视图存在如下使用限制：无法对物化视图执行 INSERT、DELETE 或 UPDATE 操作；不支持删除或重命名物化视图中引用的基表或基表中的列，如需修改基表，需要先删除物化视图。

2. 刷新物化视图

在创建物化视图时，用户可以制定刷新模式。对于较小规模的集群，建议避免同时刷新集群内的所有物化视图，以维护集群的稳定性。

- 物化视图的刷新模式分为全量刷新（COMPLETE）和增量刷新（FAST），未指定刷新模式时默认为全量刷新。全量刷新会计算刷新时刻的查询结果，并用覆盖的方式替换原来的结果。全量刷新既支持手动刷新，也支持自动刷新。增量刷新仅支持按需自动刷新。

- 物化视图的刷新触发机制分为按需刷新（ON DEMAND）和基表通过 INSERT OVERWRITE 覆写后被自动刷新（ON OVERWRITE）。如果未指定触发方式，默认为按需刷新。

3. 管理物化视图

物化视图的管理主要可以通过以下几个语句实现。

查看物化视图定义：SHOW CREATE MATERIALIZED VIEW <my_name>。

查找物化视图：SHOW MATERIALIZED VIEWS［LIKE 'pattern'］。

删除物化视图：DROP MATERIALIZED VIEW <my_name>。

4. 查询物化视图

用户仅需具备物化视图的 SELECT 权限，无须具备物化视图所引用基表的 SELECT 权限，即可查询物化视图。

```
SELECT * FROM adbview
WHERE device = 'PC'
AND city = 'Beijing';
```

8.3.4　全文检索

1. 创建全文索引

创建全文索引的使用条件如下：

- 集群内核版本需为 3.1.4.9 及以上版本。
- 全文索引仅支持对一列进行设置，如需对多个列创建全文索引，可通过在多个列上单独创建全文索引来实现。
- 全文索引只支持 VARCHAR 类型的列。

2. 全文索引

本节介绍如何通过全文索引函数 match() against()、match() fuzzy()、match() phrase() 进行全文检索及如何高亮显示全文检索关键词。

（1）match() against()。match() against() 支持词条匹配和精确匹配，对指定列查找

与关键词相匹配的内容。

```
SELECT * FROM `table_name` WHERE match (column_name [,…] )against('term')
```

（2）match() fuzzy ()。match() fuzzy() 支持模糊匹配查询，基于 Levenshtein Edit Distance（莱温斯坦编辑距离），对检索的文本进行模糊匹配。在一些输入出现错误的场景下，使用模糊匹配查询功能可以在一定程度上查询出与关键词相近的内容。

```
SELECT * FROM `table_name` WHERE match(`column_name`)fuzzy('term')
[max_edits(n)];
```

（3）match() phrase ()。match() phrase() 支持短语查询，对指定列查找匹配多个关键词的内容。在多个关键词都匹配的情况下，可以将 slop 参数作为判断是否满足短语查询的另一个依据。

```
SELECT * FROM `table_name` WHERE match(`column_name`)phrase('term1
term2')[slop(n)];
```

AnalyticDB MySQL 版 3.0 支持使用 fulltext_highlight(`column_name`) 函数对全文索引列中的关键词进行高亮显示。

```
SELECT match(content_alinlp)AGAINST('武汉长江') AS score,
fulltext_highlight(content_alinlp)
FROM tbl_fulltext_demo
WHERE MATCH(content_alinlp)AGAINST('武汉长江')>0.9
ORDER BY score DESC LIMIT 3;
```

AnalyticDB MySQL 版 3.0 全文检索的高亮设置默认使用 和 标签，用户也可以使用 hint 设定 fulltext_highlight_pre_tag 和 fulltext_highlight_post_tag 的值定义全文高亮的左右标签。

```
/*+fulltext_highlight_pre_tag=<span>,fulltext_highlight_post_tag=</span>*/
SELECT match(content_alinlp)AGAINST('武汉长江')AS score,
fulltext_highlight(content_alinlp)
FROM tbl_fulltext_demo
WHERE MATCH(content_alinlp)AGAINST('武汉长江')>0.9
ORDER BY score DESC LIMIT 3;
```

3. 全文索引的分词器

AnalyticDB MySQL 版全文索引功能提供多种内置分词器，包括 AliNLP 分词器、

IK 分词器、Standard 分词器和 N-gram 分词器等。用户可以根据不同的场景，使用不同的分词器对文本分词。在 3.1.4.15 版本之前的集群中，系统默认使用 AliNLP 分词器，在更高版本的集群中，默认为 IK 分词器。

创建默认分词器的语法如下。

```
CREATE TABLE `tbl_fulltext_demo` (
`id` int,
`content` varchar,
`content_alinlp` varchar,
`content_ik` varchar,
`content_standard` varchar,
`content_ngram` varchar,
`content_edge_ngram` varchar,
FULLTEXT INDEX fidx_c(`content`),
FULLTEXT INDEX fidx_alinlp(`content_alinlp`) WITH ANALYZER alinlp,
FULLTEXT INDEX fidx_ik(`content_ik`) WITH ANALYZE ik,
FULLTEXT INDEX fidx_standard(`content_standard`) WITH ANALYZER standard,
FULLTEXT INDEX fidx_ngram(`content_ngram`) WITH ANALYZER ngram,
FULLTEXT INDEX fidx_edge_ngram(`content_edge_ngram`) WITH ANALYZER edge_ngram,
PRIMARY KEY (`id`)
) DISTRIBUTED BY HASH(id);
```

4. 全文索引的自定义词典

AnalyticDB MySQL 版提供了在创建全文索引时使用实体词和停用词来改善分词结果的功能，以更好地满足业务的实际需求。这种功能通过自定义词典来实现，自定义词典本质上是一张表，与普通表的读写操作相同。值得注意的是，自定义词典对新写入的数据能够实时生效。然而，其使用也受到以下一些限制：

- 自定义词典不允许执行 DDL 变更。
- 自定义词典不支持 UPDATE 和 TRUNCATE。
- 使用自定义词典时，必须和全文索引一起使用。
- 在删除全文索引前，需要先删除自定义词典。
- 一个集群仅可以创建一个自定义词典。

- 一个自定义词典默认最多允许插入 1 万条记录。

创建自定义词典的语法示例如下。

```
CREATE TABLE tbl_dict_name
    `value` varchar(255) NOT NULL COMMENT '实体词/停用词值',
    `type` varchar(4) NOT NULL [DEFAULT 'main' COMMENT 'main表示实体词,
stop 表示停用词（3.1.4.24及之后版本支持停用词）'],
    PRIMARY KEY (`value`, `type`)
)COMMENT='用户词典表'
FULLTEXT_DICT = 'Y';
使用自定义词典的语法示例如下:
ALTER TABLE `tbl_fulltext_demo`
ADD FULLTEXT INDEX fidx_c(`content`)
WITH ANALYZER alinlp
WITH DICT `tbl_ext_dict`;
```

8.3.5 DDL

相较于 MySQL，AnalyticDB MySQL 仅支持表 8-3 所示的 DDL。

表 8-3　AnalyticDB MySQL 版支持的 DDL

DDL	定义
ALTER TABLE	修改表的定义
ALTER TABLE…PARTITION BY	修改表的分区
CREATE DATABASE	创建一个新的数据库
CREATE INDEX	定义一个新的索引
CREATE TABLE	创建表
CREATE TABLE ... LIKE	使用 LIKE 语法创建表
CREATE TABLE ... SELECT	使用 SELECT 语法创建表
CREATE VIEW	定义新的视图
DROP DATABASE	删除数据库
DROP TABLE	删除一个或多个表
DROP VIEW	删除一个或多个视图

续表

DDL	定义
RENAME TABLE	重命名一个或多个表
TRUNCATE TABLE	清空表的所有行

8.3.6 DML

对比 MySQL，AnalyticDB MySQL 仅支持表 8-4 所示的 DML。

表 8-4 AnalyticDB MySQL 版支持的 DML

DML	定义
DELETE	从表中删除行
UPDATE	修改表中的数据
INSERT INTO	向表中插入行
INSERT OVERWRITE SELECT	先清空分区中的旧数据，再将新数据批量写入分区
INSERT ON DUPLICATE KEY UPDATE	如果指定 ON DUPLICATE KEY UPDATE 子句，并且要插入的行将导致唯一索引或主键中的值重复，则会发生旧行的 UPDATE
INSERT SELECT FROM	将数据复制到另一张表
REPLACE INTO	实时覆盖写入数据
REPLACE SELECT FROM	将其他表中的数据实时覆盖并写入目标表中

8.3.7 DQL

AnalyticDB MySQL 版的数据查询语言的语法如下。

```
[ WITH with_query [, …] ]
SELECT MATCH (content_alinlp) AGAINST('武汉长江') AS score,
[ ALL | DISTINCT ] select_expr [, …]
[FROM table_reference [, …] ]
[WHERE condition]
[GROUP BY [ALL | DISTINCT] grouping_element [, …] ]
[HAVING condition]
[WINDOW window_name AS (window_spec) [, window_name AS (window_spec)] …]
```

```
[{UNIOIN | INTERSECT | EXCEPT} [ALL | DISTINCT] select]
[ORDER BY {column_name | expr | position} [ASC | DESC] , … [WITH ROLLUP] ]
[ LIMIT { [offset,] row_count | row_count OFFSET offset}]
```

8.3.8 DCL

AnalyticDB MySQL 版支持的 DCL 如表 8-5 所示。

表 8-5　AnalyticDB MySQL 版支持的 DCL

DCL	定义
CREATE USER	创建账号
RENAME USER	更改用户名
DROP USER	删除用户
GRANT	为用户授权
REVOKE	撤销用户权限

8.3.9　元数据库数据字典

云原生数据仓库 AnalyticDB MySQL 版的元数据库为 INFORMATION_SCHEMA 库，兼容 MySQL 的元数据库。可以直接在 JDBC 连接中使用 SQL 语句查询元数据库。

- SCHEMATA 表提供了关于数据库的信息。
- TABLES 表提供数据库表信息，该部分数据包括表的元数据与部分表对应数据的元数据，如分区信息等。
- COLUMNS 表存储了所有的表中字段的详细信息。

8.4　查询优化

8.4.1　智能诊断与调优

1. 数据建模诊断

云原生数据仓库 AnalyticDB MySQL 版可以通过控制台进行分区字段合理性诊断、分布字段合理性诊断和复制表合理性诊断。

2. 分区字段合理性诊断

在 AnalyticDB MySQL 版中，创建表时指定分区键是提升数据查询性能的关键策略。但是，选择的分区字段可能因业务特征的变化或实例规模的不同而显得不合理，影响数据查询效率。为了应对这一问题，系统提供了分区字段合理性诊断功能，旨在监控分区变化，并当分区字段不合理时，及时提醒用户进行表结构优化，以保障或提升查询性能。

具体来说，如果一个表中超过 10% 的分区记录数未落在合理区间内，则表示分区设置不合理。面对这种情况，用户可以调整分区粒度，例如，在分区数据行数较少时增加区分粒度，或在数据行数较多时降低分区粒度。用户可以通过控制台的数据建模诊断功能查看分区字段的合理性诊断信息，根据此信息判断是否需要对表或特定分区进行优化，从而提高数据处理效率。

3. 分布字段合理性诊断

在 AnalyticDB MySQL 版中创建表时，通过使用 DISTRIBUTED BY HASH 语句指定分布键，可以实现数据在各存储节点间的均匀分布。然而，由于数据特征的不确定性或随业务特征的动态变化，选定的分布字段可能导致数据倾斜，进而影响节点间资源使用的均衡性和查询性能，表现为子任务的长尾效应。

为此，AnalyticDB MySQL 版提供了分布字段合理性诊断功能，帮助用户及时发现并减少数据倾斜的情况。诊断规则包括计算除去最大 shard 之外的平均 shard 大小，如果某个 shard 大于平均值乘以阈值或小于 shard 分区大小除以阈值，则认为该 shard 存在倾斜。当前，默认的阈值设置为 3，用户可以根据需要进行调整。

为优化数据分布，用户可以通过控制台的数据建模诊断功能查看分布字段倾斜诊断信息。在检测到倾斜的表时，用户可以有针对性地重新选择分布字段，以实现数据分布的均衡，从而优化查询性能和资源利用率。

4. 复制表合理性诊断

在 AnalyticDB MySQL 版中创建表时，可以通过选择复制方式（DISTRIBUTED BY BROADCAST）设定数据分布，其中，复制表会在每个存储节点上保留一份完整的数据副本。这种设计优化了表之间进行连接操作的性能，避免执行查询时在网络中重新分发复制表的数据。然而，这种方式在数据写入时可能导致写入放大现象，进而影响 AnalyticDB MySQL 版的整体写入性能。

为辅助用户识别可能存在的不合理复制表配置，AnalyticDB MySQL 版引入了复制表合理性诊断功能。根据诊断规则，任何单个复制表超过 2 万条记录都被认为是不合理的配置。为了优化这一问题，用户可以通过控制台的数据建模诊断功能访问复制表合理性诊断信息。在合理性诊断区域，用户既可以直接查看诊断结果，也可以使用 COUNT 函数查询复制表的数据行数，并将其与建议值进行比较，以判断是否需要进行结构优化或调整。

5. 库表结构优化

AnalyticDB MySQL 版提供了库表结构优化功能，旨在为用户提供调优建议，以降低集群使用成本并提高集群使用效率。此功能将持续收集 SQL 查询性能指标、相关数据表和索引的信息，并进行统计分析。系统将自动为用户生成调优建议，减轻了用户手动进行性能调优的工作负担。

随着各种数据分析业务的日益丰富和发展，数据库所承受的查询数量和复杂性也在持续增加。库表结构的设计和优化对数据库的整体使用成本和查询性能产生了显著影响。为了对库表结构进行有效的设计和优化，用户通常需要关注以下信息：

- 数据库引擎架构。为了有效地进行数据建模，以及设计符合数据库引擎架构特点的数据表结构，用户应该深入了解数据库引擎的存储架构和计算架构特点，并结合业务数据分布和业务场景特征进行设计。

- SQL 特征差异。即席（Ad-hoc）查询的 SQL 变化较大，包括参与 Join 的表个数、Join 条件、分组聚合的字段个数及过滤条件等。

- 数据特征差异。用户的数据分布和查询特征会随着业务特性的变化而不断演变。如果始终坚持最初的数据建模方式和 SQL 语句，将无法充分发挥 SQL 引擎的最大优势。数据特性或业务模型的变化可能会导致 SQL 性能下降。

基于上述几点，AnalyticDB MySQL 版为用户提供了高效且智能的库表结构优化功能，直观地为用户提供调优建议，来降低集群使用成本，提高集群使用效率。

高版本的 AnalyticDB MySQL 版提供了库表结构优化功能，其调优建议是基于对用户数据和查询特征的历史数据分析得出的。当用户的数据和查询特征保持稳定时，相关建议的有效性也能持续保证。然而，一旦用户的数据和查询特征发生剧烈变化，根据历史数据分析所得的调优建议的参考价值将明显降低。在使用此功能之前，建议用户根据其业务特性的变化来考虑是否采纳相关建议。

库表结构优化功能提供冷热数据优化、索引优化和分布键优化三种类型的优化建议。

- 冷热数据优化：分析数据表的使用情况，对长期未使用的数据表，建议将其迁移至冷盘存储，以降低数据表的存储成本。

- 索引优化：通过分析数据索引的使用情况，建议删除长期未使用的数据索引，以降低索引的存储成本。

- 分布键优化：分布键优化通过算子级别的查询分析和智能优化算法，综合考虑了分布键选取的原则和注意事项，自动提出合理的分布键优化建议，同时提供了收益预估，为用户进行数据库分布键设计和优化提供了简单易用的指引。此类型的优化建议针对数据表级别实施。

分布键优化会基于建议的分布键为用户提供建表语句，但建议的分布键需要保证数据是均匀分布的。目前，系统对建议分布键的数据分布统计仅为估算值，因此，用户需要自行查询相关列的数据分布情况，以确保不存在大量重复值导致的数据分布不均匀。AnalyticDB MySQL 版暂不支持修改分布键并自动重分布数据，若用户需要修改分布键，需要重新建表并导入数据。

用户可以在控制台页面单击"库表结构优化"按钮，在可用优化建议标签下打开库表结构优化功能，并且查看可用优化建议。

6. SQL Pattern

AnalyticDB MySQL 版的实时统计分析功能提供了 SQL Pattern 指标特性，可有效提升智能诊断效率，并对相似的 SQL 进行聚合和分析。

SQL Pattern 基于全量实时 SQL 数据的功能，通过对 SQL 进行分类诊断和分析，将相似的 SQL 聚合为一类，从而有效提高智能诊断的效率。此外，SQL Pattern 的聚合结果可以作为数据库优化的有力参考依据。对于可能导致实例压力过大的不良 SQL，用户还可以使用拦截功能来拦截这些 SQL，以迅速恢复实例性能。目前，SQL Pattern 提供以下功能：

- Pattern 宏观统计：建立均值与最值比较。

- 异常 SQL 排查：排查出与历史不同的 Pattern 并提供钻取功能，直达问题 SQL，获取诊断结果。

用户可以在控制台页面，单击"SQL Pattern"选项卡，查看最近 30 分钟的 SQL Pattern。用户可以通过 SQL 关键字或时间范围搜索 SQL Pattern。

在查询详情页面，SQL Pattern 以图形化的方式展示了 SQL 在时间维度上的执行次数、查询耗时、执行耗时、扫描量及峰值内存等重要指标。这些指标分别提供了最大值和平均值，以便用户进行比较和分析。同时，SQL 列表列出了在分析时段内与当前 Pattern 相关的所有 SQL，用户可以单击"诊断"按钮来查看 SQL 的诊断结果和执行计划。

另外，在"SQL Pattern"选项卡的 SQL Pattern 列表中，用户可以单击"查看详情"按钮进入查询详情页面，查看 SQL Pattern 各个指标的时序变化及 SQL 列表。

7. SQL 诊断

AnalyticDB MySQL 版集群提供了 SQL 诊断功能，可以根据多种条件检索出符合条件的 SQL 查询，如慢查询。用户可以在控制台页面单击"SQL 诊断"选项卡，以图表和查询列表的形式获取 SQL 查询的检索结果。

SQL 诊断功能支持以树形图的方式展示 SQL 查询的执行计划，其中，执行计划树分为两个层次：第一层是 Stage 层，第二层是算子（Operator）层。

（1）Stage 层。Stage 层的执行计划树由多个 Stage 节点组成，数据流从底层向上流动，首先由具有扫描算子的 Stage 进行数据扫描，然后通过中间 Stage 节点进行逐层处理，最后由最上层的根节点将查询结果返回客户端。

Stage 层的执行计划树如图 8-7 所示，主要包含如下信息。

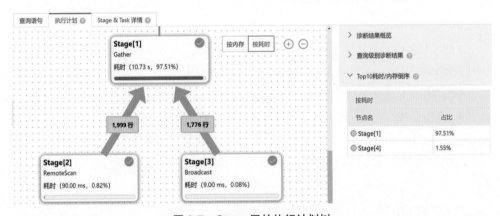

图 8-7　Stage 层的执行计划树

- 基本信息。图中的每个矩形框代表一个 Stage，包含了 Stage ID、数据输出类型、耗时或内存（选择按内存排序时会展示）等信息。
- 数据输出行数。相邻 Stage 间连线上的数字代表了上游 Stage 向下游 Stage 输出的数据行数。连线的粗细和数据输出行数呈正相关。
- 数据输出方法。表示在两个相邻的 Stage 间，上游 Stage 向下游 Stage 传输数据时所用的方法。AnalyticDB MySQL 版支持 Broadcast、Repartition、Gather 三种数据输出方法。
- 查看内存使用率或执行耗时 Top 10 的 Stage 详情。在执行计划树右侧的"Top

10耗时/内存倒序"下，会展示执行耗时占总查询耗时比例最大或使用内存占总查询使用内存比例最大的前10个Stage的ID和对应的比例。

- 诊断结果。单击执行计划树中任意一个Stage，即可查看该Stage的诊断结果详情，包括Stage诊断和算子诊断。
- 统计信息。诊断结果下方展示了目标Stage中各项指标的统计信息，包括峰值内存、累计耗时等。

（2）算子层。算子层的执行计划由多个算子组成，每个矩形框代表一个算子。数据流动方向自下而上，数据扫描过程或接收网络数据的任务由位于最下游的算子（TableScan和RemoteSource）完成。经过数据扫描和网络数据接收后，数据会经过中间算子逐层处理，最后由位于最上层的根节点算子（StageOutput或Output）将数据输出到下游Stage，或将查询结果返回给客户端。用户可以在Stage计划详情页查看算子层执行计划树。

如图8-8所示，算子层的执行计划树包含如下信息。

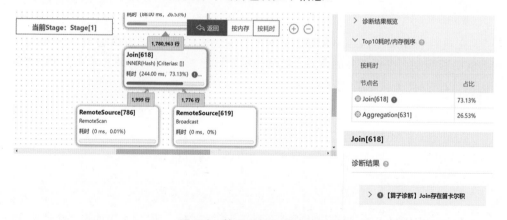

图8-8　算子层的执行计划树

- 基本信息：图中的每个矩形框表示一个算子，包含了算子名称及ID、算子属性（如Join算子的Join条件、算法等）、耗时或内存等信息。
- 数据输出行数：两个相邻算子间连线上的数字表示上游算子向下游算子输出的数据行数。数据输出行数越多，算子间的连线越粗。
- 查看内存使用率或执行耗时Top 10的算子详情：在执行计划树右侧的"Top 10耗时/内存倒序"下，会展示执行耗时占总查询耗时比例最大或使用内存占总查询使用内存比例最大的前10个算子的ID和对应的比例。

- 诊断结果：单击执行计划树中的某个算子，即可查看对应算子的诊断结果详情，包括诊断出的问题（如存在数据膨胀或 Join 的右表过大）及对应的调优方案。
- 统计信息：诊断结果下方展示了目标算子中各项指标的统计信息，包括峰值内存、累计耗时等。

AnalyticDB MySQL 版在前端接入节点接收到用户提交的查询请求后，将查询任务分割成多个 Stage，然后在存储节点（Worker 节点）和子任务执行节点（Executor 节点）上进行分布式的数据读取和计算。虽然一些 Stage 可以并行执行，但也存在部分 Stage 之间的依赖关系，必须按顺序串行执行。这种依赖关系导致了一些复杂 SQL 查询的执行时间问题，需要使用 Stage 和 Task 详情对慢查询问题进行分析。

用户可以通过访问控制台页面并单击导航栏中的"诊断与优化"选项卡，然后在 SQL 列表区域单击"诊断"按钮，以查看 Stage 和 Task 的详细信息。此外，用户还可以单击目标 StageID，以查看目标 Stage 下所有的 Task 的详细信息。

8. 导入导出任务

在执行 INSERT OVERWRITE INTO 导入或导出数据时，可以通过 AnalyticDB MySQL 版控制台查看任务的状态，默认会展示最近 24 小时所有的导入和导出任务。用户可以选择任务状态或时间范围搜索导入和导出任务。

9. 连接信息

AnalyticDB MySQL 版集群的最大连接数为 5000。当超出该上限时，无法建立新的连接。用户可在控制台查看连接数据库的用户、客户端 IP 地址和连接数。

8.4.2 调优查询

AnalyticDB MySQL 版允许用户在分析查询的基础上，对检索出的慢查询或资源消耗大的查询进行调优。

1. Join 调优

1）Left Join 改写为 Right Join

Left Join 是一种常见的表关联方式，在实际应用中经常被使用。由于 AnalyticDB MySQL 版默认使用 Hash Join 执行表关联操作，且 Hash Join 的实现过程涉及构建右表的哈希表，因此在右表数据量很大时会造成执行慢、消耗过多内存资源等问题。

与 Inner Join 不同，Outer Join（包括 Left Join 和 Right Join）不能交换左右表的顺序，因此在右表数据量较大的情况下，可能会导致执行速度变慢，内存资源消耗增加。在极端情况下，即右表数据量非常大的情况下，可能会影响整个集群的性能，甚至在执行时引发"Out of Memory Pool size pre cal"等内存错误。

通过修改 SQL 语句或使用 Hint 提示的方式，可以将 Left Join 调整为 Right Join，从而使原本的左表变为右表，用于构建哈希表。需要注意的是，即使采用 Right Join，如果右表数据量过大，也可能会对性能产生负面影响。因此，在实际应用中，建议在 Left Join 的左表较小、右表较大的情况下进行优化。用户可以通过执行计划的相关参数（如 PeakMemory、WallTime 等）来判断是否应该使用 Right Join，可以通过使用 Explain Analyze 命令来查看这些参数的变化情况。

通常有以下两种方法可以将 Left Join 调整为 Right Join。

- 直接修改 SQL，例如将 a left join b on a.col1 = b.col2 修改为 b right join a on a.col1 = b.col2。
- 通过加 hint 指定优化器，根据资源损耗将 Left Join 转为 Right Join。在这种用法中，优化器会根据左右表的估算大小来决定是否将 Left Join 转为 Right Join。AnalyticDB MySQL 版 3.1.8 及以上内核版本的集群默认开启该特性。如关闭了该特性，可在 SQL 最前面加上 hint：/*+O_CBO_RULE_SWAP_OUTER_JOIN=true*/ 手动开启该特性。AnalyticDB MySQL 版 3.1.7 及以下内核版本的集群默认关闭该特性。可在 SQL 最前面加上 hint：/*+LEFT_TO_RIGHT_ENABLED=true*/ 开启该特性。

STRAIGHT_JOIN 与 JOIN 类似，区别仅在于 STRAIGHT_JOIN 不会调整执行计划中的左右表顺序，可用于当连接优化器以次优顺序处理表的情况。

STRAIGHT_JOIN 适用于指定 INNER JOIN 执行时的左右表，且表大小明确，或 AnalyticDB MySQL 版执行计划选择的 INNER JOIN 左右表不合理时的业务场景。在默认 HASH JOIN 场景下，选择大表在左、小表在右时，会得到较好的性能表现。如果指定 NESTED LOOP JOIN，则应选择小表在左、大表在右。

2）手动调整 Join 顺序

AnalyticDB MySQL 版支持复杂的联表查询，并且默认提供了自动调整 Join 顺序的功能。然而，查询语句和表的过滤条件可能会随时发生变化。此外，如果数据特征复杂，自动调整 Join 顺序功能可能无法准确预测所有的查询特征，并选择最佳的 Join 顺序。不恰当的连接顺序可能导致中间结果过大、消耗大量内存等问题，从而对查询性能产生负面影响。

为解决上述问题，AnalyticDB MySQL 版支持通过 Hint/*reorder_joins*/ 开启或关

闭调整 Join 顺序功能，其中：

- /*reorder_joins=true*/：开启自动调整 Join 顺序功能。开启后，系统会自动调整 Join 顺序。AnalyticDB MySQL 版默认开启自动调整 Join 顺序功能，因此在执行 SQL 查询时无须使用该 Hint 也会自动调整 Join 顺序。

- /*reorder_joins=false*/：关闭自动调整 Join 顺序功能。关闭后，可以根据查询的数据特征手动调整 Join 顺序，让查询直接根据 SQL 书写方式中的 Join 顺序来执行。

3）过滤条件不下推

AnalyticDB MySQL 版在表创建时默认为所有字段都创建了索引，以提高数据过滤的效率。尽管如此，在某些情况下，使用索引来过滤数据可能并不总是能够获得最佳性能，甚至可能对整体性能产生负面影响。在这种情况下，建议慎重使用索引进行数据过滤。用户虽然可以手动删除某些字段的索引，但这可能导致在需要使用索引时无法得到索引的问题。

为了应对这种情况，AnalyticDB MySQL 版提供了过滤条件不下推功能，用户可以在查询级别或实例级别临时禁用某些字段的过滤条件下推功能，以获得更好的整体查询性能。以下情况不建议使用索引过滤数据。

- 数据唯一值较少：当数据的唯一值较少时，即使通过索引进行数据过滤，返回的数据仍然较多，因此索引的过滤效果可能并不显著。

- 磁盘 I/O 压力较大：如果用户的业务查询需要大量的 I/O 资源，或者由于数据写入频繁而导致 I/O 资源占用较多，使用索引过滤数据可能会导致磁盘 I/O 资源争用，进而影响过滤效果。

- 同时存在多个复杂条件下推：如果查询中同时包含多个需要下推的条件，并且这些条件包括 LIKE、字符串比较等复杂操作，可能会对存储节点的相关资源产生较大的负担，进而影响整体性能。

在 Stage 计划页面，可以通过单击算子并在右侧属性中查看是否显示 Pushed-DownFilter 属性来检查该条件是否已下推，如显示则表示该过滤条件已下推。

使用 Hint 可以针对单个查询关闭某些字段的过滤条件下推。此功能只对使用了 Hint 的查询生效，其他查询不受影响，其语法如下。

```
/*+
filter_not_pushdown_columns= [Schema1.table1:colName1|colName2;Sche
ma2.table2:colName1|colName2]  */
```

此外，用户可以执行以下命令，对当前集群的所有查询关闭特定字段的过滤条件下推能力。

```
set adb_config
filter_not_pushdown_columns= [Schema1.tableName1:colName1|
colName2;Schema2.tableName2:colName1|colName2]
```

2. 分组聚合查询调优

AnalyticDB MySQL 版是分布式数据仓库，其分组聚合查询默认分为两步。

- 完成数据的局部（PARTIAL）聚合。局部聚合节点只需要占用少量的内存，聚合为流式过程，数据不会堆积在局部聚合节点上。

- 在完成局部聚合后，数据会根据分组字段在节点之间进行数据重分布，以执行最终（FINAL）聚合操作。局部聚合后的结果将通过网络传输到下游 Stage 的节点。由于数据已经过局部聚合，因此传输的数据量较小，对网络的压力也较小。一旦数据重分布完成，最终聚合阶段将开始。在最终聚合节点，需要将每个分组的值及其聚合状态保留在内存中，直到所有数据处理完成。这样可以确保某个特定分组值不再有新数据需要处理。因此，最终聚合节点可能需要占用较大的内存空间。

在大部分场景下，两步聚合可以在内存和网络资源之间实现较好的平衡，但在分组聚合的分组数较多（GROUP BY 字段的唯一值较多）等特殊场景下，两步聚合并非最好的处理方法。

例如，在需要使用手机号码或用户 ID 进行分组的场景下，如果依旧使用典型的两步聚合方式，那么在局部聚合阶段，可以被聚合的数据较少，但是局部聚合流程依旧会执行（例如，计算分组的哈希值、去重及执行聚合函数）。由于分组数多，局部聚合阶段并没有减少网络传输的数据量，却消耗了很多计算资源。

为解决上述聚合度较低的分组聚合查询问题，用户可以在执行查询时添加 Hint/*aggregation_path_type=single_agg*/ 来跳过局部聚合，直接进行最终聚合，减少不必要的计算开销。

3. 结果集缓存

结果集缓存通过 AnalyticDB MySQL 版接入层利用本地存储空间缓存首次查询的结果。当再次提交相同的查询时，如果查询涉及的库表数据没有更新，系统会从缓存中检索结果并将其返回给客户端，不再重新计算。要使用此功能，需要使用 AnalyticDB MySQL 版 3.0，并且版本必须为 3.1.7 及以上。

以下场景适合于使用结果集缓存功能：数据写入时段固定，或数据写入时间点集中，例如，每天凌晨2—5时有批量写入，或每间隔半小时有一批实时写入等；查询存在一定的重复率，即在一段时间内发生多次相同查询。

只有当查询满足以下所有条件时，该语句才能使用结果集缓存：

- 本次的查询语句在语法层面与之前被缓存的查询语句完全一致。
- 查询关联的表数据未发生过新增、删除或更新等变更。
- 查询未使用非确定性函数（Non-Deterministic Function），如 NOW、CURRENT_TIMESTAMP 等。
- 查询未使用外部数据源及内部系统表。
- 查询结果集大小未超过数据量的阈值（RESULT_CACHE_MAX_ROW_COUNT 和 RESULT_CACHE_MAX_BYTE_SIZE 分别为 10000 行和 16MB）。超过设置的阈值，查询结果集会在生成过程中被撤销。

结果集缓存功能会默认关闭，可以通过以下方法开启。

```
SET ADB_CONFIG RESULT_CACHE_ENABLE=true;
```

开启结果集缓存后，用户还需要指定单个查询或所有查询使用结果集缓存才能使用该功能。

指定单个查询使用结果集缓存的代码如下。

```
/*+result_cache=true*/ SELECT * FROM <user_db.user_table>
WHERE index < 100 ORDER BY score;
```

指定所有查询使用结果集缓存的代码如下。

```
SELECT ADB_CONFIG RESULT_CACHE_ALL=true;
```

用户可以执行以下 SQL 语句查看所有的结果集缓存数据。

```
SELECT * FROM RESULT_CACHE_STATUS_MERGED;
```

结果集缓存的数据量受到行数（RESULT_CACHE_MAX_ROW_COUNT）和空间（RESULT_CACHE_MAX_BYTE_SIZE）的限制。数据量的行数和空间任意一个超过阈值，结果集缓存都会失败。可以通过如下方法配置结果集缓存的行数阈值和空间阈值。

- 配置结果集缓存的行数阈值。默认值为 10000。当值为 -1 时，表示不限制结果集缓存的行数。

```
SET ADB_CONFIG RESULT_CACHE_MAX_ROW_COUNT = 10000;
```

- 配置结果集缓存的空间阈值。默认值为 16777216，单位为 Byte，即 16MB。当值为 -1 时，表示不限制结果集缓存的空间。

```
SET ADB_CONFIG RESULT_CACHE_MAX_BYTE_SIZE = 16777216;
```

结果集缓存不需要用户手动管理，AnalyticDB MySQL 版会根据淘汰策略自动删除过期的结果集缓存。AnalyticDB MySQL 支持两种淘汰策略——超时淘汰（RESULT_CACHE_EXPIRATION_TIME）和最大缓存数淘汰（RESULT_CACHE_MAX_TABLE_COUNT）。满足任意一种淘汰策略，缓存就会被删除。

超时淘汰策略指超时未被访问的结果集缓存被自动删除。超过时间由 RESULT_CACHE_EXPIRATION_TIME 指定，默认值为 86400，单位为秒。使用如下语句配置超时淘汰策略。

```
SET ADB_CONFIG RESULT_CACHE_EXPIRATION_TIME = 86400;
```

最大缓存数淘汰策略指超出单个接入节点最大缓存数，最久未被访问的缓存会被自动删除。单个接入节点最大缓存数由 RESULT_CACHE_MAX_TABLE_COUNT 指定，默认值为 100。使用如下语句配置最大缓存数淘汰策略。

```
SET ADB_CONFIG RESULT_CACHE_MAX_TABLE_COUNT = 100;
```

在面对大量查询任务时，全局启用结果集缓存或为每个查询单独启用结果集缓存都不是最理想的选择。为了更精细地控制缓存使用，可以将特定表格添加到黑名单或白名单中，以确定是否应该对该表的查询启用结果集缓存，实现更精确的控制。

```
SET ADB_CONFIG RESULT_CACHE_LIST_CONSTRAINT_MODE=[whitelist | blacklist |
disable];
```

其中，whitelist 表示使用白名单准入策略；blacklist 表示使用黑名单准入策略；disable（默认值）表示不使用黑白名单准入策略。

当启用黑白名单准入策略时，可以调整表级别的缓存属性 RESULT_CACHE 来实现不同的缓存准入限制。

```
ALTER TABLE <table_name> RESULT_CACHE= [default | enable | disable];
```

- 当未开启黑名单或白名单准入策略时，表缓存属性 RESULT_CACHE 无意义。符合使用限制的所有查询均可使用结果集缓存。
- 当开启黑名单准入策略时，表缓存属性 RESULT_CACHE 值设置为 default 或 enable，包含该表的查询均允许使用结果集缓存。而当 RESULT_CACHE 值为 disable 时，包含该表的查询均不允许使用结果集缓存。
- 当开启白名单准入策略时，只有当表缓存属性 RESULT_CACHE 值为 enable

时，包含该表的查询才允许使用结果集缓存。而当 RESULT_CACHE 值为 default 或 disable 时，包含该表的查询均不允许使用结果集缓存。

用户可以执行以下 SQL 语句查看配置了黑白名单准入的表。

```
SELECT * TABLE RESULT_CACHE_LIST_CONSTRAINT;
```

8.5 运维管理

8.5.1 工作负载管理

当前的 OLAP 数据库承载着多种不同类型的工作负载，包括逻辑简单、资源消耗低、执行迅速但对响应时间要求高的小型查询，以及计算复杂、资源消耗高、执行时间较长的大型查询。这些工作负载各自具有不同的性能需求。在数据库内部，同时执行的查询共享 CPU、内存和磁盘 I/O 等系统资源。特别是一些复杂的分析型查询，它们对系统资源的需求巨大。如果不对工作负载的执行进行限制，这些查询可能会占用资源并导致其他查询需要等待，从而影响整体性能。

为了应对这些挑战，AnalyticDB MySQL 版集群引入了工作负载管理模块，通过对工作负载进行管理和控制，可以优化集群的整体运行状态，实现更精细化的资源控制。这一功能要求 AnalyticDB MySQL 的内核版本需在 3.1.6.3 及以上。

这里首先定义一些基本概念。

（1）工作负载。在数据库中具有一些共同特征的查询请求可以被抽象为一类工作负载。例如，可以根据查询的请求源、业务优先级或性能目标等不同属性，将查询划分为不同的工作负载。

（2）工作负载管理。工作负载管理是数据仓库的核心组件之一。运用多种手段对数据库的查询负载进行监控和管理，从而保障系统在稳定性的基础上，尽可能满足查询的性能指标并充分利用系统资源。

（3）谓词条件。谓词条件包含一个属性、一个运算符和一个值。通过一个谓词条件，可以对查询的某个属性维度做出限制；多个维度的谓词条件连用，过滤出同一类查询，可以被当作同一个负载对待。

（4）控制手段。查询级别的控制手段包括结束查询和记录查询等。不同的 Action 代表对查询的不同控制操作。

（5）规则。一条规则可以包含多个谓词条件和控制手段。工作负载管理通过规则管理系统负载，每条规则都代表对一类工作负载的管理。

AnalyticDB MySQL 版的工作负载管理基于一个简单的规则系统构建。每个规则由两部分组成——条件约束和控制策略，用于定义对特定类型的工作负载（一类查询）的管理方式。条件约束部分包括一个或多个谓词条件，只有满足所有谓词条件的查询才会被视为特定工作负载。控制策略部分包括一个或多个控制手段，用于指定对该类工作负载的管理措施。用户可以自定义规则，通过多个规则实现对不同负载的精细化管理。

8.5.2　监控与报警

1. 查看监控信息

AnalyticDB MySQL 版支持监控报警，用户可以在控制台页面选择集群 ID，查看集群详情页。在监控信息一栏，可以通过查询和写入、资源组监控和表信息统计来查看对应的监控信息。

2. 设置报警规则

AnalyticDB MySQL 版提供了监控和报警功能，通过阿里云云监控实现。用户可以自定义监控项，并设置报警规则，以便在触发报警条件时及时通知相关联系人。监控项包括集群 CPU 使用率、磁盘使用率、IOPS 使用率、查询耗时和数据库连接数等指标。例如，用户可以配置磁盘监控告警，当磁盘使用率达到 80% 时，系统将发送警报通知；当磁盘使用率达到 90% 时，系统将锁定集群，并发送警报通知，拒绝写入请求，但读取不受影响。每个报警联系人一天最多会收到 4 次磁盘报警通知，以确保及时了解磁盘空间状况，保障业务正常运行。用户可以在控制台页面的集群详情页中找到监控信息，并设置报警规则。

8.5.3　安全管理

1. 设置白名单

创建 AnalyticDB MySQL 版集群后，用户需要为集群设置白名单，以允许外部设备访问该集群。用户可以在控制台页面选择集群 ID，查看集群详情页，在数据安全一栏，可以单击"白名单设置"按钮，修改需要访问该集群的 IP 地址或 IP 段。需要注意的是：

- 集群默认的白名单只包含 IP 地址 127.0.0.1，表示任何设备均无法访问该集群。用户可以通过设置白名单允许其他设备访问集群，如填写 IP 段 10.10.10.0/24，表示 10.10.10.X 的 IP 地址都可以访问该集群。如果需要添加多个 IP 地址或 IP 段，可以用英文逗号（,）隔开（逗号前后都不能有空格），如

192.168.0.1,172.16.213.9。

- 如果公网 IP 地址经常变动，则需要开放所有公网 IP 地址访问 AnalyticDB MySQL 版集群。

- 建议定期维护白名单，以提供 AnalyticDB MySQL 版集群更高级别的访问安全保护。

- 设置白名单不会影响 AnalyticDB MySQL 版集群的正常运行。设置白名单后，新的白名单将于 1 分钟后生效。

2. 云盘加密

用户可以在创建 AnalyticDB MySQL 版集群时开启云盘加密功能。开启后，系统会基于块存储对整个数据盘加密，即使数据备份泄露也无法被解密，保护数据安全。

开启云盘加密功能后，AnalyticDB MySQL 版会创建一块加密云盘并将其挂载到 ECS 实例中，并对云盘中的如下数据加密。

- 预留集群中的所有数据。

- 弹性集群中的热数据。

- 云盘和集群间传输的数据。

- 从加密云盘创建的所有快照（加密快照）。

使用该功能时需要注意如下几点：

- 云盘加密仅能在集群创建时开启，集群创建后无法再开启该功能。

- 云盘加密功能一经开启就无法关闭。

- 开启云盘加密后，预留模式集群中生成的快照备份，以及通过这些备份创建的预留模式集群将自动延续加密属性。

- 开启云盘加密会对集群的读写性能带来 10% 左右的损失。

- 云盘加密对业务访问透明，无须在应用程序上做任何修改。

3. SQL 审计

SQL 审计功能可以实时记录数据库 DML 和 DDL 的操作信息，并提供数据库操作信息的检索功能。通过 SQL 审计日志，用户可以对数据库进行故障分析、行为分析、安全审计等，提高 AnalyticDB MySQL 版的安全性。

SQL 审计日志不记录以下操作：INSERT INTO VALUES、REPLACE INTO VALUES 和 UPSERT INTO VALUES。

用户可以在控制台页面选择集群 ID，查看集群详情页，在 SQL 审计一栏开启

SQL 审计功能。同时，在 SQL 审计页面，用户也可以根据 SQL 的操作类型或执行状态等条件查询特定时间段内的 SQL 审计内容。

8.5.4　备份与恢复

1. 管理备份

为了确保在发生数据误操作后，AnalyticDB MySQL 版能够迅速恢复数据，一旦集群创建成功，系统会自动启用后台数据备份功能，以支持整个集群级别的数据备份。用户可以通过 AnalyticDB MySQL 版的控制台来查看集群的备份集信息，也可以进行备份设置的修改。值得注意的是，当进行全量备份时，会有大约 10 分钟的时间禁止执行 DDL 操作。当集群释放时，相应的备份数据也会被删除。如果需要保留备份数据，请在释放集群之前将数据导出到 OSS 等存储服务中。

要查看集群备份详情及修改备份设置，用户可以在控制台页面中选择集群 ID，然后进入集群详情页，在备份恢复一栏，单击"数据备份"选项卡，即可查看备份相关信息。这些信息包括备份的开始时间、结束时间和备份大小等。

2. 克隆集群

在将业务正式上线之前，通常需要进行模拟测试，以确保系统在正式环境中的性能和稳定性。为了进行这种测试，用户可以克隆一个与源 AnalyticDB MySQL 版集群相同的新 AnalyticDB MySQL 版集群，并在克隆的集群上执行测试操作。这样一来，用户既能够保证测试的真实性，又不会对正式业务产生任何影响。需要特别注意的是：

- 确保源集群中没有正在进行的 DTS 迁移任务。
- 如果要按时间点恢复，用户需要确保日志备份已开启。
- 如果要按备份集恢复，源集群必须至少有一个备份集。
- 支持被克隆的数据包括源集群的数据库账号、密码，以及在克隆操作开始前就已写入源集群的数据。
- 不支持被克隆的数据为源集群的白名单配置。

用户可以在控制台页面选择集群 ID，查看集群详情页，单击"恢复新集群"按钮。

8.5.5　变配与扩容

1. 扩缩容

1）扩缩容

- 在扩缩容期间，会禁止 SUBMIT JOB 提交异步任务。如果业务依赖相关功能，请根据业务情况选择时段执行扩缩容。

- 扩缩容操作会对数据进行重分布迁移，迁移时长与数据量成正比。

- 集群从大规格缩容到小规格时，数据迁移通常需要数小时甚至数十小时。数据量大时请谨慎缩容。

- 当扩缩容即将结束时，可能会发生连接闪断。建议在业务低峰期扩缩容，或确保应用有自动重连机制。

- 当更改云盘等级时，不能更改其他配置。

2）扩容方式

用户可以在控制台页面的集群列表选择目标集群，再单击"扩容"按钮，并在变配页面设置集群配置。

3）缩容方式

用户可以在控制台页面的集群列表选择目标集群，再单击"更多"选项下的缩容，并在降配页面中设置集群配置。

2. 弹性 I/O 资源（EIU）扩容

AnalyticDB MySQL 版弹性模式集群版（新版）采用了图 8-9 所示的存储分离架构，集群的存储资源与计算资源相互独立。

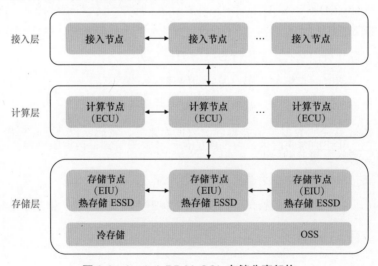

图 8-9 AnalyticDB MySQL 存储分离架构

1）EIU 定义

弹性 I/O 资源（Elastic I/O Unit，EIU）是 AnalyticDB MySQL 版集群衡量集群存

储性能的元单位，可用于单独扩容存储资源。其常见的使用场景有：

- 数据导入：购买的计算资源相对较小，但需要大量数据写入，从而导致存储节点的 I/O 性能成为瓶颈。
- 高并发点查：在购买的计算资源有限的情况下，高并发点查导致存储节点的 CPU 性能成为瓶颈。

2）基于 EIU 的存储性能指标

EIU 整体的性能效果与其数量成正比。EIU 存储性能指标见表 8-6。

表 8-6　EIU 存储性能指标

指标项	取值
CPU	24 核 /36 核
支持的最大热数据存储空间	4TB
IOPS	16800~50000
最大吞吐量	350MB/s

8.5.6　维护时间与运维事件

1. 设置可维护时间段

为确保 AnalyticDB MySQL 版集群的稳定性，后端系统会不定期维护集群。为了降低维护对业务的影响，用户可以根据业务峰谷变化规律，选择在业务低谷期维护。以下是注意事项：

- 在正式维护前，AnalyticDB MySQL 版集群会给阿里云账号中设置的联系人发送短信和邮件。
- 在集群可维护时间段内，数据库的访问、账号管理、数据库管理及 IP 白名单设置不会受到影响。
- 在集群可维护时间段内，写入和查询类操作可能会出现小概率的抖动。
- 在集群可维护时间段内，集群可能会发生连接闪断。

用户可以在控制台页面的集群列表中选择目标集群，单击"可维护时间"按钮，选择目标维护时间段，单击"确定"按钮即可。

2. 管理运维事件

AnalyticDB MySQL 版支持运维事件管理，包括小版本升级等。用户可以设置运维事件通知，查看相关任务 ID、切换时间和事件状态等信息，并手动调整待处理事件的切换时间。这个功能适用于 AnalyticDB MySQL 版 3.0 集群。以下是相关注意事项：

- 在小版本升级事件的切换过程中，集群可能会发生连接中断和短暂的只读状态（用于等待数据同步）。建议在业务低峰期执行小版本升级，并确保应用程序支持重连机制。
- 通常来说，云数据库的系统维护类事件（如版本升级）会至少提前 3 天发送通知，而紧急风险修复类事件可能会在较短时间内发送通知，以尽快修复问题。
- 为了及时获取通知信息，用户需要设置事件报警规则并启用消息通知。

用户可以在控制台页面查看待处理事件和历史事件，也可以设置开启运维事件通知。

3. 设置事件报警

AnalyticDB MySQL 版 3.0 集群的运维事件和资源弹性计划接入了云监控系统，用户可以根据事件等级配置报警，通过短信、邮件和钉钉接收通知或设置报警回调，及时得知并处理严重事件，形成线上自动化运维闭环。目前，设置事件报警支持如下事件：

- 资源弹性计划执行延迟。
- 资源弹性计划执行失败。
- 实例小版本升级（已取消）。
- 实例小版本升级（执行完成）。
- 实例小版本升级（开始执行）。
- 实例小版本升级（计划中）。

用户可以在控制台页面选择事件监控一栏中的系统事件，在"事件报警规则"选项卡中，单击"创建报警规则"按钮。在"创建 / 修改事件报警"选项卡中，设置系统事件的报警规则参数。

8.5.7 数据资产管理

AnalyticDB MySQL 版集群支持通过数据管理服务实现一站式数据管理。AnalyticDB MySQL 版包含了大量具有重要价值的企业数据资产，这些资产包括数字数据及业务逻辑定义，对企业的经营和数字化转型至关重要。因此，全面管理这些数据资产至关重要。通过 DMS 的数据资产管理功能，用户可以实现对数据资产的可视化和可用性管理，同时确保数据的安全性。这有助于企业在经营过程中更好地挖掘数据价值，进一步生成更多的数据资产，形成良性循环。

用户可以在控制台页面的集群列表中选择目标集群，再选择一站式数据管理中的数据资产管理，填写登录信息。

8.5.8　标签管理

1. 创建标签

限制说明：

- 每个集群最多可以绑定 20 个标签，且标签键必须唯一。相同的标签键会被覆盖。
- 每次绑定或解绑标签的数量分别不能超过 20 个。
- 不同地域的标签信息是独立的。
- 任意标签在解绑后，如果没有绑定任何集群，则该标签会被删除。

用户可以在控制台页面的集群列表中选择目标集群，在集群属性区域单击"编辑"按钮，选择"新建标签"选项，输入标签的标签键和标签值，单击"确定"按钮。

2. 删除标签

如果集群不再需要标签，用户可以删除该集群的标签。

- 每次绑定或解绑标签的数量分别不能超过 20 个。
- 任意标签在解绑后，如果没有绑定任何集群，则该标签会被删除。

用户可以在控制台页面的集群列表中选择目标集群，在集群属性区域单击"编辑"按钮，单击需要删除的标签后的"删除"按钮。

3. 根据标签筛选集群

AnalyticDB MySQL 版集群绑定标签后，用户可以根据标签筛选集群，也可以在控制台页面的集群列表中选择标签，通过选择标签的标签键和标签值来筛选集群。

8.6　最佳实践

8.6.1　数据资产管理

AnalyticDB MySQL 版弹性模式集群版支持表或分区级别的数据存储冷热分离策

略。数据存储策略分为图 8-10 所示的三类：全热存储、全冷存储和冷热混合存储。

- 全热存储指数据全部存储在 SSD 盘，满足高性能访问的需求。
- 全冷存储指数据全部存储在 HDD 盘，是一种较为经济的存储策略。
- 冷热混合存储指一定数量的分区存储在 SSD 盘，其余数据存储在 HDD 盘。

图 8-10　AnalyticDB MySQL 数据存储冷热分离策略

在执行 CREATE TABLE 时，用户可以通过 storage_policy 参数来指定表的数据存储冷热分离策略。对于已有的表，可以通过 ALTER TABLE table_name storage_policy 修改表的冷热存储策略。

1. 冷热混合存储原理

在冷热混合存储中，首先需要定义热分区的数量。用户可以通过设置 hot_partition_count 参数来指定。假设用户将热分区的数量设置为 N，数据存储的冷热分离策略会根据分区的大小（指定分区列中的数据值大小）降序排序。系统会选择大小排名前 N 的分区作为热分区，并将其存储在 SSD 盘上，而将其余的分区作为冷分区，存储在 HDD 盘上，形成了冷热分区的存储布局。需要注意的是，冷热分区的布局不是固定不变的。当执行新增、修改、删除或更改热分区数量的操作时，系统会重新调整冷热分区的存储布局。

2. 数据变更对冷热分区布局的影响

图 8-11 展示了一次数据冷热分区变更，新增了一个分区 20201110。由于 20201110 是当前最大的分区，它应该被放置在热分区中。然而，当前的热分区已经达到了最大数量——5 个。根据数据存储冷热分离策略，将从热分区中选择一个最小的分区 20201105 迁移到冷分区，并将 20201110 放置在热分区中。

3. 变更热分区数量对冷热分区布局的影响

假设当前热分区数为 N，修改热分区的数量为 M。

- 当热分区数增加，即 $M>N$ 时，会从冷分区迁移 $M-N$ 个分区数据到热分区。

- 当热分区数减少，即 *M*<*N* 时，会从热分区迁移 *N*-*M* 个分区数据到冷分区。

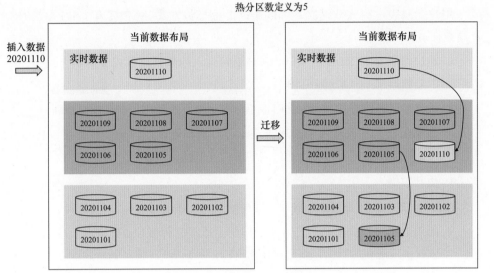

图 8-11　数据冷热分区变更

4. 查询数据存储冷热分离布局

用户可以通过查询表 table_usage 来查看当前的冷热数据存储情况。如用以下语句查询所有表的冷热数据存储情况。

```
SELECT * FROM information_schema.table_usage;
```

如用以下语句可以查询单个表的冷热数据存储情况。

```
SELECT * FROM information_schema.table_usage WHERE table_
schema='<schema_name>' AND table_name='<table_name>';
```

5. 查询冷热变更进度

用户可以通过执行 ALTER TABLE 语句修改表的数据存储冷热分离策略，可以通过查询表 storage_policy_modify_progress 来查看冷热变更进度。

使用如下语句查询当前集群中所有参与变更的表的冷热变更进度。

```
SELECT * FROM information_schema.storage_policy_modify_progress;
```

使用如下语句查询单个表的冷热变更进度。

```
SELECT * FROM information_schema.storage_policy_modify_progress WHERE
table_schema='<schema_name>' AND table_name='<table_name>';
```

8.6.2　数据变更最佳实践

用户在向表中写入数据时，可以通过批量打包方式 INSERT 和 REPLACEINTO 提高数据写入性能：

- 通过每条 INSERT 或者 REPLACE 语句写入的数据行数大于 1000 行，但写入的总数据量不宜超过 16MB。

- 通过批量打包方式写入数据时，单个批次的写入延迟可能会相对较高。

- 如果在数据写入过程中出现错误，可以选择重试，以确保数据被成功写入。重试产生的数据重复可以通过表的主键来消除。

1. 更新数据

AnalyticDB MySQL 版提供多种数据更新方式，在使用时有如下建议。

- 如果数据更新频率高，且更新操作基于主键的行级覆盖，同时，应用程序可以提供所有列的数据，则建议使用 REPLACE INTO 批量更新数据。

- 如果数据更新频率低，仍然基于主键更新，则可以选择使用 REPLACE INTO 或 UPDATE 进行单条更新。

- 对于数据更新频率低，且更新操作基于任意条件而不仅限于主键时，建议使用 UPDATE 执行数据更新操作。

2. 删除数据、分区和表

AnalyticDB MySQL 版有多种删除数据的方式，在使用时有如下建议。

- 对于删除频率低、基于主键为条件的删除，可通过 DELETE FROM WHERE PK='xxx' 实现。

- 通过 TRUNCATE TABLE db_name.table_name PARTITION partition_name 删除指定二级分区。

- 通过 TRUNCATE TABLE db_name.table_name 删除指定表（包括所有二级分区）数据。

3. 批量和实时导入数据

- 批量导入适用于大数据量导入的情况，可以在导入过程中查询旧数据，完成导入后轻松切换到新数据。若导入失败，支持回滚新数据，不会影响旧数据的查询。例如，若需要将数据从 MaxCompute 或 OSS 导入 AnalyticDB MySQL 版，建议使用 INSERT OVERWRITE INTO SELECT 进行批量导入。

- 实时导入适用于小数据量导入的场景，通常是针对百万级别的表数据。例如，需要将数据从 RDS for MySQL 或自建的 ECS MySQL 导入 AnalyticDB MySQL 版时，推荐使用 INSERT INTO 进行实时导入。

8.6.3 数据查询最佳实践

1. 经验总结

（1）编写简单的 SQL。在一般情况下，简单的 SQL 语句通常具有更好的数据库性能。应尽量避免复杂的查询，例如，单表查询（具备冗余设计）往往比表关联查询更有效。

（2）减少 I/O 操作。尽量避免进行大规模的列扫描，以及返回最小的数据量，这样可以降低 I/O 负载，同时降低内存开销。

（3）利用分布式计算、本地计算和并行计算。在大数据计算环境中，充分利用分布式计算资源，避免不必要的数据跨节点传输。

（4）高 QPS 和分区裁剪。如果业务系统要求高吞吐量和毫秒级延迟，则表和 SQL 必须设计为分区裁剪模式。

2. SQL 优化技巧

（1）精简返回列数据。在使用 AnalyticDB MySQL 版时，要谨慎选择返回的列。不要使用星号（*）进行查询，而是明确指定业务需要的列，以降低性能开销。

（2）优化索引和扫描。当 SQL 包含多个查询条件时，优先选择高筛选条件，而将其他条件作为扫描条件。AnalyticDB MySQL 版采用行列混合存储方式，可以通过单列高效过滤，再通过内部记录指针扫描其他列值，从而降低索引查询的开销。同时，可以在查询级别或集群级别针对特定字段关闭索引过滤，以进一步提高性能。

（3）避免索引失效。索引失效会导致 SQL 以扫描方式查询，对于大表来说可能会导致查询变得缓慢。要注意避免函数转换、类型转换和使用模糊查询条件（如 LIKE）等情况导致的索引失效。

在不同多表关联场景下，SQL 优化原则也不同。普通表 JOIN 普通表，尽量包含分区列条件。如果不包含，则尽量通过 WHERE 条件过滤掉多余的数据。如果维度表 JOIN 普通表，则没有限制。

8.6.4 负载管理最佳实践

如图 8-12 所示，事前限流是指在查询入队前对查询进行优先级判断，从而将查询分配到对应的队列中，然后通过配置调整队列并发，达到限流的效果。

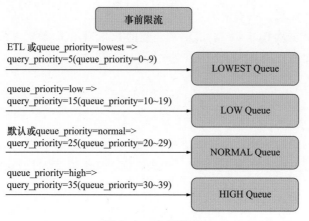

图 8-12　事前限流

AnalyticDB MySQL 集群版支持对相同 Pattern 的 SQL 进行限流。相同 pattern_hash 的 SQL 限流可以通过 wlm calc_pattern_hash 命令计算 SQL 的 pattern_hash 并配置规则，将 pattern_hash 相同的所有查询放入 Low 队列，再通过修改队列并发数实现限流。

通过创建以下规则可以将对应 Pattern 的查询放进 Low 队列中。

```
wlm add_rule

name=confine_query

type=query

action=ADD_PROPERTIES

predicate='pattern_hash=XXXXXXXXXX'

attrs='{

  "add_prop": {

    "query_priority": "low"

  }

}'
```

通过配置修改 Low 队列的并发数可达到限流的目的，该值默认为 20。

```
SET ADB_CONFIG XIHE_ENV_QUERY_LOW_PRIORITY_MAX_CONCURRENT_SIZE=20;
```

通过创建以下规则，将 Pattern 历史执行时间 50 分位值大于 2000 的查询放进 Low 队列中。

```
wlm add_rule
```

```
name=confine_query
type=query
action=ADD_PROPERTIES
predicate='PATTERN_EXECUTION_TIME_P50>2000'
attrs='{
  "add_prop": {
    "query_priority": "low"
  }
}'
```

（1）事中控制异常查询。当 AnalyticDB MySQL 集群版发生严重的阻塞时，为了避免 KILL ALL 语句结束全部查询造成写入任务失败，可以通过配置对应的规则分类型结束查询。

（2）结束所有 SELECT 查询。在结束 SELECT 查询时，可以将 QUERY_TASK_TYPE 参数设置为1。此设置将终止所有当前进行的 SELECT 查询。但需要注意的是，此设置会影响后续的所有查询操作，因此在系统负载降低后，需要删除或禁用此规则。

```
wlm add_rule
name=kill_select_query
type=query
action=KILL
predicate='query_task_type=1'
```

（3）结束某个用户的查询。当定位到了导致 AnalyticDB MySQL 集群版不可用的查询所对应的用户时，可通过如下语句停止该用户的所有查询。

```
wlm add_rule
name=kill_query_from_user
type=query
action=KILL
predicate='user=testuser1'
```

（4）日常限流（库表查询限流）。对扫描某些表或库的查询可以进行限流，或者提升扫描到某些表或库的查询优先级。

```
wlm add_rule
```

```
name=confine_query_in_table
type=query
action=ADD_PROPERTIES
predicate='query_table_list in database.table1, database.table2'
attrs='{
  "add_prop": {
    "query_priority": "low"
  }
}
```

8.7　典型应用场景

本节将介绍 AnalyticDB MySQL 版的五个主要使用场景：实时数据仓库、精准营销、商业智能报表、多源联合分析和交互式查询。

8.7.1　实时数据仓库

该场景的主要特点包括：

（1）在线离线一体化。支持数据的实时增删改，同时具备在线分析和 ETL 计算一体化，实现大数据与数据库的融合。通过资源组隔离，确保离线计算任务之间互不干扰，以保障业务的稳定运行。

（2）计算存储资源弹性。采用计算与存储分离架构，可以根据需要弹性扩展计算和存储资源，实现更精细化的资源利用，降低成本开支。

8.7.2　精准营销

该场景的主要特点包括：

（1）实时多源数据同步。支持多个业务数据源，实时同步结构化数据和非结构化数据。

（2）营销效果实时反馈。支持对海量日志数据和业务进行即时的复杂关联计算，提高营销效果的反馈时效性。

8.7.3　商业智能报表

该场景的主要特点包括：

（1）实时接入实时计算。支持每秒实时写入数万至数百万条数据，并且能够实时计算和分析。

（2）与商业智能生态高度兼容。具有高度兼容性，支持 MySQL 协议和 SQL: 2003 语法标准，能够与主流的商业智能工具如 Tableau、帆软和 Quick BI 等数十款工具无缝集成。

8.7.4　多源联合分析

该场景的主要特点包括：

（1）多数据源接入支持。能够轻松接入各种数据源，包括数据库（如 RDS、PolarDB-X、PolarDB、Oracle 和 SQL Server 等）、大数据（如 Flink、Hadoop、EMR 和 MaxCompute）、OSS、日志数据（如 Kafka、SLS 等）及本地数据。

（2）一键建仓。通过简单的几个配置步骤，用户可以将来自 RDS、PolarDB MySQL 或日志服务中特定日志库的数据快速同步到 AnalyticDB 集群中。还支持将来自 MySQL 分库分表的数据汇总到同一张表中，以提供全局数据分析能力。

8.7.5　交互式查询

该场景的主要特点包括：

（1）快速查询。支持关联查询，能够在毫秒或秒级内返回结果，以确保应用响应迅速，无卡顿，并提供出色的用户体验。

（2）复杂 SQL 支持。能够处理数百上千个维度的任意组合查询，也支持数十个表和数千行的 SQL 复杂关联查询。

参 考 文 献

[1] INMON W H. Building the data warehouse [M]. New York: John Wiley & Sons, 2005.

[2] CODD E F, SALLEY C T. Providing OLAP (on-line analytical processing) to user-analysts: An IT mandate [M]. Michigen: Codd & Associates, 1993.

[3] LANEY D. 3D data management: Controlling data volume, velocity and variety [J]. META group research note, 2001, 6(70): 1.

[4] GHEMAWAT S, GOBIOFF H, LEUNG S T. The Google file system [C]//SCOTT M L. Proceedings of the nineteenth ACM symposium on Operating systems principles. New York, USA: ACM, 2003: 29-43.

[5] DEAN J, GHEMAWAT S. MapReduce: simplified data processing on large clusters [J]. Communications of the ACM, 2008, 51(1): 107-113.

[6] CHANG F, DEAN J, GHEMAWAT S, ct al. Bigtable: A distributed storage system for structured data [J]. ACM Transactions on Computer Systems (TOCS), 2008, 26(2): 1-26.

[7] BORTHAKUR D. The hadoop distributed file system: Architecture and design [J]. Hadoop Project Website, 2007, 11(2007): 21.

[8] ZAHARIA M, CHOWDHURY M, FRANKLIN M J, et al. Spark: Cluster computing with working sets [C] //Proceedings of the 2nd USENIX Workshop on Hot Topics in Cloud Computing (HotCloud 10). Boston, MA, USA: USENIX Association, 2010: 10-10.

[9] TOSHNIWAL A, TANEJA S, SHUKLA A, et al. Storm@ twitter [C]//DYRESON C, LI F F. Proceedings of the 2014 ACM SIGMOD international conference on Management of data. New York, USA: ACM, 2014: 147-156.

[10] CARBONE P, KATSIFODIMOS A, EWEN S, et al. Apache flink: Stream and batch processing in a single engine [J]. The Bulletin of the Technical Committee on Data Engineering, 2015, 38(4).

[11] MALEWICZ G, AUSTERN M H, BIK A J C, et al. Pregel: a system for large-scale graph processing [C]//ELMAGARMID A. Proceedings of the 2010 ACM SIGMOD International Conference on Management of data. New York, USA: ACM, 2010: 135-146.

[12] VAVILAPALLI V K, MURTHY A C, DOUGLAS C, et al. Apache hadoop yarn: Yet another resource negotiator [C]//LOHMAN G. Proceedings of the 4th annual Symposium on Cloud Computing. New York, USA: ACM, 2013: 1-16.

[13] THUSOO A, SARMA J S, JAIN N, et al. Hive-a petabyte scale data warehouse using hadoop [C]//ANON. IEEE 26th International Conference on Data Engineering (ICDE 2010). Long Beach, CA, USA: IEEE, 2010: 996-1005.

[14] WANG J, LI T, SONG H, et al. PolarDB-IMCI: A Cloud-Native HTAP Database System at Alibaba [C]//AGRAWAL D. Proceedings of the ACM on Management of Data. New York, USA: ACM, 2023, 1(2): 1-25.

［15］ ARMENATZOGLOU N, BASU S, BHANOORi N,et al. Amazon Redshift Re-invented. SIGMOD Conference, 2022: 2205-2217.

［16］ DAGEVILLE B, CRUANES T, ZUKOWSKI M, et al. The Snowflake Elastic Data Warehouse. SIGMOD Conference, 2016: 215-226.

［17］ ZHAN CH Q, SU M M, WEI CH X,et al. AnalyticDB: Real-time OLAP Database System at Alibaba Cloud ［C］//CHEN L ,ÖZCAN F. Proceedings of the VLDB Endowment, 2019, 12(12): 2059-2070.

［18］ NEUMANN T. Efficiently compiling efficient query plans for modern hardware ［J］. Proceedings of the VLDB Endowment, 2011, 4(9): 539-550.

［19］ LANG H, KIPF A, PASSING L, et al. Make the most out of your SIMD investments: counter control flow divergence in compiled query pipelines ［C］//LEHNER W, SALEM K. Proceedings of the 14th international workshop on data management on new hardware. Houston, TX, USA: ACM, 2018: 1-8.

［20］ POLYCHRONIOU O, RAGHAVAN A, ROSS K A. Rethinking SIMD vectorization for in-memory databases ［C］//SWLLIS T. Proceedings of the 2015 ACM SIGMOD International Conference on Management of Data. Melbourne, VIC, Australia: ACM, 2015: 1493-1508.

［21］ VALIANT L G. A bridging model for parallel computation ［J］. Communications of the ACM, 1990, 33(8): 103-111.

［22］ LI G L, ZHOU X H, SUN J, et al. A survey of machine learning based database techniques ［J］. Chinese Journal of Computers, 2020, 43(11): 2019-2049.

［23］ CHAUDHURI S. An overview of query optimization in relational systems ［C］// MENDELSON A, PAREDAENS J. Proceedings of the seventeenth ACM SIGACT-SIGMOD-SIGART symposium on Principles of database systems. New York, USA: ACM, 1998: 34-43.

［24］ GRAEFE G. The cascades framework for query optimization ［J］. IEEE Data Eng. Bull., 1995, 18(3): 19-29.

［25］ MANEGOLD S, BONCZ P, KERSTEN M L. Generic database cost models for hierarchical memory systems ［C］//ANON. VLDB' 02: Proceedings of the 28th International Conference on Very Large Databases. Morgan Kaufmann.Hong Kong, China: VLDB Endowment, 2002: 191-202.

［26］ KARAMPAGLIS Z, GOUNARIS A, MANOLOPOULOS Y. A bi-objective cost model for database queries in a multi-cloud environment ［C］//MOTAIRY O, CHBEIR R. Proceedings of the 6th International Conference on Management of Emergent Digital EcoSystems. New York, USA: ACM, 2014: 109-116.

［27］ IOANNIDIS Y. The history of histograms (abridged) ［C］//FREYTAG J C, LOCKEMAN P C. Proceedings 2003 VLDB Conference. Berlin Germany: VLDB Endowment, 2003: 19-30.

［28］ CORMODE G. Data sketching ［J］. Communications of the ACM, 2017, 60(9): 48-55.

［29］ VENGEROV D, MENCK A C, ZAIT M, et al. Join size estimation subject to filter conditions ［J］. Proceedings of the VLDB Endowment, 2015, 8(12): 1530-1541.

［30］DING B, DAS S, WU W, et al. Plan stitch: Harnessing the best of many plans ［J］. Proceedings of the VLDB Endowment, 2018, 11(10): 1123-1136.

［31］KABRA N, DEWITT D J. Efficient mid-query re-optimization of suboptimal query execution plans ［C］//TIWARY A. Proceedings of the 1998 ACM SIGMOD international conference on Management of data. New York, USA: ACM, 1998: 106-117.

［32］GRAEFE G, WARD K. Dynamic query evaluation plans ［C］//CLIFFORD J, LINDSAY B, MAIER D. Proceedings of the 1989 ACM SIGMOD international conference on Management of data. New York, USA: ACM, 1989: 358-366.

［33］LI Q, XIANG Q, WANG Y, et al. More than capacity: Performance-oriented evolution of Pangu in Alibaba ［C］//NAOR D, GOEL A. Proceedings of the 21st USENIX Conference on File and Storage Technologies (FAST 23). Berkeley, CA, USA: USENIX Association, 2023: 331-346.

［34］COPELAND G P, KHOSHAFIAN S N. A decomposition storage model ［J］. Acm Sigmod Record, 1985, 14(4): 268-279.

［35］O' NEIL P, CHENG E, GAWLICK D, et al. The log-structured merge-tree (LSM-tree) ［J］. Acta Informatica, 1996, 33: 351-385.

［36］MALKOV Y A, YASHUNIN D A. Efficient and robust approximate nearest neighbor search using hierarchical navigable small world graphs ［J］. IEEE transactions on pattern analysis and machine intelligence, 2018, 42(4): 824-836.

［37］WATTS D J, STROGATZ S H. Collective dynamics of 'small-world' networks ［J］. Nature, 1998, 393(6684): 440-442.

［38］MOERKOTTE G. Small materialized aggregates: A light weight index structure for data warehousing ［J］. None, 1998.

［39］MORZY M, MORZY T, NANOPOULOS A, et al. Hierarchical bitmap index: An efficient and scalable indexing technique for set-valued attributes ［C］//KALINICHENKO L, MANTHEY R, THALHEIM B. Advances in Databases and Information Systems: 7th East European Conference, ADBIS. Berlin Heidelberg: Springer, 2003: 236-252.

［40］BLOOM B H. Space/time trade-offs in hash coding with allowable errors ［J］. Communications of the ACM, 1970, 13(7): 422-426.

［41］HUFFMAN D A. A method for the construction of minimum-redundancy codes ［J］. Proceedings of the IRE, 1952, 40(9): 1098-1101.

［42］ZIV J, LEMPEL A. A universal algorithm for sequential data compression ［J］. IEEE Transactions on Information Theory, 1977, 23(3): 337-343.

［43］LAMPORT L. Paxos made simple ［J］. ACM SIGACT News (Distributed Computing Column), 2001, 32, 4: 51-58.